U0231764

观鸟的社会史

[英] 斯蒂芬·莫斯（Stephen Moss）著
刘天天　王颖 译

北京大学出版社
PEKING UNIVERSITY PRESS

北京市版权局著作权合同登记号图字：01-2013-5640

图书在版编目(CIP)数据

丛中鸟：观鸟的社会史 / (英) 斯蒂芬·莫斯 (Stephen Moss) 著；刘天天，王颖译. — 北京：北京大学出版社，2019.1

（沙发图书馆·博物志）

ISBN 978-7-301-29276-1

Ⅰ. ①丛… Ⅱ. ①斯… ②刘… ③王… Ⅲ. ①鸟类－关系－社会史－研究－英国 Ⅳ. ①Q959.7②K561

中国版本图书馆CIP数据核字(2018)第033837号

书　　名	丛中鸟：观鸟的社会史 CONG ZHONG NIAO: GUAN NIAO DE SHE HUI SHI
著作责任者	[英] 斯蒂芬·莫斯（Stephen Moss）著
译　　者	刘天天　王颖 译
责任编辑	田　炜
整体设计	锦绣艺彩·苗　洁
标准书号	ISBN 978-7-301-29276-1
出版发行	北京大学出版社
地　　址	北京市海淀区成府路205 号　100871
网　　址	http://www. pup. cn　　新浪微博：@ 北京大学出版社
电子信箱	zpup@ pup. cn
电　　话	邮购部010-62752015　发行部010-62750672　编辑部010-6275057
印 刷 者	北京中科印刷有限公司
经 销 者	新华书店
	148毫米×210毫米　A5　14.875印张　331千字
	2019年1月第1版　2019年1月第1次印刷
定　　价	78.00元

图书如有印装质量问题，请与出版部联系，电话：010-62756370

目录

前　言

对鸟类的观察可能是一种迷信，一种传统，一种艺术，一门科学，一种娱乐，一种爱好，或者也可能只是一件无聊的事；这完全取决于观察者的天性。

——《观鸟》，詹姆斯·费舍尔

在靠近英国的中心地区的拉特蓝郡有一个名叫埃格坦（Egleton）的小村庄，这个村庄在一年中的大多数时间里，都是十分安宁平静的。但是每逢8月，数以千计的观鸟人从各地赶来，忙着参加为期三天的英国观鸟博览会（British Birdwatching Fair）。众所周知，这个"鸟类博览会"，至少从参与者的年纪、社会阶层和背景来说，档次大致与切尔西花展和格拉斯顿伯里音乐节相当。尽管鸟类博览会的名望不能和花市相比，也不像音乐节那么酷，但这个博览会不仅对于英国，甚至对于全世界的观鸟者来说，仍然是一个不能错过的盛会。

即使走马观花地参观一下观鸟博览会，也可以让人们了解21世纪初观鸟活动的性质。人们来到这里会见老朋友，结识新朋友，参加讲座，报名参与境外的观鸟旅行，或者只是坐在外面的啤酒帐篷里，或者晒晒太阳。如果他们对人群感到厌倦时，还可以时不时地在周边的自然保护区中漫步观鸟。

很多到访者会直奔望远镜的展示区，这里展示着最新顶级的双筒望远镜和单筒望远镜，这些望远镜都来自于诸如莱卡、蔡司和施华洛世奇这样的厂商，它们可以提供绝妙的光学视觉效果和放大倍率——其中很小的差别可能就会带来1000英镑的价格差距。还有些人会流连于二手书货摊，带着通常对《死海古卷》（*Dead Sea Scrolls*）才有的那种崇敬心情，翻看《新博物学家》（*New Naturalist*）关于英国鸣禽的珍稀版本。面对如此丰富的与鸟有关的物品，哪怕只是匆匆浏览一遍，也会让人花上一大笔钱，收获满怀的购物袋。

然而，这些商业活动只是博览会的一小部分。除此之外，博览会上有诸如像比尔·奥迪（Bill Oddie）这样的名人，会在播放他最新的电视系列节目的视频剪辑之后，为观众签名。还有些像来自于埃克萨斯的格雷厄姆·米（Graham Mee）和他的儿子詹姆斯那样的初访者，几年前正是因为看了《和比尔·奥迪一起观鸟》的早期系列节目才开始观鸟的。这里有看上去像是用于只招待亲友的婚礼的巨型白色帐篷。鸟类知识问答、幻灯片放映、图书签售、烧烤摊……所有能由鸟和观鸟联想到的相关活动都可以在这里找到，甚至还有基督教仪式和五人足球锦标赛。

尽管这个鸟类博览会是一种非常英国式的活动，但它确实也是一个全球性的事件。去看一下三号帐篷，你会看到来自波兰野生生物之旅的大胡子马雷克·布克斯基（Marek Borkowski）。波兰野生生物之旅是东欧最了不起的保育和观鸟先驱组织之一。马雷克和他的妻子哈尼娅以及他们的四个小孩，驾驶着一辆苏联的军用厢式货车穿过了半个欧洲来到这里。在接下来的三天中，他们会与几百个人握手，为他们提供咖啡和波兰的传统蛋糕，并游说他们去访问在别布扎沼泽地（Biebrza Marshes）风景如画的木屋。在那个地方，游客既可以看到白背啄木鸟和营巢的戴胜，又能享受到更多波兰式的美食。

或者走进四号帐篷你会见到来自特立尼达的帕克斯宾馆的杰拉德·拉姆沙瓦克（Gerard Ramsawak），这个男人在他的阳台上搭建了著名的蜂鸟喂食点，而他的邀请正像蜂鸟翻飞那般富有激情。他的妻子奥达会在你还没来得及打招呼时就递上了朗姆潘趣酒和介绍在当地观鸟乐趣的小册子。而在二号帐篷中，你可以看到以色列和巴勒斯坦代表张开双臂迎接彼此，这种景象不同寻常，温暖人心。漫步于博览会的其他地方，你可以遇到来自世界各个角落的人们，有来自非洲鸟类俱乐部、英国保加利亚友谊协会的，来自智利的奇迹苏尔旅行社（Fantastico Sur）的，来自新西兰的几维鸟野生动物之旅的，他们在这里一起分享对鸟类的爱恋和热情。如果你观鸟的眼界还没有那么开阔，这里也有《英国鸟类》杂志、湿地与水禽基金会，以及很多其他英国国内的选择。

对于很多到访者来说，展览会的最大亮点在于艺术帐篷。在这里，鸟以各种可能的方式展示在显示屏上：从几乎能精细地表现每一根羽毛的照片，到捕捉到群鸟飞行时那种莫名特质的印象派素描。人们站在显示屏面前，敬畏地看着这些画面。

这并不是人类第一次用艺术表现鸟类，早在距耶稣诞生前一万多年的时候，我们遥远的祖先在第一眼看到鸟类形象时，也许有着与现代人看到鸟类图片时相同的奇妙感觉。自从一位史前猎人第一次在岩洞的墙壁上描绘出他的猎物时，人类开始以各种方式对鸟类进行观察。然而从大的历史跨度上来看，人们以前并没有进行过任何现代意义上的“观鸟”活动。走到户外去，单纯以获得乐趣为目的而看鸟，是一个很新颖的现象。而现在所谓的“观鸟人”，无论男女，都是一个典型的现代西方社会的产物。能够让我们由于自己的缘故而欣赏自然，并且有足够的经济实力和闲暇时间去观鸟，这些因素的结合只是过去几百年左右才形成的。

2001年8月，就在那年的年度观鸟博览会吸引了数千位爱好者之时，一份小报报道称青少年流行偶像布兰妮·斯皮尔斯（Britney Spears）是一个观鸟者。结果表明这是一个典型的“新闻淡季”（silly season）的故事，所依据的事实只是布兰妮在洛杉矶家中的墙上有一张鸟的照片。这确实好得令人难以置信：毕竟，一个最酷的流行天王又怎么会与观鸟这项最不时尚的活动有关系呢?

观鸟总是会被当作嘲弄的对象，尤其是在大众媒体中。由于一位评论员认为观鸟是“生物版的机车号码收集行为”，它一般会被加以冷嘲热讽和不加隐藏的鄙视。在1970年拍摄的系列电影《继续吧》之《丛林》中，由弗兰基·豪尔德 (Frankie Howerd) 和席德·詹姆斯 (Sid James) 主演的“鸟类爱好者探险队”成员被食人族捕获，观鸟人被刻画成一群滑稽小丑，就很典型。三十年之后，这种印象几乎没有什么改进。在ITV电视台的连续剧《摩斯探长》的最新情节中，阴郁的摩斯向他坚韧的助手刘易斯透露他对鸟感兴趣。刘易斯对摩斯探长的新爱好感到震惊并表示：观鸟常常被描绘成人们在生活中没有其他目的时才会去做的事，这是探长不可避免地向老年衰落的象征。

新闻记者也喜欢去调侃观鸟人。伯纳德·莱文 (Bernard Levin) 就将观鸟人形容为“不以食用为目的而追随鸟类的令人难以置信的人”。而在第四电台的《星期三》节目中，主持人莉比·博维斯 (Libby Purves) 在听说一个成年人与他的父亲在国外进行了一次观鸟之旅的时候，简直不能掩饰她的惊愕。她说：“告诉别人‘我是一个成年男子，我在假期里和我爸爸去观鸟了’。这样的社交形式实在是太弱了！简直弱爆了！”

尽管近些年来，以观鸟作为消遣的人数越来越多，观鸟人仍然被认作不是滑稽就是古怪的。不过，詹姆斯·费舍尔 (James Fisher) 指出，在第二次世界大战开始时，其实各类人都会有观察鸟类的行为：

> 在我所知的人当中，有一个首相，一个总统，三个国务大臣，一个女佣，两个警察，两个国王，两个王室公爵，一个王

子，一个公主，一个共产党人，七个工党人士，一个自由党成员，还有六个保守党议员，几个每周能赚九十先令的农场工人，一个在每天的每个小时里都能挣到前面提到的收入两到三倍的富人，至少四十六个校长，一个火车司机，一个邮递员和一个家具商。

在一份我后来多少有些随机编纂的最新名单中，观鸟人的种类同样多种多样：一个王室公爵，三个流行歌手，一个女邮递员，一个景观园丁，几个大学讲师，至少三个前保守党的内阁部长，一个行业工会的领导人，四个喜剧演员（其中三个还健在，一个已经去世了），一个智力问答节目的主持人，ITV和BBC的天气预报播报员，一个时尚摄影师，一个护士，一个祖母，两个十岁的男孩，一个《每日之星》的新闻编辑，一个澳大利亚的音乐家，还有一个从达根汉姆的福特工厂退休的工人。

那么在菲利普亲王（Prince Philip）、贾维斯·科克（Jarvis Cocker）、肯·克拉克（Ken Clarke）和马格纳斯·马格纳森（Magnus Magnusson）、大卫·贝利（David Bailey）和比利·弗利（Billy Fury）或维克·里弗斯（Vic Reeves）和埃里克·莫雷坎比（Eric Morecambe）之间有什么共同点吗？[①]而数以千计参加鸟类博览会的人们和数百万定期观看比尔·奥迪的鸟类

① 菲利普亲王是英国女王伊丽莎白二世的丈夫。贾维斯·科克是Pulp乐队的灵魂人物，主唱兼吉他手。肯·克拉克是英国保守党政治家，曾任司法大臣兼大不列颠大法官。马格纳斯·马格纳森，英国BBC电台著名记者、主持人，曾主持智力问答节目《策划者》（*Mastermind*）长达25年。大卫·贝利乃英国知名摄影家。比利·弗利为20世纪50年代著名歌手，摇滚明星。维克·里弗斯和埃里克·莫雷坎比均为英国喜剧演员。——译者注

电视节目的人又是什么样的呢？他们肯定不会处于同样的社会阶层，有着不同的收入，不同的政治立场，不同的年龄和幽默感，这是确确实实的。

也许他们只是单纯地可以从观鸟中获得乐趣，就像歌手凡·莫里森（Van Morrison）唱的那样："花上一整天观鸟，快乐时光多美好！"当下，观鸟还不会像园艺、烹饪、DIY那样有一些社团，但这仍然是最受欢迎的休闲方式之一。并且不管那些嘲笑者怎么想，观鸟人对大多数人来说很重要：事实上，鸟类种群数量的增减已经被政府列入对生活质量指数的考量之中。

承认观鸟也许会增加我们的乐趣和满意度，这一看法出现得很晚但广受欢迎，还最终开始渗透进通常都在讽刺挖苦的媒体中。在《卫报》的一个名叫"你可以使世界变得更加美好的100种方法"的新闻专题报道中，就包括了"将鸟带入你的生活""搭建鸟食台"。第四电台的《每日思考》节目还专门报道了观鸟，一位英国圣公会主教声称，倾听鸟鸣可以使我们的精神需求得到满足。

所以，尽管媒体对观鸟的态度的变化进展缓慢，然而这种改变确确然然是存在的。也许在十多年或更久之后，观鸟这种兴趣爱好，相比于人们对听音乐、看足球赛或者做园艺那样的热情来说，不再是那么非主流、阴郁或者滑稽的行为。

尽管本书主要内容是关于英国观鸟活动的成长和发展，我也囊括了许多其他地方的例子，特别是北美，大西洋彼岸的消遣活动经常跟随此岸的发展趋势。不可避免地，我只能选择其中的一些例子，所以本书不可能也不会是一部权威性的观鸟史著作。相反，我选择了特殊的例子和关键人物来讲述故事，展示更为广阔的图景。最终，我要给这个看似简单的问题找出答案：即为什么我们要观鸟?

也许这很古怪，因为以前并没有人想过应该怎样回答这个问题。毕竟，通过那首在公园喂鸭子的童谣，还有歌里所唱的“两只斑鸠和一只站在梨树上的鹧鸪”，鸟类在童年岁月就进入了我们的生活。我们阅读海雀出版社和企鹅出版社的书，看唐老鸭的卡通片，并且盖着羽绒被睡觉。我们向彼此赠送复活节彩蛋和放风筝——这些玩具的名字正是起源于鸟而不是其他东西。当我们长大了，我们接触到很多这样的图像：鸟类过去常常被用于推销产品，就像天鹅火柴，还有著名的松鸡威士忌和茶隼啤酒。我们的语言中充满了从鸟的外观和行为派生而来的俚语：“跟着云雀起床”“像杜鹃一样单调”还有“去寻找一只鸭子”[②]。既然它们是我们生活的如此重要的组成部分，或许我们应该问自己一个不同的问题：不是“为什么人们观鸟”，而是“为什么不是每个人都观鸟”。

在这一点上，我必须表明我自己的目的：我也是个观鸟人。我确实记不起有哪段时间，我不在意鸟，不为它们的表现而倾倒。就像在这本书中所描述的那些人一样（而且其中很多人会读这本书），我也是天一亮就起床，风里来雨里去，因为晕船受到惊吓，搭便车，参加推鸟活动，在本地跋涉，而且游历世界，这一切都是为了追求爱尔兰观鸟人安东尼·莫吉翰（Anthony McGeehan）所描述的那种“持续一生的浓厚兴趣”。近些年来，我甚至像某些在本书第15章中写到的人那样，将我的爱好转为职业：我现在就以制作与鸟类相关的电视节目和写相关的图书为生。当然鸟和观鸟并不是我生活的全部，我有一个充满爱的家庭，一份报酬丰厚

② 原文为“out for a duck”，意为“得零分退场、出局”。——译者注

的工作，还有很多其他的兴趣。但是鸟儿们总是在那里，无论我走到哪里，鸟都在提醒着我还有另一个世界，尽管有时与我们所在的世界有交集，但我们永远不能真正地理解那个世界。就像在泰德·休斯（Ted Hughes）描写的雨燕每年不可思议的回归那样：

> 它们再一次重返故地
> 那意味着地球还在转动……

我和各个地方的观鸟人，因为各种不同的原因而观鸟：将其作为一种挑战，或者作为一种收集形式；因为观鸟可以让我们走到室外，又或因为其美学上的感染力；为了更多地了解它们，抑或只是单纯地为了乐趣，或者实际上是因为所有这些原因综合所致。或许，我们的迷恋最终源于将鸟类与其他造物区分开来。美国作家唐纳德·卡尔洛丝·皮蒂（Donald Culross Peattie）这样说：

> 人类觉得自己远远高于那些在动物学意义上仅距自己一步之遥的生物，但所有人都会仰望鸟类。对于我们而言，它们看起来像是另一个世界来的使者，那个世界与我们相关而又超越我们，让我们这些被地球所束缚的人们无法看穿。

今天，在21世纪的初始，观鸟已经成为全世界最流行的消遣方式之一，有那么多人来参加英国观鸟博览会就是一个证明。数百万人痴迷于观鸟，他们年龄不同，文化和社会背景迥异，来自于地球上的各个国家。这项活动为参与者带来了不同程度的快乐和满足。本书的主题就是讲述这种繁荣的景象是如何出现的。

第 1 章　观察：最初的观鸟者

人类通常是能意识到鸟类的存在的，鸟类一直在为我们娱乐的、智力的和科学的探索提供着物质与精神上的帮助，就像为我们提供早餐中的鲜蛋一样。

——《鸟类学入门》，奥斯丁·L.兰德 (1974)

在詹姆斯·费舍尔令人难忘的说法中，曾提到一个“带领我们进入观鸟世界的人”。为了寻找他，我们必须回到18世纪中叶。就在一个英国的乡村教区，我们找到了这位特别的人。尽管他一辈子都只待在了一个地方，但毋庸置疑的是他写出了有史以来最著名的博物学著作。这个地方是位于塞耳彭的汉普郡，这位作者就是吉尔伯特·怀特教士(Reverend Gilbert White)。

吉尔伯特·怀特

要说吉尔伯特·怀特是第一个观鸟者，这需要做些解释。不管怎么说，人类肯定从史前时期就已经意识到了鸟类的存在，但是如果说那时人们对鸟有什么更深切的兴趣，那只可能有三个主要原因：对于我们的祖先来说，鸟类可能是宗教崇拜或者迷信的对象，或者可以被用作装饰点缀，抑或只是代表着一顿大餐。就像我们在下一章中将会看到的那样，尽管在古代的文献和文化中不乏鸟类的身影，但我们必须清楚地界定单纯地“看到鸟”和在现代意义上“观鸟”之间的区别。后者，也就是本书的主题，从根本上来说就是一种以获得乐趣为主要目的的娱乐活动。

18世纪中叶到19世纪中叶的一百年间，有四个人代表了一种和以前不同的新的观鸟方式的发展。他们就是吉尔伯特·怀特和他的三个追随者——托马斯·比维克（Thomas Bewick）、乔治·蒙塔古（George Montagu）还有约翰·克莱尔（John Clare）。他们生活在一个人类和鸟类的关系发生转变的时代，即我们从单方面对鸟类进行利用，最终转变为观察和欣赏鸟类这种新的、更平等的关系。某种程度上，他们的身上反映出了社会中正在发生的变化；某种程度上，他们也助推了这些变化的形成。不过最重要的是，在这样一个人与自然世界的关系开始发生错位的特殊时刻，怀特、比维克、蒙塔古和克莱尔发现了人与自然的关联。

在随后的二百年中，围绕着看鸟而展开的科学研究、美学欣赏以及各种娱乐和社会活动，逐渐发展成了一个被数百万人所追随、更有组织的活动——也就是我们今天所讲的看鸟或者观鸟的那种消遣。

在18世纪，一个乡村教区牧师的生活，也许并不像我们想象的那般富有田园诗意，然而它也有自身的吸引力。对于一个受过教育，并且对自然界有着热切兴趣的年轻人来说，这种生活能为他提供大量的时间来追踪他所研究的对象。但这种生活唯一的缺点是：工作会被束缚在一个固定的地方。

吉尔伯特·怀特生于1720年，他一生都住在一个叫作塞耳彭的小村庄中，并在此工作，几乎从没有跨出过这个教区一步。虽然其他人都对这种地理区域的限制感到沮丧，怀特却把这种限制转化为了优势，他精心地记录了他观察到的本地野生生物，特别是鸟类。

那时，人们把对于野生生物的兴趣看作是一种反常，甚至是怪异的消遣。事实上，大部分人通常都不太会注意到鸟。首先，日常的劳作往往需要人们从黎明工作到黄昏，体力劳动使人过于疲劳以至于无心于其他活动，更不用说去做像观察野生生物之类没有效益的闲事。然而哪怕是对于有闲阶级来说，观察野生生物也是有困难的。乡村是一个很危险的地方，就像社会历史学家G.E.明盖（G.E.Mingay）所观察到的："直至19世纪后半叶，乡村并不像人们所想象的那样，远远不是一个和平与快乐的天堂。的确，这里有村宴和庆典……但是这里也有拦路强盗、入室劫匪和武装歹徒……"

另一个使观察野生生物受到制约的因素来自于旁人的态度。漫无目的地在村子里徘徊会被看成是一种非常诡异的行为，有可能会招致敌意或暴力，甚至会被逮捕。同样，旅行也是危险、昂贵并且令人不适的，大部分时间都是在崎岖的道路上乘坐马车或者骑马行走，而且往往需要花费数天甚至数周才能完成旅行。

一个当地的教区牧师，是可以不受干扰地在村子周围和周边的乡下漫游的。事实上，人们也希望他到处溜达溜达，因为这样做可以让牧师在身体和精神上得到双重享受，同时又能与他的教民们多多接触。

结果，按照《英国的牧师博物学家》的作者帕特里克·阿姆斯特朗（Patrick Armstrong）所记叙，就像后来的圣歌《万物有灵且美》中表现的那样，基督教教会非常积极地鼓励关于博物学的兴趣。阿姆斯特朗还指出，许多乡村牧师"把在自然中获得的喜悦看作是对于基督教的虔诚的表达"，怀特就是一个典型的例子。

然而，怀特对于职业的选择，必然会带来孤立和孤独的感受。在晚年，怀特感叹缺乏能和自己分享想法和理论的同伴："一直以来，我从没有遇到过这样的邻居，其研究能引导他们追求自然知识，这是我的不幸，因此，我想要个同伴来让我更加勤勉并且更加敏锐，但在这个愿望上我却一筹莫展……"

如果怀特不是一个这样直来直去且诚实的人，我们一定会怀疑他是在自嘲。因为他如果真的遇到了一个可以和他面对面讨论他对野生生物之观察的人的话，那我们可能就不会知道有怀特这个人了。因为他最重要的作品《塞耳彭的博物和文物》（通常又作《塞耳彭博物志》），实际上是以杂志的文体写给身在伦敦的两位科学同人托马斯·彭南特（Thomas Pennant）和戴恩斯·巴林顿（Daines Barrington）的通信的合集。这本书最终在1789年出版，仅仅比怀特去世早了四年。

就像《塞耳彭博物志》中所揭示的那样，怀特是一个鸟类学家先驱，他有许多重要的发现，包括首次对在英国发现的三种柳莺做出了严谨的鉴定。但更为重要的是，他还是一个现代意义上的观鸟者。他可以单纯地从在野外看鸟中获得巨大的快乐，就像在观看一场表演："'黑帽'[1]总在果园和花园中出没，它们啭鸣时喉咙会令人惊异地膨起。"

甚至以现代标准来看，怀特也是一个一丝不苟的观察者。他对于鸟类行为的描写（除去古英语中奇怪的例子之外）看起来像是来自于现代的书籍："这种颜色最黄的鸟，体型可认为是最大的，而且它的毛管笔飞羽[2]和次级飞羽上有白色……它们只在树梢上逗留，发出像是蚂蚱般嘶嘶的噪声，并且经常时不时地随着鸣

---

① 即黑顶林莺。——译者注

② 即初级飞羽，生长在相当于人的手掌位置的鸟的前肢处，在鸟儿飞行时用于控制方向。——译者注

声抖动自己的翅膀……”

即便在今天也很难找到这么清晰、简洁又能令人产生共鸣的对于林柳莺的描述。像这样谨慎并准确地对一只鸟进行观察，在当时是非常超前的，特别是考虑到这样的情况：在接下来的一个世纪甚至更长的时间中，对于收集鸟类标本的痴迷，在整个鸟类学界中一直占有主导地位。

对于现代读者来说，怀特具有吸引力的秘密在于，他采取了与我们相同的方式观察自然。他把自然看成是一种人们可以欣赏享受的东西，它可以供人消遣并助人恢复精力，而不是一种为了人的利益而被开发利用的资源。这种对于自然的认识在今天看来是理所当然的，然而怀特是我们所知对自然抱有这种态度的第一人，就像雷蒙德·威廉姆斯（Raymond Williams）所注意到的那样：

> 居住在乡村的人们时时都可以感受到，或者说似乎能够直接感受到自然：一种对树林、鸟类和陆地在移动中形成的直接的、物理性的感觉。在吉尔伯特·怀特那里，有新意之处，或者说至少是人们在其持续紧张的活动中感觉到有新意之处，就是源于这样一种单一的和专注的观察的发展……这是一种新颖的记录方式，不光是记录事实，还记录了观察事实的方式：一种在后来被称为是科学的观察方式。

怀特执着于他自己的那一片地方，关注那里的鸟类随着季节和年份的变化，他的这种对鸟类的观察方式与现代的观鸟者产生了共鸣。就像住在离塞耳彭仅6英里的乡村牧师住所的简·奥斯汀（Jane Austen）一样，怀特懂得，来自单一地点和时间的特殊事例，比一般性的观察更能揭示出更了不起的真相：

苍头燕雀

在过去的多年里，我曾经观察到在圣诞节时，田野里有大群的苍头燕雀，数量之大，让我原来认为它们不可能是在一个临近地区繁殖出来的。然而，当我仔细地对它们进行观察之后，吃惊地发现它们几乎全部都是雌性。我和几个聪慧的邻居讨论了我的怀疑，在不辞劳苦的观察后，他们同样认为看到的鸟大部分为雌性，雌雄的比例至少在五十比一。这个不同寻常的现象使我想起了林奈的话：“在入冬之前，苍头燕雀的雌鸟都会经过荷兰迁移到意大利。”现在我想要从北方一些好奇的人那里了解一下，在他们那儿冬天是否有大群的苍头燕雀，如果有的话，性别比例又是怎样的？据此，我们也许可以判断出我们村里的这群雌性苍头燕雀是来自于岛屿的另外一端，还是由大陆飞来的。

这种将当地的观察与同好一起热烈讨论又设定新的调查方向相结合的做法，和原来的那些方式完全不同。这正是将吉尔伯特·怀特称为现代观鸟之父的凭证。

这也在一定程度上解释了，为什么在《塞耳彭博物志》首版两百多年之后，它仍然会被如此广泛地阅读。但这并不能完全解释为什么此书在今天仍然如此受欢迎。尽管此书是如此令人着迷，然而细致入微的观察本身并不是它受到欢迎的全部原因——怀特至关重要的洞察力正是，他意识到观察野生生物也可以有美学上和灵性上的维度。于是，怀特又创造了一个第一：他是第一个把对鸟类的精确观察和对其真正的爱结合起来的人。鸟类学家詹姆斯·费舍尔认为正是这种品质造就了此书的成功：

> 这个仁爱、宽厚、善良、谦虚的人，一定只是出于探求真理的兴趣而不带有其他动机地去钻研事物的本性，或者按他自己的说法：是出于崇拜之情。迄今为止那些有此动机的人们，都将这一点归于怀特。在怀特的眼中，对自然的探索和对自然的爱是纠缠不清的，并且也有很多人认为，只要存在这样良性的纠缠不清，博物学对于真相的探求就能继续得以顺利进行。

吉尔伯特·怀特在他的《塞耳彭博物志》出版四年后离世，享年72岁。两百多年后，这本书仍然是最受人喜爱的自然写作经典之一。在最基础的层面上，怀特持久的名气依赖于一个简

红翼鸫鸟

单的真相：即便在今日，我们仍然能够认同他对探索自然世界的渴望，并因此而获得精神上的新生。就像历史学家大卫·艾伦（David Allen）说的："'塞耳彭'在我们每个人的内心，都是一个私人的、秘密的教区。"

尽管《塞耳彭博物志》最终成了最畅销的书籍之一，这本书仍然很难被称为获得了巨大的成功。实际上，直到19世纪20年代，怀特去世30年之后，这本书才开始大卖。

其间，在1797年，首次出现了真正受欢迎的关于英国鸟类的作品：托马斯·比维克（Thomas Bewick）所写的《英国鸟类研究》（*A History of British Birds*）。这本书在当时经常被人们拿来与《塞耳彭博物志》相对举，被形容为“在观鸟者心目中类似的……另一部作品”。能够肯定的是，为了引起普通公众对于鸟类的兴趣，比维克比他之前的任何人都做了更多的努力。

比维克的作品分为两卷，井然有序地排列：第一卷专门写“陆地鸟”，而在1804年才发表的第二卷用来写“水鸟”。就像他那个时代的众多艺术家一样，他用木版画来作黑白插图。不过比维克创造出了一种新的雕刻技术，可以让他在更精细的材料上进行创作。这种技术使得插图更加细腻完美，甚至有一种光影效果——完美地捕捉到羽毛的变化和细微之处。

托马斯·比维克于1753年在诺森伯兰郡（Northumberland）的乡下出生，在家中八个孩子中排行老大，他看起来并不像后来因为鸟类而成名的人。的确，正如费舍尔所说“比维克并不是一个非常好的博物观察者，对于那些东西也没有独到的见解。但当他1828年去世的时候……他对自然艺术的贡献，就像伯恩斯对诗歌所做的那样，将一点点真诚的人性融入其中”。

鸟类学文献学者穆伦斯（Mullens）和斯万（Swann）更进一步，将比维克形容为“在严格意义上来讲，很难被称作是鸟类学家”。但由于他作为一个艺术家的能力，他的书成了出版奇迹：在比维克的有生之年，《英国鸟类研究》至少发行了六版，并在他去世后出版了更多的版本。

孩提时代，比维克用钢笔和墨水描绘一切移动的物体，当没有墨水的时候，他就用从家周围的树篱上采集到的黑莓的汁液来作画。在泰恩河畔的纽卡斯尔做了七年学徒之后，他掌握了印刷和镌版技术，并且作为一个政治激进分子名声在外。在他的出版企业中，他把教育指导和能够获得可观利润的机会相结合，为这种理想主义和创业技能的联合体找到了合适的出路。在出版了世界上的四足动物并使其成为畅销书后，比维克将注意力转向了他更熟悉的主题：英国的本土鸟类。

尽管在现在看来比维克的版画多少有些粗糙和过时，但在当时，这些版画完成了一个非常重要的使命：在社会的各个阶层中，培养出了一种对于鸟类的兴趣。他的书对于后来的艺术家产生了相当大的影响，他的名气甚至跨越大西洋传到了北美洲。1827年，也就是在比维克75岁去世的前一年，美国鸟类艺术家约翰·詹姆斯·奥杜邦（John James Audubon）前去拜访了他，奥杜邦形容比维克是“一个最令人愉快、善良且仁慈的朋友”。后来，奥杜邦将一种北美鸟类命名为比氏苇鹪鹩[③]，以此来纪念这位英国人。另外一种英国常见的冬候鸟，小天鹅的欧洲亚种的名字，比氏天鹅，也是来自于比维克的名字。

尽管托马斯·比维克在“让人们意识到鸟”这件事上，所做的事情比任何一个前人都要多，他自己却不是一个观鸟者。但怀特的“弟子”乔治·蒙塔古，则毫无疑问是一个观鸟者。

今天，如果说我们对蒙塔古有所了解，那是因为在英国最稀有的繁殖猛禽乌灰鹞[④]，是以他的名字来命名的。然而，蒙塔古对于观鸟的发展还有着深远的影响——这种影响并不仅仅是由于他在《鸟类字典》中对于英国鸟类进行了命名和编目。这本书首次

③ 英文名为Bewick's Wren。——译者注

④ 英文名为Montagu's Harrier。——译者注

出版于1802年，并在1831年（蒙塔古去世16年之后）由詹姆斯·雷尼（James Rennie）进行了全面修订和再版。这对后来的鸟类学家和收藏家产生了深远的影响，其中包括19世纪的美国人埃利奥特·科兹（Elliott Coues），他将此书形容为是“关于英国鸟类最值得关注的论著之一……在四分之三个世纪的时空中维持着自己的地位”。

蒙塔古与托马斯·比维克一样，出生于1753年，他有着一个成功与失败并存、但又十分精彩的人生。他自17岁开始在军队服役，一直稳步上升，成了一名中尉，在20岁时结了婚，随后参与了美国独立战争，再后来，他回到故乡威尔特郡，在那里他成了郡民兵组织的中校，并生养了四个儿子和两个女儿。

截至此时，一切都好，对于像他这种背景和阶层的男人，能获得这样的体面和地位的确是意料之中的事。尽管这样，蒙塔古却对于他的婚姻和事业感到沮丧和不满。1789年6月，大约在他36岁生日的时候，他写信给吉尔伯特·怀特，此时怀特已经成为英国最受尊敬的博物学家之一。蒙塔古在信中坦白说，“可以从零开始去做一个鸟类学家是多么开心的事。另外，如果我没有被婚姻所束缚，我希望能够到远方去，在那里沉迷于我的爱好之中……”

蒙塔古十年的郁闷终于以一个引人注目的丑闻熬到了头。1797年开始，他与一位伦敦商人的妻子——伊利莎白·多维尔女士有染。两年后，他被送上了军事法庭，罪名是涉嫌密谋推翻他的三位同僚，并且他还被迫辞去了自己的职务。更不幸的是，他后来又卷入了与他的长子之间的官司，这最终导致了家庭财产的损失。

在军队的失意却变成了在鸟类学上的得意。蒙塔古和他的情妇搬到了德文郡金斯布里奇村外的一栋小屋，他终于可以全身心地投入到对于鸟类的迷恋中，在这里，他度过了自己的余生。当时的人对他有很多误解，其中就有人形容他为“一个坏脾气的人”，而在近期，人们逐渐承认，他是最有影响力和先驱性的鸟类学家之一。詹姆斯·费舍尔倡导了对于蒙塔古的正名，他称赞蒙塔古为“那个精力充沛的军官和以自己有效的方式工作的野外工作者……他横扫了几乎所有我们因为无法辨识而不知道的鸟类”。

以当时的方式来说，观鸟的主要工作是从事标本“采集”（这是用一种委婉的方式来表达向鸟儿开枪的说法）。尽管显然蒙塔古对于社会习俗持有一种满不在乎的态度，但他其实是一个很有条理的人，他决定对英国鸟类的情况做一个准确描述的新的汇编。他从检查他人收集的不寻常或有争议的标本开始着手，通过检查他发现，经常一个“新”种实际上只是一个有着大家不熟悉

流苏鹬

的羽色的常见物种。因此他证明了所谓的“格林威治鹬”就是流苏鹬的非繁殖羽，而“灰色鹬”其实是一种滨鹬。就这样，他卓有成效地为公认的物种创建出了第一份真正的“英国名录”。

然而不仅仅是简单地反驳他人的主张，蒙塔古在此基础上更进一步。他对当时尚未被认识到的几个英国鸟类新物种进行了描述及分类。通过对于在德文郡南部的家周围田野和灌木中的黄鹀群的观察，他意识到其中有一些鸟的羽色显示了差异：包括黑色的喉部和面罩，以及胸部是橄榄绿色而非红褐色。他正确地推测这应该是黄道眉鹀——一种当时被认为仅在欧洲大陆发现的鸟。在他发现这种鸟两个世纪之后，黄道眉鹀在英国最主要的分布地仍然在他的居住地周围。

蒙塔古另一个主要的发现是一种现在以他的名字命名的鸟。在那之前，关于白尾鹞和当时人们所说的“灰色隼”之间关系非常混乱，这两种鸟的雌性和雄性看起来很不一样，但是又与对方种类非常相似。1803年8月，一只雄性的鹞在蒙塔古家附近被击落，他对其进行了检验，并且做出了正确的判断：这的确是独立于白尾鹞的另一个物种，它的体积更小更纤细，翅膀较窄并且有几处明显的羽毛差异。从他描述的摘录中，就可以看出他对这些细节的痴迷：

> 嘴黑色，嘴基部及腊膜浅绿色；虹膜及眼眶亮黄色；头顶、面部、喉部及脖子下方黑色，肩部棕灰色……八根初级飞羽为柔和的黑色……第一根非常短，第三根最长；次级飞羽上面棕灰色，下面灰白色，并且有三道醒目的深色带穿过其中，这三条带基本上平行，每条半英寸宽……脚橘黄色，长而纤细；爪子小，黑色。

这种对于一根一根羽毛进行细节梳理的痴迷与基利安·莫拉尼（Killian Mullarney）和彼得·格兰特（Peter Grant）于20世纪80年代提出的“新的鉴定方式”区别不大，但其中有一个重要的差异是：蒙塔古可以观察他手中的对象，而不是在野外观察活着的鸟类。

不久之后，两个欧洲大陆的鸟类学家将这种鸟命名为“蒙塔古鹞”，并且在1836年，威廉·麦吉利夫雷（William Mac Gillivray）第一次使用了乌灰鹞这个名字，从而确定了他的地位。不幸的是，蒙塔古的余生充满了悲剧。他的四个儿子中有三个在与法国的战争中丧生，他则因为踩到一个生锈的钉子而患上了破伤风，过早地在1815年离开人世。在他去世的时候，已知的英国常见鸟类种数从18世纪中期的215种增加到了240种以上——只剩下少数的候鸟还没有被描述。

现代的观鸟人都拥有最新版的图鉴，里面有上百种鸟类的彩图和它们的分布图。对于他们来说，蒙塔古的成就看起来似乎只是鸟类学史上的一个注脚。但是如果没有他和他的《鸟类字典》，毫无疑问我们将要花费更长的时间才能完成对于英国的繁殖鸟类的识别和分类。这对于观鸟活动的发展是至关重要的：毕竟，在现代意义上来说，如果你不知道你所看的鸟是什么，就没办法观鸟了。

通过清理众多的错误和误解，蒙塔古使他的后人——特别是维多利亚时代的两个伟大的鸟类学家威廉·麦吉利夫雷和威廉·耶雷尔（William Yarrell）——在他的研究成果的基础上，建立起了在19世纪30年代和40年代具有重大意义的鸟类区系。这些反过来又为哈利·威瑟比（Harry Witherby）的《英国鸟类手册》（*Handbook of British Birds, 1938—1941*）奠定了基础，这本书对于许多老一辈的观鸟人，对于将观鸟活动发展成为一种受欢迎的消遣，均有深远的影响。

大约在蒙塔古去世前后的一个美好的春日夜晚，一位年轻的农场工人走在伦敦郊区莎克威尔周围的田野中。路过一个小树丛时，他发现一位衣冠楚楚的女士和一位先生正在倾听鸟儿的鸣唱，并且听到他们“赞叹夜莺的美妙歌声……但那叫声碰巧是一只鸫”。

这位熟知夜莺和鸫的鸣叫之差异的人就是诗人兼作家约翰·克莱尔（John Clare），事实上他熟知所有常见鸟类的叫声和习惯。“他们倾听，并再三表示由衷地感到满足”，克莱尔在一封写给他的出版商的信中挖苦地回忆道：“而那鸟似乎也知道自己的歌声获得了盛名，得意洋洋地努力尝试各种不同的且更响亮的歌声继续行骗。”

这个故事其实有更深的含义。在50年前，当吉尔伯特·怀特在倾听塞耳彭的歌鸫鸣唱时，完全不可能发生像这样的事：一对衣冠楚楚的年轻夫妇为了在夜晚的乡间聆听鸟鸣而出门。然而到了19世纪早期，享受田园的景象和声音——也就是所谓“下乡”的观念——已首次进入了英国的生活。这个观念已经如此深入人心，就像克莱尔观察到的那样，那位女士丝毫没有察觉到她的长礼服上正在沾满夜露。

人们曾经相当傲慢地以为克莱尔只是个“乡村诗人”，但现在他的名声已经完全恢复了，并且被认为是重要的作家之一。他既是“英国非主流的博物学家中最优秀的诗人”，也是“英国主流诗人中最优秀的博物学家”：作为一个一流的观鸟者和鸟类学家，他在这段时间为我们提供了这一时期大量的鸟类分布的信息。

据我们所知，他在自己所在的地方可能观察到至少119种、甚至有可能多达145种不同的鸟类——这即使按现在的标准来看也是一个杰出的成就，更何况我们要考虑到那时还没有双筒或单筒望远镜。他目击到的几个物种现如今在该地区要么非常罕见，要么已经找不到了，比如鳽、秧鸡和鹗，有一份观察记录至今还是一个谜：

> 我们看到了一种很奇怪的鸟……它是在三四年前的冬天被一个工人击落的，然而书中却没有任何记载……这只鸟大约有大鹅那么大，但身体更加修长一些……它的翅膀很长，脖子的长度和鹅相仿……它的眼睛呈黑色，非常大，嘴也呈黑色，有着鹰嘴一般的弯钩，就好像可以撕裂食物一样……它的腿部为红色带有黑色条纹，脚部有蹼及巨大的爪子……它通体白色并有淡棕色的波纹遍及全身，就像苍鹭胸部的颜色那样。

克莱尔关于钩状喙的描述，让大多数后来的观察者都认为这应该是一种猛禽。事实上关于脚蹼的描述更加具有意义：这是一个关于亚成的大火烈鸟的精确描述。这几乎可以确定是一只来自欧洲大陆的野生鸟类，而克莱尔对这个物种在英国的第一份记录进行了完美的描述。

也许克莱尔对于观鸟之发展的直接影响，没有怀特、比维克和蒙塔古那么大，但他仍然是这段历史中的一个关键人物。由于他拥有做出如此精确详细观察的能力，因而他比同时代的任何人都更像一个现代的观鸟者。

约翰·克莱尔于1793年7月13日出生，这恰好是吉尔伯特·怀

大火烈鸟

约翰·克莱尔

特在塞耳彭教区墓地下葬后的第十七天。克莱尔生于彼得伯勒西北边的海波斯通郡，在那里一直生活到三十多岁。他形容那是一个“在沼泽边的……忧郁的村庄”。作为一个早熟且孤独的孩子，他经常独自一人在乡村漫步，还因此被村里的人们指指点点。他的读写能力也使他有别于身边的农村劳动阶层。因此，他更喜欢从他周围的野生生物和风景上来寻找慰藉，也就丝毫都不令人觉得奇怪了。

就像吉尔伯特·怀特一样，克莱尔也没有任何的光学辅助设备，他的观察都是通过裸眼进行的。这样也可以解释他在写作中注重的是鸟类的行为，而不是像现代的作品那样，痴迷于对羽毛细节的描写。对于后者，他很少提及。在他的诗歌和散文中，他的描写一般都集中在鸟的行为，而非外观上。

正如克莱尔在写下他深受喜爱的鸟类诗歌一样，他在观鸟中也做了大量的笔记和日记，以他标志性的不加标点的文风写了下来。这些记录展示出一种对于细节非常敏锐的眼光，让我们能够设想他在鉴证取证般的清晰性中所看到的事情，他还将观察结果与一些令人开心的民间传说相结合，正如他对北长尾山雀的描写：

> 那些住在面包袋和羽毛包里的银喉长尾山雀，我们管它们叫吱吱猫，一般筑巢都很早。它的巢像鹪鹩的巢一样，呈鸡蛋型，在一侧留有入口，非常漂亮……鸟巢由外部的灰色苔藓和大量的羽毛铺垫而成……巢里面有很多很小的蛋。

克莱尔进而思考更加宏大的图景——或许我们可以称之为生态学——这些思考还附带提及一种儿童时代广泛存在抓捕猎杀小型鸟类的活动：

> 有人可能会这样认为：根据这些鸟所下蛋的数目来看，它们一定是大量繁殖。但恰恰相反，由于小型猛禽对于它们的雏鸟进行可怕的洗劫，它们的数量还没有其他鸟一半那么多。一旦它们离巢——那些从孩子们手中和猛禽爪下幸存的雏鸟，会在家中和父母一起生活到来年的春天——在冬天，我们有时候能看到多达20只的雏鸟在一起，从篱笆上取走白棘条的嫩枝。

银喉长尾山雀

从以上的描述可以看出，克莱尔认识到大自然是由有生命的动物和植物组成的网络，而不仅仅是博物馆中收藏的那些皮毛和标本：“他不是在射杀、填塞、解剖或者排列。”

与他同时代的人不同的是，克莱尔诗里所写的是现实中的鸟，而不是理想化的诗意的鸟。这导致克莱尔和济慈（John Keats）之间产生了一些摩擦，济慈抱怨克莱尔的诗：“描述太多，凌驾于感情之上……”，克莱尔对此做出了简短而有力的回应：“（济慈）总是把自然描绘成像是出现在自己的幻想当中那样，而不是描述他亲眼看到的大自然……”

拿这两个作家关于夜莺的诗来做个比较，就可以印证上面的观点：虽然济慈可能是一个更好的诗人，但克莱尔绝对是一个更敏锐的自然观察家。济慈的《夜莺颂》（*Ode to a Nightingale*）对于作者的描写要多于对鸟的描写，夜莺直到诗歌的最后才露面，甚至连这点描写也仅仅是基于诗人狂热的凭空想象：

> 别了！别了！你怨诉的歌声
> 穿过了草坪，流过了静止的溪水，
> 爬上了山坡；而此时，它正深深地
> 埋于附近的山谷中：
> 这是个幻象，还是个梦境？
> 歌声消散了——我是清醒还是沉睡？

或许面对如此诗意的语言和深刻的情感时，提出这样的观点是粗鲁无礼的：夜莺在飞行时并不鸣叫。也就是说，在济慈的诗中，鸟从他身边飞离的描述并不是基于真实的观察。相比之下，虽然同样是用诗意的语言来表达，克莱尔的十四行诗《夜莺之

夜莺

巢》(*The Nightingale's Nest*) 就明显是来源于实际的经验：

> 我听到了夜莺的歌唱，
> 从黑刺李的丛中，
> 到老榛树为河谷围成的裙裾，
> 然而，却仍然只是不露面的甜美歌声——农夫觉得
> 这是引人入胜的音乐，当他路过时
> 模仿又聆听——而田野
> 在黄昏中迷失了路径，将他带入歧途
> 而夜莺，仍旧唱着她甜美的歌

尽管克莱尔错误地将歌声归因于该物种的雌性，他依然成功地重新展现了这种特定经历的氛围。就像文学评论家约翰·巴雷尔 (John Barrell) 观察到的那样，克莱尔并没有在形容风景上花费太多笔墨，甚至没怎么描述每个地方，但却能使人感到"每一个地方是什么样子的"。

具有讽刺意味的是，克莱尔的生活最终被他非常依恋的这种"地域感"所毁灭。在19世纪初的几十年里，"圈地运动"使英国乡村发生了超乎想象的改变。树木被砍伐，田野被分割还种上了新的灌木篱墙，于是克莱尔家周围的一切都被彻底地改变了。借用现代心理学的术语来说，他永远失去了这片他"扎根"于此的熟悉的土地。1832年他写下了他最著名的诗作之一《迁徙》，对逝去的种种进行了悼念：

> 我已经离开了我老家的家园
> 碧绿的田野和每一个令人愉悦的地方

夏天像一个陌生人一样到来
我停下来却无法认清她的脸

我坐在转角处的椅子上
看起来好像在家里一样
我听见四处都有鸟儿在歌唱
从山楂树篱到果园
我听到了，但是一切又都那样的陌生

在为失去的世界写下这首挽歌之后，克莱尔患上了精神疾病，余生都被监禁于各地的收容所，直到1864年辞世。克莱尔一直被文学界所忽略，直到20世纪下半叶才被重新重视，这是因为他对鸟类和其他野生动物细致入微的观察，终获名誉和赞美。

在我们跟随这些早期的拓荒者：克莱尔、怀特、比维克和蒙塔古，到达现今意义上的观鸟世界之前，我们必须先回溯过去。第2章与第3章中考察了人类在史前时期到18世纪末是怎样看待鸟类的—— 一段人们只是在“看鸟”而非“观鸟”的日子。

第2章 信仰：从史前到中世纪

神说，水要多多滋生有生命的物，要有雀鸟飞在地面以上，天空之中。

——《创世记》(第1章，第20节)

在一万两千年前，在那个现在我们称之为德比郡克雷斯威尔峭壁（Cresswell Crags）的地方，一个男人在山洞的岩壁上刻下了两幅图画。一幅是某种水鸟——很可能是鹤或者天鹅；另一幅猛禽。2001年当人们第一次发现这些图画时，图像上布满了现代游客留下的涂鸦。但那些涂鸦被清理干净之后，这些壁画的意义开始凸显出来：这是英国唯一幸存的史前壁画样本。

我们早就知道，我们的祖先会描画他们所猎取的鸟类和兽类。在法国比利牛斯山脉加尔加斯（Gargas）的一个洞穴之中，有一幅有着长腿的高挑鸟类的图画（大约是鹤或者鹭）。这幅在一万八千年前创作的画，很可能是现存最古老的鸟类图画。在西班牙南部的塞古拉山脉塔霍河流域（Tajo Segura），一个稍晚一些的文明（大约公元前6000年到公元前4000年）描绘了多达十几种的可识别物种，包括大鸨、红鹳和白鹳。那些画非常准确清晰，足以让我们现在做出识别。

但这些洞穴岩画的作者们最初为何要在岩壁上绘画？普通公认的一种理论认为这些画作在部落成员中被当成了一种仪式。当年轻的部落成员长到青春期，他们就会被带入洞穴观看这些图画，以加强彼此之间的联系。

文化历史学家雅各布·布朗诺夫斯基（Jacob Bronowski）认为，早期人类描绘周围生物的冲动意义非凡：这是首次有明确的迹象表明，人类能够想象未来：

> 对于我们来说，作为历史的一瞥，洞穴壁画为我们重新建

构出了猎人的生活方式，我们通过这些壁画来了解过去的事情。但是我认为，对于那些猎人来说，他们则是通过这样一个窗口在窥视着前方的未来。

这个想法表明，除去仪式性的用途之外，这些绘画还有更为现实的用处。毕竟，在打猎之前，你总需要先认识你的猎物并能够识别它们。虽然要将这些粗糙但传神的图画和现代图鉴相比有些太过遥远，但是这些画确实显示着，在人类发展的早期阶段，我们就有对我们周围世界进行分类和识别的欲望。

在8000—10000年以前，对于新石器时代早期的农民来说，看鸟也是有实际意义的。他们观察鸟类的来来往往，通过候鸟季节性的迁徙来判断种植和收获宝贵的作物的时间。其中一些知识以关于鸟类行为的天气谚语的形式，流传到了今日，它们包括对于天气的短期预测：

燕子高飞是晴天，
燕子低飞要下雨。

还有一些长期的预测：

如果鸭子在万圣节溜冰，那么它们会在圣诞节游泳；
如果鸭子在万圣节游泳，那么它们会在圣诞节溜冰。[1]

---

① 这句话的意思是指海洋性气候下天气的多变：如果在万圣节的时候水面结冰了，那么到圣诞节的时候很可能会转暖而融化；如果在万圣节时天气暖和，那么在圣诞节时则有可能下雪结冰。——译者注

这样的童谣和谚语流传至今，向我们展示了民间记忆的力量，以及鸟类所拥有的更广泛的文化意义。

人类最初的文明在修建永久性的建筑时，就将鸟的元素融入他们的设计当中。最早的例子来自于美索不达米亚（如今的伊拉克）的苏美尔人。公元前3100年，他们在古城乌尔附近的建筑物的檐壁上镶嵌了一排小鸟（很有可能是鸽子）。

从遗留的雕刻和象形文字的装饰中就可以看出，古埃及人同样对鸟类抱有极大的兴趣。埃及最早的鸟类绘画（大约公元前3000年）在麦杜姆金字塔的尼菲尔玛阿特的坟墓中，画中描绘了三种可辨识的六只雁类。美国埃及学家雷金纳德·莫洛（Reginald Moreau）在关于古埃及艺术的研究中，发现了至少90种鸟，其中许多种类现在在埃及已经不再有分布。这些关于鸟类的绘画主要具有宗教意义：鸟类被认为是“长有翅膀的灵魂”，不同种类的鸟类被分配给了不同的神灵。例如，鵟就是荷鲁斯的象征；而圣鹮则代表托特，智慧之神。

最早的关于“看鸟”的文字记载也来自于古埃及。在公元前3000年的某一天，一个被派遣到帝国偏远角落的官员写了一封家书，抱怨道：“我花了一整天的时间在看鸟。”

即使只依据这一简短的摘录，我们也可以这样说，这封信的作者从和当地鸟类的遭遇中获得的乐趣甚少——的确，看鸟这件事似乎只是在强调他过得无聊，而不是像现代的观察家们那样从中获得了愉悦感。

鸟类也存在于一些最早期的文学作品当中。荷马在公元前8或9世纪撰写的《伊利亚特》中，就曾描述过特洛伊城主人的呼喊声“恰似逃离即将到来的冬季和突如其来的骤雨的鹳鹤”。

不过，早期最多提及人们看鸟的书籍其实是圣经。在《旧约》的第一卷书中，挪亚派出一只乌鸦，“那乌鸦飞来飞去，直到地上的水都干了”。《创世记》又进一步在生命世界中明确人类的主导地位，这使我们直到近期还对野生动物抱有单向的剥削的态度：

> 神就赐福给他们，又对他们说：“你们要生养众多，遍满地面，治理这地。也要管理海里的鱼，空中的鸟，和地上各样行动的活物。”

写于公元前6世纪左右的《约伯记》中，包含了第一则直接有关于鸟类迁徙的典故。就像其他的造物一样，鸟也被视为上帝的恩赐：“鹰雀飞翔，展开翅膀一直向南，岂是借你的智慧吗？”

在《耶利米书》中，常提及有关于鸟类迁徙的习性，以进一步确认上帝造物的自然节律：“空中的鹳鸟知道来去的定期，斑鸠（鸽子）、燕子与白鹤也守候当来的时令。”

圣经关注鸟类迁徙的原因，无疑来自于圣地的地理位置：欧洲北部和非洲之间，是鸟类迁徙的重要路线之一，在这条路线上人们很难对鸟儿视而不见。在古希腊，对鸟类做出最详细研究的人，也会接触到候鸟每年两次的迁移。

亚里士多德生于公元前384年的马其顿，可以说他是最后一位能够试图将人类知识的总和集于一身的人。在他的巨著《动物志》的第八卷当中，他多次提到了鸟类的迁徙，包括对灰鹤和白鹈鹕迁徙路线的合理猜测。亚里士多德还准确地观察到在一年中比较冷的月份中，会看不到燕子和斑鸠，而杜鹃则会在7月份天狼星升起的时候消失。

亚里士多德也犯了一些著名的错误。例如，他相信红尾鸲会在冬天“变形为”知更鸟，或者燕子会冬眠——这个观念存续了两千多年。但尽管有这些细小的错误，我们也很难反对马克斯·尼克尔森（Max Nicholson）对亚里士多德的评判：“就像他所触及的其他一切领域一样，他的成果和深刻的思想也永远都充实着鸟类学。”

在亚里士多德之后的一千多年里，关于鸟类的研究虽然没有完全被忽视，但也远离了文化和科学探索的最前沿。罗马人的知识虽然主要都是有关于饮食的事，对奇特的美味佳肴产生了一时的兴趣，例如出现在宴会中的红鹳的舌头。不过就像他们的祖先一样，罗马人也继续因为鸟的宗教或迷信的意味而对鸟着迷。举个例子，现代词汇“鸟卜术”（auspices）就可以追溯到拉丁词汇中的“鸟”（avis）和“看着”（spicere），这个词来源于一种习俗：通过观察鸟的飞行，甚至检查它们的内脏来做出神圣的预言！鸟在罗马神话中也占有显著的地位：据传说，在朱诺的庙中咯咯叫的鹅叫醒了罗马士兵，阻止了城市落入入侵的高卢人手中。

普林尼（23—79）是唯一一个以现今“科学”的标准来看待鸟类的罗马作家，他写了一本有关自然世界的综合性百科全书《博物志》。书中把鸟按脚的形状分为三类：猛禽、水禽和其他——这个粗略到过分简化的说明，虽然经历了一些变化，却在许多世纪之后仍旧屹立不倒。

从4世纪到14世纪，也就是我们常说的黑暗时代，这期间鸟基本上被完全忽视了。除了把它们抓来吃掉以外，大部分人对鸟一无所知，并且也毫不关心。这并不令人吃惊：此时欧洲的绝大部分人，生活肮脏、野蛮，且生命短暂，除工作之外，几乎没有时间用于追求其他的东西。“农民的劳动更辛苦，流的汗更多，因为疲急而晕倒的次数比他们的牲口还要多。”历史学家威廉·曼彻斯特（William Manchester）写道：

> 他们周围是广袤、险恶、无法通行的海西森林，有野猪和熊成群出没，还有从中世纪流传下来的传说故事中的笨拙的狼令人生畏地潜伏着；有假想的恶魔，也有非常真实的亡命之徒，他们行为猖獗，因为很少遭到缉捕……
>
> 在落叶树冠之下，居住着7300万人，他们大多从日出辛苦劳作到日落……大约80%—90%的人居住在不足一百人的村落，村庄之间相距15或20英里，由无尽的林海包围……旅行则是一件缓慢、昂贵、不舒适且危险的事。

在有关这个时期残存的文献中，可以发现少量对于鸟的记载，但鸟通常是为了另一个目的而附属出现的，比如出现在一个大英雄的故事中。尽管如此，确实也存在少量更准确的描述，证明至少还是有一些观察者在亲自看鸟，而不是只从二手资料中获得知识。

最早也最知名的例子出现在7世纪的盎格鲁–撒克逊人所写的诗中，也就是我们所知的诗歌《航海家》。詹姆斯·费舍尔认为，里面所写的鲣鸟栖息地应该就是爱丁堡附近的巴斯岩(Bass Rock)。他将这些诗句描述为：“自罗马人放弃了他们的殖民地之后，第一个听起来像真的受到自然环境启发而进行的鸟类记录。”

> 我什么也听不到，只有沸腾的大海，
> 冰冷的浪潮，间或天鹅的歌声，

那边传来令我陶醉的鲣鸟的喧嚣，
还有杓鹬的颤音成了人们的欢笑，
海鸥用歌声代替了草地。
暴风雨捶打着干草堆，燕鸥回应了它们，
以冰冷的羽毛；白尾海雕时常展翅盘旋、哀鸣，
羽毛四散……

这令人回味的诗句展现的是圣高隆巴的准确观察，6世纪晚期，他在苏格兰的爱奥那岛观察迁徙的鹤群。在释放一个受伤的鹤之后，他看到那只鹤“在一个风平浪静的日子里，在为其救治的人面前越飞越高，在空中考虑了一小会儿应走的路线，然后径直飞向了隔海相望的爱尔兰。”

就像费舍尔所指出的：“这段话看起来像是出自一个现代观鸟者的笔记本。”看来，在当时的社会中，即使并没有看鸟这种根深蒂固的文化，那种进行精确观察的冲动还是会偶尔浮出水面的。

在维京人盘踞以及诺曼人入侵的几个世纪里，只有极少关于鸟的偶然描述。不过尽管如此，费舍尔注意到，英文文献中所提到的鸟种数一直在稳步上升，从公元700年的仅仅16种鸟，到公元800年的59种，而到了第一个千年之交，这个数字已经上升到了75种。1382年，随着杰弗里·乔叟的《百鸟议会》的出版，“英国名录”终于达到了100种。《百鸟议会》是一部寓言作品，其中对鸟的细节特征的描写，是为它的文学意义服务的。

中世纪有很多人类与鸟类产生交互的例子，但却都不能称为现代意义上的“观鸟”——尽管在13世纪初，阿西西的圣方济各由于能使野生动物聚集在他的身边，并从他的手中取食而闻名。但

对于鸟的兴趣主要来自于鹰猎，或者说皇室和贵族们更关心的是“用鹰进行狩猎”。威廉一世（“征服者”）就是一个狂热的鹰猎玩家，《末日审判书》中也列出了有关于“鹰巢”的详细位置。

因此，猛禽和其他的狩猎鸟类成为欧洲最著名的鸟。德国皇帝腓特烈二世（1194—1250）是这项运动最积极的参与者之一。腓特烈被称之为“人间奇才”——世界的奇迹——他是一个敏锐且受过教育的观察者。他在鹰猎方面的论著《关于以鸟狩猎的艺术》，含有对许多物种习性相当准确的信息，包括杜鹃在其他鸟的巢中下蛋的行为。

但作为不被用于打猎或者不是猎人猎物的物种，就很少会被提及。其中最著名的例子是由一位中世纪的僧侣所记录的，马修·帕里斯（Matthew Paris）于1251年在圣奥尔本斯的苹果园中观察到了一种前所未知的鸟类的入侵：

> 大约到了结果的季节它们便会出现，主要是在果园之中。这些显然是原来没有在英国出现过的鸟，要比云雀略大一些。这些鸟只吃水果的仁而不吃其他的东西，从而使果树不结果实，造成极大的损失。这些鸟的嘴呈十字交叉状……

最后一句话给出了这种鸟的识别特征：交嘴雀——一个在原来从未被观察到的地点频繁出现的入侵物种。

在近两个半世纪之后，有一个年份被许多历史学家视为中世纪和现代世界之间的桥梁，在这一年中，人类和鸟类之间的一次邂逅改变了世界历史的进程。1492年10月，克里斯托弗·哥伦布和他的船队遇到了麻烦。他们已经在海上航行了两个多月，船员们日

红交嘴雀

渐不满并有意反抗，流传着要起义反抗领导的怨言。

随后，在10月7日，水手们发现了大群的候鸟，全都向着西南方向飞去。因此，哥伦布决定改变航向，跟随候鸟，以便让“他们从一种沮丧的状态转为一种自信的期待”。这种乐观是没有错的：五天之后，也就是10月12日，他们终于看到了陆地——巴哈马的圣萨尔瓦多岛。对于美洲的征服和开拓就此拉开了序幕。

尽管哥伦布和他的船员看了鸟，但他们所做的离我们所承认的“观鸟”还有很遥远的距离。还需要300年，人们才开始以我们今天的方式来观鸟。

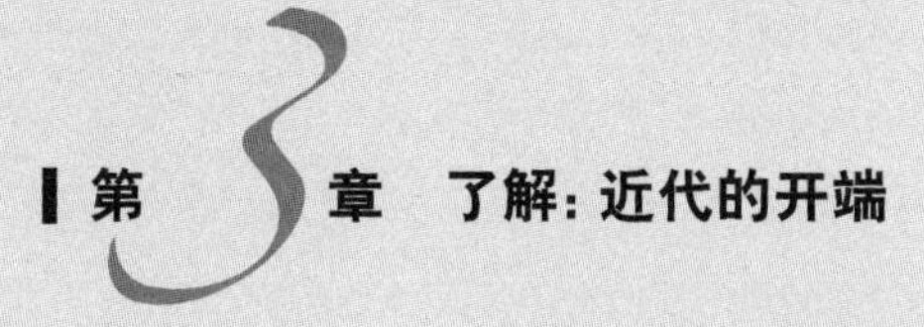

第3章 了解：近代的开端

她感叹道，先生……她的丈夫今天一早就打鸟去了。

——《温莎的风流娘儿们》，威廉·莎士比亚（1602）

在17世纪的开端，人们对于野生动物的态度与此前一千年或多或少是相同的。对于大多数人来说，鸟类存在的理由只是为了打猎或者杀戮。所以在最常被引用的莎士比亚的《温莎的风流娘儿们》中，最初提及“观鸟”一词事实上指的是“打鸟”——用原始的猎枪狩猎鸟类。残酷地对待鸟类是十分盛行的：鸣禽经常被吃掉（“用24只黑鹂烤个派……”），或者因为它们美丽的歌声而把它们关进笼子里。

在这个时期，基思·托马斯（Keith Thomas）把人类与鸟类（以及其他动物）的关系的特点称为“冷漠的残酷”。基于长期的信仰，人们认为神的造物被放置在地球上，就是要为了人类而服务的。但渐渐地，由于文艺复兴和宗教改革所造成的巨大的社会变化，一种更为现代并且不那么人类中心主义的观点开始出现了。威廉·特纳（William Turner）的《主要鸟类》（*Avium Praecipuarum*）是第一本专门致力于鸟类的文字作品，这本书被题献给了年轻的威尔士王子，就是那个短暂在位的爱德华六世。尽管这本以拉丁语写成的书主要为了确认在亚里士多德和普林尼的著作中被命名的各种鸟类，但其中也包括了特纳自己在野外观察到的鸟类的细节。

在17世纪，英国已知的鸟种数从150种增长到了超过200种。这些都是动物学这一新兴科学的先驱们的工作成果，其中最重要的人物毫无疑问应该是约翰·雷（John Ray，1627—1705），他经常被称为“现代动物学的奠基人”。

约翰·雷出身卑微。他出生在埃塞克斯郡，是一个乡村铁匠的儿子。然而，多亏了文法学校的教育以及一笔资助寒门才子的基金，他进入了剑桥大学三一学院，并于1649年他21岁时成为剑桥的一名研究员。在之后的三十年中他静静地进行研究，而与此同时英国内战就在他身边持续进行着。但随着查理二世复辟帝制，他的命运发生了逆转。作为一个清教徒，他拒绝按照《统一法案》的规定宣誓，于是在1662年失去了学院研究员的职位。

然而在这特殊的黑暗中仍有一线光明。雷将他剩余的40年生涯都用在了追求他对大自然的热爱之上，起初是与他的朋友和同伴，弗朗西斯·维路格比（Francis Willughby）一起进行的。由于维路格比是一个来自于望族的乡绅，二人并不平等，但他们的关系建立在共同兴趣的基础之上。尽管社会阶层有很大的差距，他们仍然成了紧密的合作伙伴。他们游遍了英国和欧洲，寻找标本，进行收集和研究。

但在1672年的夏天，刚满37岁的维路格比，突然病倒然后就去世了——就像雷在后来所写的那样："带给我自己、他的朋友们以及所有好人以无限的损失和难以言喻的悲痛"。除继承了维路格比的两个儿子的监护权和他每年60英镑的养老金以外，雷还接下了出版他朋友的著作的任务。在1676年，维路格比的遗作以拉丁语发表，两年之后的1678年，英语版本也以一个很宏大的标题随之出版：《英国皇家学会会员、华威郡米德尔顿的弗朗西斯·维路格比的鸟类学，三卷本，以还原为合适它们天性的方式准确地描述了所有迄今为止已知的鸟类》。

维路格比的《鸟类学》是一本非凡的著作，不仅仅因为这是第一本以英语写成的致力于研究鸟类的书籍。它还迅速推进了鸟类学的科学性，并且标志着从一个出版物中大多是基于猜测和假设的世界，转向一个把准确观察视为头等大事的世界。书中特别留意到，这也是首次有人留意到，在相似种之间的差别，例如在黄鹡鸰与灰鹡鸰，或者是白腰朱顶雀、赤胸朱顶雀以及黄嘴朱顶雀之间的差别。在雷余下的漫长人生当中，他继续拓展着科学知识的边界，出版主题广泛的著作，从植物到鱼类。他完完全全当得起C.E.雷文（C.E.Raven）对于他的描述："英国的亚里士多德……现代科学探索从他开始。"

在接下来的一百年左右的时间当中，从1688年的"光荣革命"，到1819年维多利亚女王诞生，英国经历了一系列重大的社会与文化变革。

黄鹡鸰

灰鹡鸰

其中最大的变化当属从以农业社会为主向以工业社会为主的转变。在农业社会当中，绝大多数人耕耘土地并居住于农村；而在以工业为主的社会当中，大部分人在工厂工作并居住在城市。与此同时，包括鸟类学在内的现代科学的学科方兴未艾。这两个因素对观鸟的发展产生了深远的影响。其中第一个因素创造了一个新的社会阶层，他们开始感受到他们在农村的根被斩断了；第二个因素激发了这些人的好奇心，导致他们去探索野外，重新发现“乡下”。

对于动物的态度也发生了转变。流行的看法从自然主要是由神专门为人类所创造，供人类使用的，逐渐被这些观念所替代：人们日益关注野生动物的福利，渴望感受到这些生物在其周围自然环境中自由生活。这种观念的转变与包括由吉尔伯特·怀特和托马斯·比维克所写的几种博物学畅销书的出版不期而遇。

最最重要的变化是连接文艺复兴和现代世界间差异的文化转型，也就是我们现在所说的“启蒙运动”。根据关于这一时期的权威历史作家罗伊·波特（Roy Porter）的看法，“启蒙运动最关键的概念就是自然”。

通过对自然界去神秘化，又剥离几个世纪以来的迷信和恐惧，启蒙运动为现代的自然观铺平了道路，认为自然是我们可以利用的力量和养料，我们可以为了自然的缘故而享受自然。“早年间，”大卫·艾伦（David Allen）写道：“我们可以看到人们与自然玩耍，就像对待一个新买的玩具。后来，他们变得习惯于这种新鲜感，并越来越不会在和自然打交道时感到不安，我们看到了他们的勇气在成长。最终，在本世纪末，我们发现他们情不自禁地爱上了自然。”

在这一时期的开端，1700年时，绝大多数的英国人一生都在土地上劳动和生活，与野生生物有密切的接触：“这是一种人类和畜群、田野之间全面的亲近——身体上、精神上和情感上皆然。”罗伊·波特如是观察。

但是到了18世纪末，这一切完全改变了。居住在城镇中的人口比例翻了一番：从1700年的八分之一增长到了1800年的四分之一。这很大程度上是由于两个事件造成的结果：工业革命和农业革命。前者给了人们在城市中寻求工作的理由，后者在经济和社会上给了他们离开乡下的理由。

18世纪，英国通过了两千多个圈地法案，影响了六百多万英亩的土地——总面积比威尔士还要大。这实际上改变了土地的正常功能，把从土地上获得的收益转到了少数富有的地主身上。意料之外的结果是，这打造出了我们今天所熟知并喜爱的英语字词汇的“乡下”，那种田野和树篱错落有致的景观，其血统比我们通常所认为的还要短。一个当时的观察者阿瑟·扬（Arthur Young）在他1768年的著作《在英格兰和威尔士南部郡县的六周旅行》中，描述了这种新的景观：

> 从霍尔克汉到霍顿之间的乡村在被“进步之精神”占据之前，本来是一片野生的牧羊场，然而这一光荣的精神带来了令人惊叹的变化：曾经的无边荒野和未开垦废地，除了遍布的羊群几乎看不到其他东西，现在整个郡被划为区块，迁入居民后，以一种最妥善管理农事的方式进行种植并辅以精心修剪，生产出了百倍于荒野状态下的产量。

但圈地也有其他远非积极的影响。许多农村居民失去了谋生的机会，他们被驱赶进入了新兴的市镇，因此英国的农村人口迅速减少。到了18世纪末，英国成了欧洲城市化程度最高的国家之一，强化了历史学家G.M.屈维廉所谓的“城市与农村生活的严峻差别”。

更加积极的影响是，圈地也改变了人们与自然界的关系。英国的乡村已经不再是野蛮并且令人生畏的，而更像是花园的扩展版本——一个参观和享受的地方。

矛盾的是，一些最热衷于新时尚的发烧友们，找到了能探索的最为荒野的地方。高山尤其受到欢迎，并且很快成了时髦的“荒野”旅行，部分原因正是这些地方并没有被人为地改变。沙夫茨伯里勋爵（Lord Shaftesbury）宣称：“荒野令人喜爱……我们思量着她的时候就很快乐”。这就像历史学家西蒙·沙玛（Simon Schama）所提到的，在很短的时间内人们的态度发生了一个非凡的转变：“18世纪晚期受过教育的英国人准备去的那些地方，在他们上一代的心目中是根本不会梦想去踏足其上的。”

这就不难解释乡村突如其来的诱惑力了。生活在市镇中的人不再在田地里工作，不再与野生和家养动物接触。而探索乡村，重新将他们与自己的乡村起源相关联，则为新富裕起来的中产阶级提供了一种“可控的磨难”（就像如今城市的居民们远足和野营一样）；并与新科学鼓励迷恋自然的方方面面的趋势相符。

在大西洋的彼岸，大多数人压根没有为了乐趣而观看野生生物的时间——他们忙着确保不被动物吃掉或者杀死。18世纪的美洲是荒野边疆之地，在这里，生存才是最重要的事——对于野性的自然予以征服的需要，远高于对其进行分类、描述或者观察的冲动。

但早期的定居者也试图去理解这个对他们来讲并不熟悉的崭新世界。其中的方法之一就是把常见鸟的英国名字转移到他们在新大陆发现的陌生物种上面。即便是由于与家乡熟悉的鸟类具有最模糊的相似性，也会为这种美国鸟加上一个与之一样的名字。因此一个大型的鸫因为其红色的胸部被叫作“知更鸟”，一种小型的隼被叫作“鹞”，整整一科比它们在欧洲的对应者靓丽得多的小型炫目的鸟，被称作了“莺”。

幸好，还有极少数的早期探险家对他们的发现进行了更加严格和准确的描述。其中之一就是马克·凯茨比（Mark Catesby，1682—1749），他是一个英国博物学家，18世纪初，他花了多年的时间考察了东南部的几个州。凯茨比为旅途中发现的113种鸟绘

普通夜鹰

制了插图，并且在意义深远的著作《卡罗莱纳、佛罗里达和巴哈马群岛的博物学》发表了他的发现，该书的两卷分别在1731年和1743年问世。当时的大部分著作是基于博物馆中的标本和道听途说的组合，与它们不同，凯茨比的描述来自于个人的观察，例如对于夜鹰（现称普通夜鹰）的详细说明：

> 它们在弗吉尼亚和卡罗莱纳州数量都很多，被称为东印度蝙蝠。它们在晚上最多见，尤其是在多云的天气里，下雨前，空中都是它们的身影，追逐闪避着苍蝇和甲虫。它们唯一的特点

是刺耳的叫声，但是当它们从地面上迅速地再次飞起，发出沉闷回响且令人惊讶的声音……像是风吹过中空的容器所发出的声音那样；因此，我猜想那是当它们迅速追赶并抓住猎物时，空气通过它们宽大的嘴所致……

跟随着凯茨比的脚步到来的是威廉·巴特拉姆（William Bartram，1739—1823），他在宾夕法尼亚、卡罗莱纳和佛罗里达发现了两百多个物种，转而对他的门徒亚历山大·威尔逊（Alexander Wilson）产生了很大影响——威尔逊被19世纪的收藏家埃利奥特·科兹（Elliott Coues）恰当地评价为“美国鸟类学之父”。

除了约翰·詹姆斯·奥杜邦之外，亚历山大·威尔逊（1766—1813）一定是全美国最有名的鸟类学家。事实上，如果以在他之后用他的名字命名的物种数来考量的话，他以4比2打败了奥杜邦（以威尔逊命名的有烟黑叉尾海燕、厚嘴鸻、细嘴瓣蹼鹬和黑头威森莺，对以奥杜邦命名的奥氏鹱和黑头拟鹂）[①]。威尔逊出生于苏格兰西部的佩斯利，于1794年移民美国，定居在费城南部的斯古吉尔河的岸边。在威廉·巴特拉姆的赞助下学习了绘画之后，他参与了几个长距离的考察，其中包括往返尼亚加拉大瀑布这样史诗般的征程，全程1300英里，全部依靠徒步。

这个旅程是为了他史诗级的著作《美国鸟类学》收集材料——通过现场观察和猎枪双管齐下，这本书在1808年到1814年间共出版九卷。书中描绘了264种鸟——尽管远远少于现在美

① 这几种鸟的英文名分别是 Wilson's Storm-petrel，Wilson's Plover，Wilson's Phalarope，Wilson's Warbler 以及 Audubon's Shearwater，Audubon's Oriole。——译者注

国东部鸟类图鉴所列举的600种左右，但仍旧是一个值得称道的成就。与许多和他同时代的人不同，比起收集标本，威尔逊更喜爱现场观察，他写道："大量的描述，尤其关于巢、蛋和羽毛的描述，都是在树林中、在观察对象还在视野当中时写下的，尽可能减少了由于记忆带来的失误。"

这是一个崭新但带有启示性的态度。但威尔逊并没有活到他的杰作的最后一卷出版时，在1813年的时候，就以47岁这样的年纪早早去世了。他死后，声名鹊起，与他同时代的约瑟夫·萨拜因（Joseph Sabine）写到，威尔逊"所写的作品，因其描述的正确性、观测的精准性和分类的明晰性，会和现存的每一种博物学出版物相竞争……这种美丽的风格和叙事的明晰，为它的科学价值增添了无与伦比的魅力。"

一个惊人的巧合是，在1977年5月，也就是威尔逊辞世160多年之后，一个最初由他描述过的物种——栗颊林莺——在佩斯利峡谷中被人发现，在看得见他出生地的地方歌唱。这是这种北美鸟类在英国的唯一一次记录。

在新大陆的观鸟历史中，有一个人超越了其他所有的人。约翰·詹姆斯·奥杜邦（1785—1821）有着不同寻常的背景，即便是以他那个时代的标准来看也是如此。他1785年出生于海地，是一位法国海军上校和一个贫穷女仆的私生子。他的母亲在他只有六个月大的时候就去世了，然后他被带回了法国。18岁时，为了避免在即将到来的拿破仑战争中被征兵，他被送到了宾夕法尼亚。然而他把时间花在了鸟类素描上，而不是管理他父亲的种植园上。直到1810年的3月，与亚历山大·威尔逊的一次邂逅改变了他的生活，威尔逊那时来到这里是为他的《美国鸟类》寻求捐助的。

被热情所点燃的奥杜邦开始了他作为鸟类艺术家的事业，最终出版了他独一无二的、与实物等大小的作品——规格庞大的四卷本《美洲鸟类》。这套书从1827年到1838年陆续发表。这是绝对卓越的成果：不仅仅是世界上已出版的最大的鸟类图书（一个新的页面尺寸，“大象对开本”[②]一词就是为了描述这种尺寸而发明的），还是最贵的——2000年3月，其中的一本以将近900万美元（相当于600万英镑）被拍卖。

奥杜邦是一个复杂而且形象模糊的人物，因为自从他去世之后，就有许多关于他的神话，现在更难以把神话和他本人区分开来了。在名利、金钱和对野外探险之热爱的组合激励之下，他做出了比历史上任何人都多的工作，来推进北美鸟类的知识以及公众对于它们的欣赏。他是一个伟大的艺术家，一个有着远见卓识的人，像很多美国人一样，他也是一个无耻的自我鼓吹者，就像他的传记作家芭芭拉·莫恩斯和理查德·莫恩斯所指出的那样：

> 他的能力之一就是，不只是推销他的书，还能够推销他自己，他所推广的这些形象激发了子孙后代的想象力。但随着这些绘画、神话以及鸟类发现，我们以北美鸟类的名义继承了另一个传统……没有哪个鸟类学家像奥杜邦那样盲目地沉迷于这种习惯。

事实上，就像芭芭拉·莫恩斯和理查德·莫恩斯所展示的那样，在奥杜邦命名的91种鸟里，有不下57种是以人命名的——几乎占了三分之二。然而，时间对奥杜邦并不友善，时至今日，他所提出

② elephantfolio，指61厘米×63.5厘米的对开本。——译者注

的命名大约只有三分之一还在使用，有许多种类要么原来已经被命名过了，要么就不是真实的物种。在一阵被误导的热情之下，奥杜邦不下五次设法以一些人名给一个物种命名——毛发啄木鸟，这些人包括他的野外助理、一个在新泽西州的朋友，甚至还有他在伦敦的家庭医生！

最终，一个花费在收集、绘画和销售“奥杜邦品牌”上的生命付出了代价，1846年，他失明了，并且他的整个健康状况开始走下坡路。1851年1月，他在曼哈顿岛能俯视哈德逊河的家中去世了，享年65岁。在一百五十多年之后，他的名字在奥杜邦协会中继续存留，该学会是美国鸟类保护运动的基石。

在启蒙运动中，最关键的发展之一就是现代科学的规范化。就生命科学来说，植物学是最早发展的，其次迅速发展的是昆虫学和地质学。其后不远鸟类学跟随而来——这是一个最终将给予观鸟这一消遣方式以重要推动和尊严的学科。

在《发现鸟类：鸟类学作为一门科学之出现》中，保罗·法伯（Paul Farber）追溯了18和19世纪人们对于鸟类态度的变化过程。他写道，在这个时代的开端，鸟类在西欧文化中占据了主流地位，但这几乎完全是处于纹章、烹饪、农业、打猎、养鸟、标本剥制以及时尚等“文化领域”中。但渐渐地随着追随者人数的增加和兴趣的高涨，鸟类学成了一个公认的科学学科。

使鸟类学成为新科学的关键人物之一是瑞典的博物学家卡尔·冯·林奈（1707—1778），也就是我们所说的林内乌斯（Linnaeus）。林奈创立了直到今天我们还在使用的双命名法系统，在这个系统当中，每一个动植物物种都可以通过其独一无二的、分成两部分的学名来和其他物种相区别。许多由林奈原创的种加词现在已经被取代，但有一个我们今天仍在使用的苍头燕雀中的“Fringilla coelebs”。其中coelebs一词来源于拉丁语，意思是“光棍”，引用自他的观察，即秋季雌性的苍头燕雀会离开其祖国瑞典向南飞，但较大、较为强壮的雄性则仍然逗留于此。其他仍在使用的林奈的命名还包括鹪鹩中的“Troglodytes troglodytes”，这是一个令人费解的名字，但鉴于这个词的含义是“洞穴居民”，或许指的是鹪鹩偶尔会在岩石的缝隙中筑巢。

在18世纪下半叶，两个法国人接过接力棒：马蒂兰-雅克·布里松（Mathurin-Jacques Brisson，1723—1806）和乔治-路易·勒克莱克·德·布丰（Georges-Louis Leclerc de Buffon，1707—1788）。他们都在鸟类领域出版了重要的著作：布里松的《鸟类学》（1760）和布丰的《鸟类史》（1780）。就像预期中的一样，这些著作很大程度上是依赖博物馆的藏品而完成的，但仍旧具有重要的科学地位。布丰著作的英文版出版于1792—1793年，为蒙塔古和麦吉利夫雷的后续研究奠定了基础，并通过普及新的科学，更广泛地传播了对于鸟的兴趣。1929年，在将近一个半世纪之后进行回顾时，马克斯·尼克尔森指出布丰的工作对于后代有着关键性的影响：

> 这意味着博物学不再是相当沉闷和迂腐的人所特有的东西，而是可以被普通的非专业人士的经验所理解……突然间鸟类学被传递到了鸟类爱好者大军的手中……从一种规模较小且有限的事物，迅速上升到了它们从未产生过的普及程度。

到了1789年，《塞耳彭博物志》第一版出版，纯粹为了乐趣而看鸟的做法，才可以说是真正开始出现了。怀特对于鸟类的态度——这在现代读者那里极易与其产生共鸣——表明一个巨大的转变正在发生，远离在过去数千年中占支配地位的态度。从鸟类学家奥斯汀·兰德（Austin Rand）所说的“人们过去对鸟的主要兴趣是吃掉它们”，到了我们现代，兰德所说的：

> 我们已经度过了那段主要通过魔法和故事来帮助进行道德教育的时代，而步入了鸟类知识成为我们的科学、文学与消遣之一部分的时代。在打开我们的视野以看清周围的生活世界上，鸟类学举足轻重，它让我们看清这个世界的意义以及我们在其中所处的位置。

但在这些事情发生之前，还要经历另一个世纪：一个收集鸟类派和保护鸟类派之间会发生争斗（有时就是斗争）的时代；一个运输和工业的发展将改变数百万人的生活，并由此对农村和野生生物进行重新评价的时代；一个教育和社会认知的增长为现代社会态度铺平道路的时代。

在接下来的三章中我们将展示，19世纪产生的种种变化，最终带来了这样一个时刻：人类与鸟的关系第一次可以用纯粹为了乐趣而观察它们的消遣来定义。

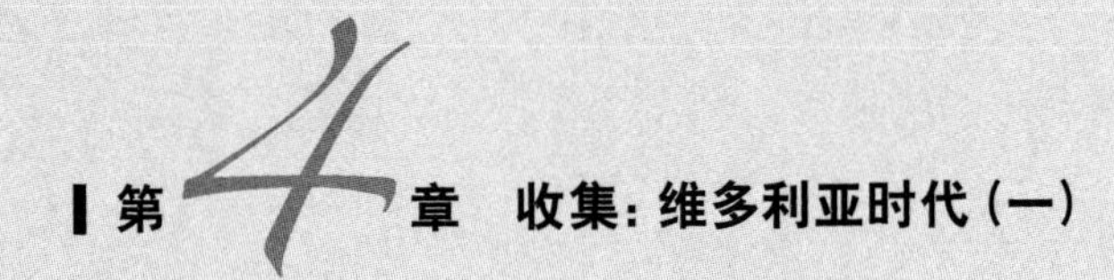

第4章　收集：维多利亚时代（一）

仅仅做一个好的收集者，是小事一桩，但高超的技巧却是在制作手艺中习得的，并不带有一种令人肃然起敬的品质。

——《普通鸟类学与野外手册》，埃利奥特·科兹（1890）

在1896年10月末的一天，一名年轻的男子走在北诺福克郡克莱的海堤上，这里是一个以吸引珍稀候鸟而闻名的地方。他一如既往地带着猎枪，这是他的行业不可或缺的工具——特德·拉姆（Ted Ramm）是一个专业的鸟类收藏家，而此时正是鸟类秋季迁徙的高峰。因此，当他看到长草中有动静，就开始瞄准、射击。在那一刻，一只重量仅零点几盎司的小鸟，从西伯利亚的繁殖地，飞越数千英里到了这个位于北诺福克海岸毫无遮蔽的地方，结束了它漫长的旅程。

这只鸟是黄腰柳莺，而这是这种亚洲鸟类在英国的第一笔记录。像往常一样，拉姆捡起尸体交给克莱村里动物标本剥制师的店铺，这间店属于他的岳父H.N.帕什利（H.N.Pashley）。珍贵的标本被填充并固定好，以40镑的高价卖给了一个富裕的收藏家，相当于今天的几千镑。

1884年，四十多岁的帕什利才开始从事标本制作的工作。他很快成名，并创立了一家生意兴隆的店铺。就像全国各地数千家类似的店一样，他的店铺成了当地人和游客一致好评且备受偏爱的会面场所。在介绍帕什利的回忆录时，B.B.里维埃（B.B.Riviere）描述了这个标本剥制处的独特氛围：

> 几乎所有的鸟类学家都有这样的经历，例如初秋时分，在丛林中待上一天后，回到温暖人心的小小工作室中，沉浸在遍布于地面到天花板的所有墙面上不可胜数的鸟类标本之中……当人们最后离开的时候，户外，是大海的气味和候鸟飞过的召

唤，关于这间令人心醉的小屋的记忆和与它相关的所有一切，都会长久地留存在令人愉快的梦想之中。

特德·拉姆的岳父并不是珍稀鸟类的唯一供应商。在这个时期，几乎每一个男人，无论何种社会地位，都会携带枪支——既射杀老鼠又猎杀兔子，寻找各种不同寻常的、可能会引起当地标本制作人兴趣的东西。支持动物标本剥制的不只是收藏家自己，还有全体居民。在英国和北美，生活在镇子和城市中的人们仍旧保留着想要紧紧抓住乡村遗产之余绪的渴望，那么有什么能比得上在餐具柜或者壁炉上面，摆放几个鸟类标本的玻璃柜更有纪念意义呢？这股热情很早便开始了：1867年，未来的美国总统西奥多·罗斯福（Theodore Roosevelt）在他8岁时就开始了鸟类收集。最终，他由单纯的收集发展到了在纽约百老汇街和窝扶街转角的一个标本剥制师那里自己亲手剥制鸟类标本。

然而，当1925年帕什利的回忆录在他死后被出版时，这个动物标本剥制师——以及猎手和富有的收藏家——的时代行将结束。贫穷的劳动阶级仍然射杀鸟类，富有的中产阶级也仍旧购买它们，但这样的贸易仅仅是它在鼎盛时期的影子。

在如今，我们很容易认为这种收集的热情，是观鸟在稳步发展过程中的一个临时的停滞，而事实上收集时代对于观鸟的发展有着巨大的影响。为了弄明白为什么要这样说，我们需要回到维多利亚女王统治的早期。

维多利亚时代的人们痴迷于积累自然物件。他们收集化石、真菌、小虫子和甲虫、贝壳和海藻、微小的生物、各种水生生物，当然也包括鸟和它们的卵。这些东西在维多利亚时代的会客厅中被

维多利亚时期鸟类收藏

骄傲地展示出来，让好奇的访客参与饶有趣味的谈话。在19世纪中期，尽管拥护者仍旧几乎全部来自于社会中男性的那一半，但收集已经成为一种时尚，一种被社会所接受的消遣方式。

这种大众收集热忱的爆发是前所未有的。直到19世纪初，这种自然收集不仅被忽视，而且还被明确地藐视。实际上，有人斥之为是纯粹“幼稚的爱好”，如果是成年人在做这样的事，一定会被当作笑柄。然而仅仅是差不多一代人之后，有关于自然的知识——至少是有关于自然物的知识——就已经成了像绘画、歌唱或者弹钢琴一样重要的社交才能。有以下几个原因导致了这种态度的转变，特别是人们认为这种休闲娱乐能够从实践和精神上带来有益于身心的好处。研习博物学是自我提升的理想形式，因为它能起到锻炼、教育的作用，并能带来林恩·巴伯在《博物学的全盛时期，1820—1870》（Lynn Barber, *The Heyday of Natural*

History, 1820-1870）中所说的“理性的娱乐”。它与新哲学嵌合得天衣无缝，塞缪尔·斯迈尔斯（Samuel Smiles）的跻身上流社会的指导手册《自助》（*Self-Help*）就是一则显例，A.N.威尔逊（A.N.Wilson）称，这是本“在维多利亚时代中期关于自我终极完善的畅销书”。

首先，关于自然的研究缓解了维多利亚时代的中产阶级生活中最大的烦扰——无聊，这种无聊是由于跻身于上流阶级后发现闲暇时间突然增多而造成的。“博物学刚好完美地满足了这种需求”，林恩·巴伯观察到：

> 它是科学的……它是提升道德的……（而且）它是健康的。对于绅士们来说，它提供了出门打一些东西的新借口，对于女士们来说，它为水彩画、相簿或刺绣提供了新的主题……虽然其他的爱好，比如音乐或者绘画，也可以减轻在室内的无聊，但只有博物学可以同时给户外的无聊提供慰藉。

维多利亚时代的人们也许是将收集提升到了一个新的高度，但是这并不是他们第一次沉迷于此。第一把好用的枪在16世纪初就被制造出来了——第一次成功的使用是在1533年，在诺福克射杀了一只黑水鸡。1635年火枪问世，到了17世纪末，枪支成为狩猎野生鸟类的首选方式。然而，在枪支问世的最初300年中，它一直是相当低效的猎杀工具。接着在1807年，一位名叫亚历山大·福赛斯（Alexander Forsyth）的苏格兰教会牧师获得了击发点火装置的专利，这使得枪的杀伤力大大提高，甚至在潮湿的环境中也可以使用。1851年，从法国引进了第一把后膛枪，至这时，枪已经成了具有高效杀伤力的致命武器。

虽然当时枪支的使用更加广泛，但却只有上流社会的人才能够成为有成就的收藏家。因为他们的事业和私人收入可以确保他们拥有自由的时间去追求自己的爱好。苏塞克斯郡的爱德华·布思（Edward Booth）就是这样的一个人，已故的父亲给他留下了丰厚的遗产，使他能够把全部的精力花在鸟类收集上面。

布思生于1840年，他享有在哈罗公学和剑桥大学三一学院接受传统的维多利亚式教育的优势。他还在海滨城市圣伦纳德，从一个叫肯特的鸟类标本填充师和理发师那里，学到了更实际的动物标本制作技术。他最初的狩猎场是在苏塞克斯的黑麦沼泽，但很快他就转到更远的地方，到诺福克湖区和苏格兰高地进行冒险。不管他到了哪里，他都会射杀所能发现的每一只鸟。如今，布思的劳动成果可以从以他名字命名的机构看出，即位于布莱顿的戴克街的布思自然历史博物馆（Booth Museum of Natural History）。在那个博物馆里面，玻璃橱中陈列着来自于布思所收藏的数以百计的标本。虽然有虫蛀及一个世纪以来暴露在光线下所造成的褪色，它们仍然保留着原有的辉煌感。布思花费了很大的力气重现标本曾经所处的周遭环境，将它们在"自然"的栖息地中展示出来，这些都是布思优秀的标本制作能力的明证。

人们很容易把像爱德华·布思那样的人看成是穿着花呢衣服的残忍的维多利亚人，会射杀他们视野之内的一切，但是杀戮也有其实际的目的。在很久之前，还没有双筒望远镜及观鸟指南时，射杀是唯一一种能够让人识别出很多所看之鸟的方法。就像人们常说的："被打到的成了历史，被错过的成了谜团。"

收藏就像一处个人的参考图书馆，在发现新物种或者识别稀有种类时是不可或缺的。在18世纪及19世纪初期，收集使像蒙塔古或者麦吉利夫雷那样的鸟类学家发现了许多之前未被发现的物种。事实上，尽管吉尔伯特·怀特有着毫无瑕疵的声誉，即便是他也沉迷于这种实践，他曾经雇佣当地人获取三个柳莺的标本，以便将它们拿在手中作比较。所有严肃的鸟类书籍，直至20世纪的《英国鸟类手册》，无不是在很大程度上依赖于从博物馆的标本上所搜集的知识。

对于鸟类艺术家而言，为了描画鸟儿最准确的模样，采集标本简直是必不可少的。就像奥杜邦所写的："我开枪，我绘画，我观看自然。"1896年，几乎在一个世纪之后，艺术家兼插画家乔治·洛奇（George Lodge）仍然在宣称收集的优势："为了科学与艺术，一个人可以毫无内疚地杀死鸟类：因为整个世界从中获益。"

但是最有激情的辩护来自于一本很快被收藏家奉为圣经的著作，这本书的作者是年轻的美国人埃利奥特·科兹（Eliott Coues），他写道："真正的鸟类学家外出去研究活的鸟，杀死其中的一些，仅仅因为那是研究它们的结构和野外特征的唯一途径。"

科兹在华盛顿一个舒适的中产家庭中长大，是一个富裕的新罕布什尔船舶商人的儿子，但是他从小就表现出了对野生生物的极大热情。在17岁的时候，他利用父亲的关系见到了国家自然历史博物馆史密森学会的首席鸟类学家，著名的斯宾塞·富勒顿·贝尔德（Spencer Fullerton Baird）教授。

参加了一次拉布拉多半岛的探险活动之后，科兹取得了外科医生的资格，在南北战争中通过治疗受伤的士兵，他又学到了技能——这样的经历让他对于枪支有合理的尊重。后来，他沿着补给运输的马车队，骑马五百英里去收集鸟类标本，就像一位当时的观察者所描述的那样：

> 他穿着有很多口袋的灯芯绒套装，马鞍上面系着许多麻布包和小袋子，经常每天一早骑着他的鹿皮色的骡子出门……我们在后面的营地中，过了好几个小时才又见到他，但是一直能听到他的双管猎枪的枪声……每当他坐在地上，着手处理皮肤、填充以及给标本贴标签时，他身边必然围着一群对此感兴趣的官兵。

也许正是从他身边的战友们身上得到了启发，科兹有了将他的知识和经验传授给其他爱好者的想法。1872年，他出版了自己的第一本，也是影响力最大的书——《北美鸟类要诀》（*Key to North American Birds*），后来，1890年，此书在英国以《普通鸟类学与野外手册》为书名发行。尽管这个标题听起来是无害的，但此书英国版的副标题一语道破了其真正的主题："对于收集和保存标本的说明"。在该书的开篇处，科兹清楚地表明了他对待鸟类的方式：

> 双管猎枪将是你最主要的依靠。在某些情况下，你也可能需要设下陷阱或者圈套，用捕鸟胶或者其他东西来捕捉鸟类。但这些都是你在猎杀鸟儿的惯常情况中的例外，对于这个目的而言，没有哪种武器能比得上刚才提到的猎枪。

后面的章节为这个主题提供了一个全面的教程，其中包括：猎狗；卫生；标签制作；怎样处理鸟的皮肤；卵与巢的收集以及藏品的维护。

科兹是一个忠实的爱好者，他把所有的时间都花在了野外，并鼓励其他人也这样做：

在任何地方、任何时候都可能找到鸟类，它们应该时时处处可见。有些鸟来到你家门口讲述它自己未被问及的故事，另一些鸟当你漫步于田野间时出现在你面前，像花朵诱惑着普洛塞庇娜[①]的脚。当你在路边觉得疲倦的时候，飞鸟掠过，借一点活力以加快你风尘仆仆的脚步。

他从不怀疑采集标本的价值，最重视野外经验，并认为这是在博物馆里进行科学研究的一个必不可少的前提。他这种狂热的态度常常遭到批评："同样的一种鸟你到底想要多少只？虽然你可以得到所有的鸟，但总需要一些合理的限制；比如说，对于数目最多的物种，是50只还是100只？"

但他确实也有更加敏感的一面："绝对不要射击你不是全心全意想要保留的，或者是没有适当用处的鸟。鸟是一种太过美丽的东西，我们不能毫无目的地毁灭它们。"

这种对于野生生物的关注与基督教的道德观相呼应，充斥于19世纪大西洋两岸生活的方方面面。而同时，科兹也不断努力地向他的读者传递这样的道德讯息："和生活中的其他事物一样，在鸟类收集上，成功也依赖于你的努力，你投入的精力、勤勉和毅力，以及你的知识和技能，你的热情和积极性。"

如果没有科兹以及和他一样的人，那么鸟类学是否能发展得如此迅速并且达到如此专业的水平，将是一件值得怀疑的事。如同六十多年后彼得森的图鉴一样，科兹的著作也影响了整整一代人，包括日后成为美国最伟大的鸟类学家之一的年轻人弗兰克·查普曼（Frank Chapman），是他"第一次让人了解到还有正

① 普洛塞庇娜（Proserpine），为罗马神话中的冥后。——译者注

在研究鸟类的学者”。科兹的热情更多的是到野外而不是关在满是灰尘的博物馆，这无疑为接下来的一个世纪中观鸟的发展奠定了基础。

收集的热潮对于鸟类本身有什么影响呢？对于一些种类，特别是竞技鸟类和野禽来说，它带来了意料之外的好处：生存环境的保护和管理。但猛禽却承受着来自于冒险者们的愤怒，因为他们有一个不好的习惯，即会在收集者得到那些鸟类之前捕杀掉它们。对鸟类的杀戮则由于枪械不断提高的猎杀效率及其日益普及而变得愈发糟糕。

关于收集热潮对鸟类种群的长期影响，存在有观点不同的争论。在当代全面讨论这个问题的《鸟类收藏家》（*The Bird Collectors*）中，芭芭拉·莫恩斯和理查德·莫恩斯认为，收藏家所杀死的鸟的数量“与由于人类而丧生的鸟类的总数相比，是微乎其微的”，例如，鸟类丧生的原因可能是由于土地使用方式的变化以及栖息地丧失。

情况很可能就是这个样子，但毫无疑问，有针对性的收集，尤其是针对珍稀鸟类和它们的卵的收集，对于一个种群数量不断下降的物种是有显著影响的。没有比英国最稀有的猛禽，例如鹗，更真实的例子了。1848年，一个叫查尔斯·圣约翰（Charles St John）的维多利亚时代的绅士前往苏格兰最北部的萨瑟兰去寻找鹗，在那时，鹗的数量已经严重下降。在最后的三个巢中收集到了鹗及其卵之后，他以极度虚伪的话结束了他的描述：“无论何时，它们在英国的数量都很少……它们绝不会去干扰冒险者们或者是其他人，这实在是很遗憾，它们本不应该遭受屠戮。”

在之后的六十来年里，鹗仍坚持在此地繁殖，但最终于1916年还是在英国境内灭绝了。幸运的是，由于对鸟类更加文明的态度，从20世纪50年代，鹗又开始在苏格兰繁殖了。

收集不仅仅对于鸟是致命的。带着猎枪独自徘徊在荒凉偏僻的地方，对于收藏家来说也是危险并可能致命的事业。许多人因为对某一标本过分狂热的追求而牺牲，那个东西有时则会变成他们生命中最后的标本。危险是多种多样的：他们可能会成为野生动物的牺牲品，或者命丧于猎枪走火，再或者是因为用砷保存标本的皮而中毒。他们可能会从悬崖或者从一棵树上面摔下来，淹死或者被野兽踩踏。有传言说一些收藏家被心怀不满的雇员或者心怀嫉妒的对手所谋杀——在“狂野的西部”，还有更加可怕的方式。就像科兹在给他的导师斯宾塞·富勒顿·贝尔德的信中所警示的：“阿帕奇人满怀敌意且胆大妄为，以至于过度的谨慎冲淡了我收集的热情，但是如果我想保住自己的头皮则不得不如此。”

但是科兹的作品也表明了他其实很享受这些危险——的确，就像这段令人感同身受的文字所表达的那样，这也许成了他的主要动机：

> 在你气喘吁吁才爬上的山顶，鸟儿已为其戴上了桂冠；在你唇焦口干找不到一口清泉的沙漠里，鸟儿却散落其中；在令你背过身去的刺骨寒风中，鸟儿点缀于雪堆上；在使你非死即患病的沼泽毒瘴中，鸟儿自由呼吸，健康无虞；在那把好汉都送上天的海洋风暴中，鸟儿安然翱翔。现在你会去哪里找鸟呢？

鹗

也许关于全心全意地追寻鸟类，还有一些更加令人振奋的文字，但我还没有找到。不过，科兹这里显然有一种深刻的洞察力，由之可以理解为什么收集能够胜过一切、令人异常愉悦。

就像芭芭拉·莫恩斯和理查德·莫恩斯注意到的那样，对于绝大多数人而言——至于今天的观鸟者也一样——进行收集的动机并不是为了科学，而是为了一种冒险：

> 收集提供了一个方便并且被社会所接受的理由，可以让受人尊敬的成年人去爬树、爬下悬崖、去露营、自由地出门漫步，让他们自己去对抗地形、天气和谨慎且难以捉摸的猎物。收集的成功要求体能、耐力、耐心、使用枪械的技巧以及一定程度的野外技能，这些在现在的观鸟者身上已不多见。总而言之，这被认为是良好的、有男子气概的消遣的活动……

很少有哪种消遣能提供这样完美的脑力与体力刺激的结合。“还有科学的什么分支，”费城的鸟类学家斯宾塞·特罗特(Spencer Trotter)问道：“更接近于满足人们的原始本能：能够把人带进森林，打猎捕鱼……同时又极大地满足人们贪图理解和弄清分类的思维习惯？”

收集的经验是极其重要：尽管有些人可能也确实是从其他人那里买来了标本，但绝大部分人的动机是为了满足自己亲自跟踪、捕杀鸟儿或者收集鸟卵的欲望。但作为结果，收藏家们所获得的各种技能对于现代观鸟——也就是我们今天所说的“野外生活知识”，以及野生鸟类的生活习性和行为的深入了解，都极为重要。

在很多方面上，相比于同时代那些以博物馆为基础的鸟类学家，这些纯粹业余的收藏家和今天的“推车儿”[②]有更多的共同点。对于这些痴迷外出看鸟的人来说，收藏是由一种竞争的冲动来驱动的：寻求并获得新的物种，比他们的朋友和同事拥有更大更好的收藏品。这是个小圈子，大家彼此知晓，名声就是一切。就像我们今天寻找一种珍稀鸟类一样，收藏家们也需要天赋和好运的结合。难怪它会成为如此受人喜爱又令人上瘾的事。

对于一些收藏家而言，激情接管了他们的生活，从博物学家和探险家菲利普·亨利·古斯（Philip Henry Gosse）日记本中的这条记录就可以得到充分的证实：“收到了来自牙买加的绿色的燕子。另外，还生了个儿子。”

古斯的意思是，他那时正在致力于《牙买加的鸟》（*Birds of Jamaica*）一书的写作。顺便提一句，这个沦为被如此草率提及的儿子，在长大后凭借自身的能力成了一个重要的文学家：作家埃德蒙·古斯（Edmund Gosse）。

在美国，收藏的热潮在19世纪下半叶达到了巅峰，恰逢该国从以农村、土地为基础的社会转向城市化、工业化的社会这一迟来的转变。在1860年到1900年间，美国的人口翻了一番，越来越多的人居住在城镇或城市。结果，那里的很多人在他们的生活中也第一次奢侈地体验到了需要被填补的闲暇时间：因为按照他们新教的工作伦理，不应坐着无所事事，而是要参加一些充实而有益的事情。然而也有一些更加深层的需要：“随着现代文明对人们日常生活的影响愈加深刻，”马克·V.巴罗（Mark V.Barrow）观察

② 原词为twitcher，意为极度痴迷观鸟的人，此处按中国观鸟界约定俗成的叫法音译为“推车儿”。——译注

到，“许多美国人体会到了一种几乎原始的向往，想要与自然重新建立某种形式的联系。”

无须怀疑，英国也是一样。随后，这在19世纪亨利·梭罗（Henry Thoreau）和W.H.哈德森（W.H.Hudson）的著作中被表达了出来，他们倡导一种对自然更少剥削、更多同情的态度。但在此期间，与野生生物的亲密接触主要仍旧是通过枪支来获得满足。此时，由于公路、铁路及船舶等旅行方式的变革，收藏家们有机会将他们的网撒得比原来更加广阔了。

第5章 旅行：维多利亚时代（二）

动起来！坐船，坐汽车或坐马车

待在船舱、统舱、笼子一般的铺位——

旅游，旅行，航行，闲逛，骑马，走路

游泳，素描，远足，谈论旅行——

因为你必须动起来！这就是如今的狂欢，

这个时代的规则与时尚。

——塞缪尔·泰勒·柯勒律治（1824）

尽管现在我们经常埋怨公路和铁路网络，但我们还是认为到达英国最偏远的地方是理所当然的。像其他许多休闲活动一样，观鸟能够发展壮大，也是由于这种新型的移动方式。但这是比较现代才有的现象，因为直到大约两百年之前，大多数人还只能在他们出生地几英里的范围内度过一生。如果他们冒险离开家乡，那么通常肯定是不得不这么做：旅行——无论徒步或是乘坐马车——都费力麻烦、令人不适，并且往往危险重重。

1825年9月27日，随着斯托克顿至达灵顿之间的第一条铁路的开通，这一切都被改变了。“从东到西，”利物浦和曼彻斯特的铁路局长亨利·布思宣布说：“还有从北到南，机械原理，这种19世纪的哲学，会自己蔓延扩展。世界已经获得了新的动力。”

事实上，布思虽然有些夸张，但在铁路出现之前，交通运输系统就已经得到了逐步改善。自18世纪中叶以来，英国的道路一直在稳步提升，以满足迅速增长的人口的需求。英国人口从1801年的1050万人（第一次人口普查），到1851年倍增至将近2100万人。

18世纪初，丹尼尔·笛福需要花费两周，坐马车完成从伦敦到爱丁堡的旅程，到了1830年只需花费短短的36小时。运输系统的改善还创造了一个早期的旅游热潮。公共马车于1773年启用，往返于伦敦和卡莱尔，使第一批的湖区远足成为可能，而之前这是一个只有极有毅力的旅者才能到达的地方。现代生活的最新标志和旅行中的潜在困难之间的对比，只是增加了人们探索旷野的欲望：艰难险阻与可能的危险都是吸引力的一部分。

从1791年到19世纪60年代，由英国陆地测量部开展的地形测量工作，极大地促进了那些冒险进入乡村的热情。更好的道路也带来了另一项好处：邮政服务也在此期间迅速改善。吉尔伯特·怀特发现，自己在与各类人通信交流时这一点非常重要。

但道路的优越性并没有持续多久。19世纪30年代迎来了铁路时代的曙光。在接下来的八十多年中，铁路占据了主导地位，直到被追赶而来的汽车所超越。铁路网络布遍英国的速度确实非常快：从1830年仅仅51英里，到1840年达到666英里，而到了1850年，几乎到了4000英里。到了1875年，大多数主要线路均已建成，而到第一次世界大战爆发时，英国已经有了超过2.3万英里的铁路。铁路的载客人数也极大地增长了：从1838年的500万人次，到1880年的6.03亿，并且在1901年超越了11亿人次。

这带来了重大的社会影响：乘坐三等车厢旅行第一次使所有的社会群体都可以移动起来。这对于观鸟的发展尤其重要：铁路鼓励人们以休闲为目的出行。便宜的一日游变得非常流行，城镇居民到乡下散步和野餐，而这正是他们的父母及祖父母在几十年前刚刚放弃的那个乡下。

连同其他人一起，博物学家们在周末郊游或者年度假期中，也以最廉价和方便的出行方式访问乡下。其中一个非常流行的行程是去怀特岛看海鸟筑巢。由于经常访问位于巴尔莫勒尔堡的田庄，维多利亚女王和艾伯特王子也帮助推广了这一爱好。采集植物——以寻找野花为目的的远足——特别受欢迎，就像1847年夏天在苏格兰高地的一次旅行所描述的那样：

> 远足也许真可谓是植物学家的生命。远足能让植物学家通过调查植物的生存状态及其原生地，从实践上学习科学……带着对于科学知识的追求，远足还融合了那种有益身体和振奋精

神的消遣活动，而这有助于极大地促进脑力。

这段叙述的作者J.H.鲍尔弗（J.H.Balfour），接下来列举了与志同道合的爱好者们进行一趟荒野旅行在娱乐和精神上的益处：

> 对相同科学道路具有满腔热情的人们之间的友谊，根本不是这类远足惹人喜爱的特征……那些让行走有所不同但却令人愉快的偶然事件、随意的玩笑，甚至于所出现的不幸的小事故或烦恼——所有这一切都是让人感兴趣的对象，并通过一种非日常的方式把这些旅行者联系起来。因而兴奋的感觉绝不是转瞬即逝的，它们会持续终生，还总会在看到所收集的标本时被唤起。

鲍尔弗可能是在寻找稀有的花卉，但是他的感受和那些为了寻找稀有鸟类而出远门的人是相同的。它们汇总成为对于这个时代来说一种全新的集体经验，并且很快带来了各类形式的自然研究之普及的迅速发展。

最初，铁路的出现以及工业革命的其他标志都被视为是完全积极正面的。“我们移山填海使公路通畅，”托马斯·卡莱尔在1829年的《爱丁堡评论》（*The Edinburgh Review*）中写道：“没有什么能阻挡我们。我们向狂暴的自然开战；凭借着我们不可抗拒的发动机，结果总能满载着战利品获得胜利。”

桂冠诗人阿尔弗雷德·丁尼生勋爵也同意这种看法。“让伟大的世界随着这变化的环形沟槽永远旋转下去，”他写道，仍然误认为火车是像矿车一样在沟槽而非铁轨上行驶。

然而，尽管人们普遍认为新的交通方式是进步的范例，但铁路也远非是完全有利的。因为它虽然开发了乡村，但同时也开始摧毁乡村。当铁路线网络遍布全国，也使得栖息地开始破碎化，而这最终将对我们培育鸟类种群造成负面影响；曾经的原始荒原就被永远地摧毁了。《苏塞克斯的鸟》(*Birds of Sussex, 1891*) 的作者威廉·博雷 (William Borrer) 描绘了在不到七十五年时间里，由铁路的负面影响所造成的悲惨图景：

> 整个苏塞克斯现在都对铁路充满了兴趣，不只是内陆，甚至还包括沿海地区……蒸汽机的汽笛声代替了野鸭和涉禽的叫声。以前富有这些物种的河口，现在由于交通变得远比以前来得骚动不安，许多沼泽地都被种植作物所占领。

到了19世纪末，英国已经成了一个由铁路网络所整合在一起的城市化、工业化的国家。随着另一项重要的社会变革——我们现在称为“休闲时间”的概念的出现，观鸟成为一种群众参与的活动，这对于观鸟的发展产生了深远的影响。

法国人阿历克西·德·托克维尔在19世纪30年代的一次访英旅行中，十分想知道在天性中如此强调个体的英国人，为何却又如此热衷于成立各种俱乐部和社团。在《英国人》(*The English: A Portrait of People*) 中，杰里米·帕克斯曼 (Jeremy Paxman) 论证说，这个悖论正是英格兰民族的典型特征之一：

> 与街头生活悠闲随意的邂逅不同，英国人通过选择和组建俱乐部来进行他们的社交活动。“谁在掌控国家？”约翰·贝奇曼问道，“是英国皇家鸟类保护协会，他们的成员是各个领

域中的幕后黑手。”他说完这话之后过了很长时间，皇家鸟类保护协会的成员才达到了当前这种水平……有各种俱乐部，包括钓鱼的、支持某球队的、打牌的、插花的、赛鸽的、做果酱的、骑自行车的、观鸟的，甚至还有度假俱乐部。

尽管帕克斯曼的清单是关于现在组织的，但俱乐部和社团的黄金时代无疑是18世纪和19世纪。在此期间，博物学领域俱乐部对于作为业余爱好的野生动植物观赏的发展，有着深远的影响。

早在1710年就出现了一些本土的博物学社团，但是更多的博物学社团出现在19世纪20年代到30年代间。大多数社团都是笼统地涉及博物学，而非关注诸如植物学或鸟类学这样一个特定的领域。这些早期的社团与当时死板的社会分层相符，而不同的俱乐部则迎合不同的社会阶层。昆虫学社团——也就是对于昆虫的研究——是对所有人都开放的，因为它的追随者可以随时随地发现标本进行研究，而无须特殊的设备。但鸟类学社团则是另一种情况，它主要被像林恩·巴伯所说的那种“拥有枪并且有权持枪的”乡绅所追随。

就像在维多利亚时代生活中的许多其他方面一样，“女性或被冷落、或被忽视，要么就只是在喜庆节日中才被提起，”大卫·艾伦解释道：“因为科学是男人的事，是一种充满智慧的男性派对（stag-party）[①]俱乐部，在这里男性们使自己的鹿角发出声响：这是一片他们的自留地，就像他们的书房，女性是不被允许进入这里的。”

然而，对于女性的排斥可能并不完全是男性的错误：一直以

① stag又有“成年雄鹿”之意，故下一句紧接着就提到“鹿角”。——译者注

来有些女性在去郊野的时候戴着很大的帽子穿着大摆裙，这样的装扮可能是当时的时尚，但是一点儿都不适合到户外去观赏野生动植物。甚至到19世纪60年代，解除女性的壁垒之后，也极少有人借此自由的机会参与这项活动。但到了19世纪70年代到80年代，更多的女性加入了这一行列，这无疑是因为于对鸟类保护日益增长的兴趣。

根据艾伦的记载，1873年在英国及爱尔兰地区一共有169个本地的科学社团，其中有104个主要是田野俱乐部，而到了19世纪末，博物学协会的会员几乎达到了5万人。尽管这些俱乐部的主要动机是分享对于野生动植物的兴趣，但会员的社交层面的作用也不容小觑。维多利亚时代的社团通过提供茶水和蛋糕、酒水、晚餐、舞会甚至是音乐会来吸引他们的成员。

但是，博物学的吸引力远远比单纯的社交来得更深。就像日益普及的足球给予新近城市化的工人一个新的“四季”周年循环，以填补离开乡村带给他们的失落感。博物学协会也是一样的，通过与自然季节变化相符的游览方案，提供了类似的舒适性和安全感。这些组织的主要发起者之一是查尔斯·金斯利（Charles Kingsley），他是维多利亚时代经典儿童读物《水孩子》(*The Water Babies*) 的作者。1871年，金斯利创立了切斯特自然科学、文学与艺术协会，这个协会组织的野外考察，有时有数百个成员参加。另一个位于利物浦的俱乐部，在一次游览北威尔士的活动中吸引了350人参加。人们担心这么多人突然造访一地所带来的负面影响，尤其是在游览过程中还要用收集来的花做成花束，做得最好的那个人还能获奖。

一些在维多利亚时代创立的博物学协会如今仍然存在。1858年，在伦敦东部，一小群昆虫爱好者成立了哈格斯顿昆虫协会。到了19世纪末期，它的兴趣和规模不断拓展，因此更名为伦敦博物协会。在差不多一百五十年之后，这个协会仍在茁壮地成长，并且使人更加确信杰里米·帕克斯曼所相信的：英国人喜欢与自己志同道合的人在一个正式的、结构性的机构中进行社交活动。

维多利亚女王统治时期城市生活发生的转变，使这样的俱乐部和协会发展迅速。早在19世纪初，大约就有三分之一的英国人在城镇居住，比欧洲其他地方的人口都要高出许多。到了1901年女王去世的时候，只有五分之一的人居住于“乡村地区”：其他人统统住在城镇——很多人是生活在狄更斯所记载的那种污秽、贫穷和堕落的条件中的。

并不是每一个住在城镇的人都是贫穷的。住房、医疗和教育方面的重大改革，使人的预期寿命大幅增加。经济繁荣，因而出现了一个新兴的社会阶层，也就是我们今天所说的中产阶级，他们处于一种相对富裕的状态。具有讽刺意味的是，他们只有通过离开原本可以发现自然的地方——乡村，才能实现这种新的繁荣。到了19世纪末，城镇居民们对于冒险回到他们的父亲或祖父所生活的地方逐渐产生了怀疑，奥斯卡·王尔德在《不可儿戏》中对此表示了讽刺：

> 杰克：我有一个乡村别墅和一些土地，当然……不过我的实际收入并不是靠这个。事实上照我看来，只有偷猎的人才能在这里得到好处。
>
> 巴夫人：一座别墅！你城里也有房子吧？我希望如此。总不能期望一个像关多琳这样单纯、未经雕琢的女孩住到乡下去吧。

在北美，这个变化更加富有戏剧性。在19世纪初，北美大陆的大部分地区几乎都还没有被开发，那里的居民尝尽苦难、危险，还承受着要早逝的实际风险。除了少数像奥杜邦和威尔逊那样的先驱者，更多的游览者对于鸟类的兴趣在于烹饪而非科学上。但到了19世纪末，美洲大陆的景色已经或多或少地受到人为的改造，居住在城市中的普通美国人也能为了休闲娱乐和精神上的新生而冒险来到野外。这种不断增长的兴趣从约翰·缪尔（John Muir, 1838–1914）的“荒野发现之书”的普及便可以衡量，他是一个土生土长的苏格兰人，11岁时随家人移民并定居于威斯康星州。新的环境对于年轻的缪尔产生了深远的影响，他后来成了美国博物学界传阅最广且最知名的作家之一。

缪尔的哲学是一种“新时代”的精神，一种与自然及其内在节律的全面沟通。他坚决反对当时的传统观念：即认为鸟类和其他动物就应作为猎物被猎杀、捕获并吃掉，树木和森林理应无限砍伐，用作木材。缪尔和他的著作挑战了这种长久以来的观念，反对把大自然当成是上帝赐给人类的可以无限再生的礼物。

缪尔持久的影响力在于说服了新近城市化的美国中产阶级，荒野并不是一个肮脏的字眼，在自然中可以享受到娱乐与精神上的新生，就像他在1901年出版的书《我们的国家公园》（*Our National Parks*）开篇时所述：

> 时下漫步荒野的趋势是十分令人欣喜的。数以千计劳累疲倦、精神紧张、过于文明的人开始发觉，去山里其实就是回家，荒野是一种必然需要。山地公园和保护区不仅仅是木材和灌溉河流的来源，也是生命的源泉。

不过，缪尔自己也承认，仍然需要教导美国公众怎样充分地利用他们与野生动植物的邂逅：

> 在西拉森林中游览者经常抱怨缺乏生机。“这些树”，他们说道，“很美，但那种空寂是致命的；这里没有动物，没有鸟。我们在整个树林中什么声音也听不到。”这也难怪！他们骑着骡马成群结队地走进森林，发出巨大的噪音，穿着颜色不自然的古怪衣装：每一种动物都会回避他们。甚至没准那些受惊的松树都巴不得去避开他们呢。

幸运的是，就像缪尔指出的那样，少数进入美国荒野的访客学会了应该如何去做：

> 但热爱自然的人，是虔诚的、安静的、对自然感到惊奇的，充满感情地去观察和聆听，发现在这“深山豪宅”中并不乏居民，它们会欣然来到访客身边。每一处瀑布都有乌鸫栖身，每一棵树上都有鸟：小巧的鸸啄啄疏松的树皮鳞片，探查地衣卷起的边缘，还有一些歌手——黄鹂、唐纳雀和莺——在休息、饲喂幼鸟、照料自己领地范围内的事务。

乌鸫

与此同时，随着国内的通讯和交通的不断发展，英国史无前例地领先外国。1880年到1914年间，大英帝国的规模扩大到450万平方英里，这个面积已经超过了整个美国的大小。在第一次世界大战结束后，英国统治的领土达到了最高点，拥有超过全球四分之一的陆地面积，囊括了世界上四分之一的人口——成为一个真正的“日不落帝国”。

但是基于维多利亚时代美德与进步这对孪生价值观，并且认定这些精神和物质上的恩惠应该与地球上那些不如自己幸运的人分享，大英帝国为具有冒险精神的青年男子提供了一个千载难逢的机会。作为医生、士兵以及管理者，他们要使整个帝国的官僚系统顺利运行，使当地居民处于掌控之下，但最重要的是，就像阿萨·布里格斯（Asa Triggs）所说的那样：“给世界上黑暗的地方带去文明与光明”。这时，他们发现自己手上有了足够的时间——而又有什么方式会比观鸟，当然还有收集鸟类，要更好呢？因此，诸如在中国的罗伯特·史温侯（Robert Swinhoe）、在苏丹的埃明·帕夏（Emin Pasha）以及大批在印度的英国人（包括杰尔丹、霍奇森、布莱斯、休姆，他们都是为南亚次大陆鸟类命名的人），都将充裕的闲暇时间耗费在收集和观察他们新家园的鸟类之上。

军官中确实也有成果很突出的人，芭芭拉·莫恩斯和理查德·莫恩斯形容他们是“迄今为止休闲收藏家中最大的群体……在地球上最偏远、最缺乏动物学探索的地方”。如果说事实上这场战争是在99%的无聊中穿插着激烈的对抗，那么在非战期间可能更加枯燥乏味，特别是对于那些被派遣到偏远前哨的人来说。有些人通过酗酒、赌博和当地的女人来寻求安慰，还有人选择更为健康的方式来表现他们的欲望，例如走出去搜集当地的鸟类。

在这一点上他们占有优势，至少比同时代的平民具有更好的射击能力。

在这种新型的收藏家中最为突出的是艾伦·奥克塔文·休姆（Allan Octavian Hume）。他是一个激进的政治家的儿子，他的父亲后来由于品行正直政治才能出众，以及对于印度农村贫困人口的真心关怀而获得了良好的声誉。休姆从一个小职员开始了他的职业生涯，因为对于1857—1858年印度兵变的妥善处理，通过公务员官僚体制快速获得了晋升。他利用自己能够频繁游览印度各处的高级公务员身份来进行鸟类收集。在一次考察中，他收集到1200块鸟皮，涉及250种鸟类，其中有18个是印度鸟类区系的新种——包括与他同名的黑白鵰[②]，以他的名字命名的十几种鸟类中的一种。在休姆1882年退休的时候，他不但创立了印度国大党（讽刺的是，这是个旨在争取印度脱离英国并独立的组织），而且被他的同事及朋友C.H.T.马歇尔恰如其分地描述为“毋庸置疑是印度帝国最大的鸟类权威”。

1885年春天，56岁的休姆在平原上度过冬天后，回到了他在西姆拉的家，打算着手开始他最为重要的工作，一套关于印度鸟类的丛书。他惊恐地发现在他离开的时候，他的仆人们将他过去25年间精心收集的手稿、文件和信件收拾在一起，拿到当地的巴扎上当成废纸卖掉了。

这些珍贵的材料再也没能找回来，而垂头丧气的休姆也没有再次开展关于印度鸟类的研究。1894年他退休之前，他做出了非常慷慨的举动，将他的整个收藏——包括250多种鸟类的、超过10万件鸟皮、鸟卵和鸟巢——捐赠给了位于伦敦的英国自然历史

② 英文名为Hume's Wheatear。——译者注

博物馆，然后去了伦敦南部上诺伍德树木繁茂的郊区。他在那里安静地生活，直到1912年7月去世，享年83岁。

在同一年，毫不夸张地说，另一些英国人正在探索地球的两极。在罗伯特·福尔肯·斯科特上尉（Robert Falcon Scott）著名的南极远征中，他的队伍中就有两个热衷于观鸟的人。

如果能从南极活着回来，爱德华·“比尔”·威尔逊（Edward “Bill” Wilson）毫无疑问就会成为他那个时代最有影响力的观鸟者和鸟类学家之一。作为一个训练有素的医生，威尔逊曾经陪同斯科特，参与他于1901年的第一次南极探险。威尔逊凭借鸟类艺术家的技巧，借由关于探险的插画将自己带入了公众的视野。他是一个清心寡欲的虔诚信徒，总是努力让自己更加接近上帝。据传言，有一次出门住在酒店中，他发现自己开始喜欢洗热水澡，而不是冷水澡，他就觉得“必须采取一些措施来阻止这种倾向”。

尽管年轻时的结核病使他的肺变得伤痕累累，而他的眼睛也被四散飞溅的沸腾鲸脂所伤，但坚毅的决心仍旧让他在斯科特1911—1912年以到达南极点为目标的探险团队中，争取到了一个位置。他与四个同伴一起在这次冒险中丧生，这让他流芳千古却也使世界上失去了一位有才华的鸟类学家。在他生命的最后时刻，他们一起躺在一个冰屋中，不再对救援抱有任何期望，斯科特给威尔逊的母亲写了最后一封信：“除了这样和您说，我想不出其他能够安慰您的方式：他虽死犹生，是一个勇敢的好汉——是最好的战友和最坚定的伙伴。”

另一个狂热的观鸟人在探险中活了下来，并对我们讲述了这个故事。阿普斯利·谢里–加勒德（Apsley Cherry-Garrard），也就是那个远近闻名的“谢里”，是去寻找斯科特及其同伴团队中的一员，在离补给庇护点仅11英里的地方发现了他们冻僵的尸体。

在余生中，未能及时发现他们的沉痛感一直压在谢里的心头。

不管是在作为英雄、探险家还是观鸟人的领域中，谢里都显得像一个不大可能会成功的人。他很友善，也不大强壮，近视到几乎等于失明（特别是在南极，因为暴风雪，戴眼镜经常成为不可能的事）。然而他关于极地探险的描述——《世界最险恶之旅》（*The Worst Journey in the World*）一书于1922年出版，一瞬间就征服了广大读者，成为旅行文学流派中的经典。

此书的核心内容讲述了，1911年冬天，他与威尔逊和“小鸟”鲍尔斯（“Birdie” Bowers）的一次惊人的探险。他们为了收集帝企鹅蛋的标本，需要行走60英里左右，到达克罗泽角（Cape Crozier）的帝企鹅群落。这是世界上最大的企鹅，他们认为这个物种会揭示有关进化的重要事实。尽管经历了难以想象的低温，低至华氏零下75度（摄氏零下60度），他们最终还是成功了。就像谢里后来所写的：“南极探险很少像你想象的那么糟糕，也不常有听起来那般恶劣，但这次旅程使我们觉得词穷：没有任何词汇能够表达这种恐惧。”

在他们动身后的第35天，三人返回位于埃文斯角的基地，并受到了英雄般的欢迎。斯科特在日记中把他们的探险描述为：“极地历史上最英勇的故事之一……我希望永远流传下去的我们这一代的传奇。”不过讽刺的是，他们的苦难并没有换来很多或者重要的科学成果：企鹅的胚胎发育程度太高了，无法检验任何有关进化的科学理论。

这次极地探险对于观鸟活动的发展有着不可预见的影响。知道自己必死无疑之后，斯科特上尉给妻子凯瑟琳写了一封遗书。这封遗书中包括了应该如何培养他们还在襁褓中的儿子。“如果可以，培养他对博物学的兴趣吧，”他写道，“这比游戏要好得多。”斯科特的临终遗愿成真了，说起对于20世纪英国的博物学、观鸟和鸟类保护，没有哪个年轻人有彼得·斯科特（Sir Peter Scott，后来的彼得爵士）那样大的影响力。（详见第11章）

并不是每一个人都有机会去那样遥远的地方。但是那些留在家中的人也仍然可以保持他们对于鸟类的兴趣。的确，在一个世纪之前，吉尔伯特·怀特的时代，神职人员还被积极鼓励这样去做。这部分是由于教育与可资利用的休闲时间的巧合，但是帕特里克·阿姆斯特朗（Patrick Armstrong）指出，其实神职人员也有自己所追求的道德层面的原因：

> 19世纪是牧师博物学家的全盛时期……通过对于受造物的刻苦研究，人类可以接近造物主。行动会胜过魔鬼的帮手——懒散，而户外活动则是有价值的且“健康的”，良好导向的户外活动，像采集植物、观测地理或者观鸟，是特别值得鼓励的——这几乎是一种道德责任。

写书是赞美自然同时又传播上帝话语的方式之一。典型的例子就是诺里奇的主教爱德华·斯坦利（Edward Stanley）写的《鸟类常识》（*Familiar History of Birds*），这本书在1865年他死后由基督教知识促进会出版，以司空见惯的方式融合了基础生物学、日常观察和维多利亚式的偏见。书中包含了“秃鹫——可恶的进食者”“鸵鸟的深情性格”这样的标题，还有诸如此类的陈词滥调：“老鹰夺走了儿童”，而且它的主旨在于对读者进行精神熏陶：

从笔者自身的观察中，从朋友提供的消息或者其他来源体面的信息中，收集到了许多轶事，我们希望这些轶事能够激发大家将自己接触到的事情记下来的热情，它们也许能够显示出借由这些美丽的上帝造物，神的治理在如此多的场景中远远超越了人类的创造力、远见或者哲学所能尽到的最大努力。

人类仍然被看作是高于其他的受造物，但是人类也有要关爱的义务：不计后果地利用自然已经不再是理所当然的了。这标志着在前维多利亚时期与20世纪之间的一个过渡期，野生动物终于获得了自身的内在价值。

斯坦利的《鸟类常识》只是在19世纪后半叶流行的博物学书籍中的一本，与上一代那种昂贵的订阅作品相去甚远。这部分是由于大众出版中的印刷技术的革新带来的热潮，例如平版印刷术的发明，让彩色的插图能以合理的价格印刷。另外一个原因是，这时候有更多的人具有了阅读能力。在19世纪初，大部分工人阶级的孩子只能去上临时小学，甚至到1861年，只有八分之一的儿童能够定期去学校。1870年的《初等教育法案》是个分水岭，让无论什么年龄或者阶级的所有儿童，都至少能接受到基础教育。

在批评者眼中，教育和出版业的发展也制造出了大量不准确的、感性的胡言乱语。臭名昭著的例子有C.A.约翰牧师（Revd C.A.Johns）的《英国鸟类及其栖息地》（*British Birds and Their Haunts*）以及F.O.莫里斯牧师（Revd F.O.Morris）的《英国鸟类史，1850—1857》（*A History of British Birds, 1850—1857*），它们明确地被林恩·巴伯定义为"相当令人惊讶的愚蠢之作"。遗憾的是，尽管莫里斯非常谦逊且多产，但他缺乏一个重要

的品质——准确。穆伦斯和斯旺讽刺挖苦地评断道："莫里斯的描述过于冗长又不准确，偏重说教又不那么科学。他不加甄别地接受记录和叙述，因此书中的错误和失误比比皆是。"

然而，在一般公众的心目中，书中的信息是否准确并不重要。只要这些书是有吸引力、易于阅读、印刷质量很好足以保存多年，这就够了。即便在今天，仍然可以在大部分二手书店里找到莫里斯著作中的彩色照片，这反映了它们在那个时代非常流行。

与在家乡的同伴一样，一些喜欢冒险的神职人员在国外也成了先驱。从18世纪末开始，随着大英帝国的迅速扩张，神职博物学家也有机会去实践对于鸟类的热情，就像《圣经》中所劝勉的那样："在地极。"吉尔伯特·怀特的兄弟约翰·怀特（John White）就是开拓者之一，他为了逃避丑闻和债务，作为一名神父被流放到了直布罗陀。当约翰将迁徙中的鸟的有用信息发给怀特时，怀特亲自鼓励他的兄弟去关注野生动植物并从中受益。

最著名的神职收藏者是令人敬畏的亨利·贝克·特里斯特拉姆牧师（Revd Henry Baker Tristram）。这个来自英国的牧师开创了北非和中东的鸟类学研究，在这些地区有三种鸟以他的名字命名：一种莺、一种雀以及一种椋鸟。另一件使他声名鹊起的事情是，1859年，他第一个运用达尔文的自然选择学说来解释各种沙漠鸟类的羽毛颜色的成因。

特里斯特拉姆是乡村牧师的儿子，是戴恩斯·巴林顿的侄孙，吉尔伯特·怀特最初的通信者之一。他延续了家族对于野生动物的兴趣，在孩提时代就通过收集鸟蛋积累了令人印象深刻的收藏品。按照常规路径经由公立学校和牛津大学成为神职人员之后，命运插手了。在英国被任命为助理牧师后不久，他脆弱的肺部就需要在温暖的气候中静养，于是作为随军牧师被送往了百慕大。在那里他对于鸟类的热情继续上涨，一直持续到他返回家乡，在达勒姆郡当上伊登堡的教区长。

从那个时候开始，特里斯特拉姆开始了他不平凡的双重生活：要么长时间在一个安静的乡村作牧师，要么身处国外漫长艰苦的远征中，两相交替。他访问过的国家包括阿尔及利亚，还有后来被称为巴勒斯坦的地区（现在被以色列占领的土地以及黎巴嫩）。在1863—1864年他和另一个英国人亨利·莫里斯·阿普彻（Henry Morris Upcher）在巴勒斯坦进行了一次旅行。在诺福克拥有辽阔土地的乡绅阿普彻很快就得到了同事们的钦佩——由于他在家时通过鸟类射击竞技磨炼出的枪法技术，赢得了“两只眼睛的父亲”这样的阿拉伯绰号。1864年6月阿普彻返回英国之后，特里斯拉特姆继续留在了位于今天以色列和黎巴嫩边界的黑门山。在那里他度过了一个以任何人的标准来看都值得庆祝的日子，他打到了自认为是新物种的两只鸟：一只大个苍白的浅灰色莺类以及一只小型的黄绿色雀鸟。事实上这两种鸟在早几年之前就都被发现了，但尽管如此，它们还是袭用了他和他同伴的名字：特里斯特拉姆雀和淡色篱莺[3]。

莫里斯和特里斯特拉姆两个人的一生都跨越了收集鸟类和保护鸟类的时代。就像那个时代所有的鸟类艺术家一样，莫里斯依靠固定好的标本——事实上，莫里斯的《英国鸟类史》被标本剥制师广泛用于为每个鸟类物种摆出正确的姿势。但后来，他却成了鸟类保护的先驱，并在19世纪60年代创办了约克郡海鸟

③ 英文名即 Upcher's Warbler。——译者注

保护协会（Yorkshire Association for the Protection of Sea Birds），该协会的活动促成了第一次鸟类保护立法。这并不是唯一表现出他那令人钦佩的先见之明的领域：他还写信给《泰晤士报》，建议在冬季给小鸟投食。并且，虽然特里斯特拉姆因为枪法和收集的成就被称为"伟大的射击者"，但在他后来的生活中，他很早就开始支持鸟类保护措施。1873年，在爱丁堡召开的英国科学促进协会的会议上，他支持一项议案，该议案谴责收藏家，并呼吁保护英国的鸟类及鸟卵。从1904年开始一直到1906年他83岁去世为止，特里斯特拉姆担任新成立的皇家鸟类保护协会（Royal Society for the Protection of Birds）的副会长。

这两个男人内心的最终变化是社会整体急剧转变的征兆。在鸟类收藏家占据上风近一个世纪之后，他们的时代终于要结束了，鸟类保护的时代即将开始。

第6章　保护：维多利亚时代（三）

一鸟在林要好过两鸟在手。

——鸟类知识口号，《北美奥杜邦协会期刊》（1899）

我不保护鸟类，我只杀死它们。

——查尔斯·B.科里（Charles B. Cory），美国鸟类学家联合会候任会长（1902）

就像许多了不起的英国机构一样，英国皇家鸟类保护协会也是从渺小的、看起来几乎不可能的新生事物成长起来的。1889年2月，一群可敬的中产阶级女士聚集在曼彻斯特的郊区迪兹伯利。她们的目的是制止鸟的皮毛和羽毛在时尚和女帽交易之中的广泛使用，因这对于鸟类种群有破坏性的影响。为了表达对于这项事业的承诺，她们每人支付了两旧便士的年费（大约为一便士，但相当于现在的两英镑）。

到了1899年，这个协会拥有150个分部以及超过2万名会员，主要都是女性。仅仅过了一个世纪之后，第100万个会员也由于上述原因而加入协会，协会从针对单一问题施压的集团，成长为欧洲最成功的环保组织，关注的议题更加广泛，从土地使用到狩猎，从能源效率到气候变化。

1989年，为了庆祝其成立一百周年，皇家鸟类保护协会委托作家兼记者托尼·扎姆斯塔格（Tony Samstag）编写协会的历史。在该项工作的成果《对于鸟类的爱》（*For the Love of Brids*）一书中，扎姆斯塔格理性地分析了这个协会能够持久成功背后的原因：

> 皇家鸟类保护协会……起源于反对残酷，蓬勃发展了一百年，并在恐惧、厌恶和痛苦中变得繁荣和成功。如果没有以肆意破坏的方式行使权力的男性倾向，皇家鸟类保护协会将不复存在。

与它的北美同行奥杜邦协会（Audubon Societies）一起，皇家鸟类保护协会已经花费了过去一个世纪的时间，试图纠正个人、企业及政府的那些使鸟类及其栖息地受到伤害的错误行为。

至少在西方社会里，停止人类对于自然界无偿开发的意愿是随着文明的发展齐头并进的。在大部分的人类历史中，“野蛮的动物”被认为是造物主为人类所创造，并且人类可以随意使用它们——没有哪本书比《创世记》更加权威地表明了这种态度，其中写道：“凡活着的动物，都可以作你们的食物。”

从17世纪到18世纪，人们看待动物的态度从纯粹的功利角度，逐渐转变为看到它们自身的内在价值。在19世纪初，一种广为接受的观念是，人类对野生动物负有责任，同时也有支配它们的权利。用诗人威廉姆·布莱克（William Blake）的话来说：“知更鸟儿笼中囚，花花天堂怒不休。”

1824年动物保护协会（后来发展为英国防止虐待动物学会）的创立，就是由于这种态度转变而直接促成的。社会中的重要组成部分——新兴的中产阶级——第一次有资源和想法去关爱其他生物，这都要感谢经济的进一步繁荣以及更优质的教育。但正像基斯·托马斯（Keith Thomas）所指出的那样，这种关注仍然局限在较高的社会阶层中：“对于动物有善意是一种奢侈，并不是每个人能都学会负担。”

尽管在自然保护领域中，当前皇家鸟类保护协会作为“市场领导者”的地位无可撼动，但它并不是第一个关注鸟类保护的组织。成立于19世纪60年代某个时间的约克郡海鸟保护协会，可以说是世界上第一个野生动物保护组织。与此同时，克罗伊登有一群女士自称是“毛皮、鱼鳍与羽毛族”（Fur, Fin and Feather Folk），承诺避免在时尚品中使用动物产品。

爱德华时期的羽毛帽子

这种新运动有着一些颇具影响力的支持者。1868年，当时的鸟类学领军人物阿尔弗雷德·牛顿（Alfred Newton）教授在诺维奇的英国科学协会中发表演说："像白雪一般美丽和无辜的羽毛也许会出现在一位女士的帽子上，我必须告诉这个佩戴者以真相——她的额头上戴上了凶手的标记。"

这种态度的逐渐转变也反映在立法中，法典中出现了第一部鸟类保护的法规。在1869年的6月，约克郡的鸟类采集已经到了泛滥的地步，为了控制这种局势，议会通过了《海鸟保护法案》（*Sea Birds Preservation Act*）。《曼彻斯特卫报》在1868年11月18日的一篇报道驳斥了收藏家声称他们对于海鸟的捕猎是可持续的说法：

在夫兰巴洛岬附近18英里的海岸线上，107250只海鸟在为期四个月的"快乐派对"中被屠杀；其中12000只是因人们要用它们的羽毛装饰女士帽子而被射杀，79500只小鸟活活饿死在巢中。在那里驻扎并报道这些事实的指挥官诺克目睹了两艘舷缘上挂满死禽的小船，以及在一周内以8条枪猎杀1100只鸟的派对。

这种对于看似无限资源的贪婪掠夺已经对一个物种产生了不可逆转的毁灭性的打击。大海雀是海雀科中体型最大的成员，像南半球的企鹅一样不能飞行，这是导致它灭绝的一个不容置疑的因素。此外，相对于其他海鸟来说，大海雀的繁殖地纬度较低，这使它们更容易被海员捕获，以获取新鲜肉类来补充他们微薄的口粮。大海雀在英国的最后一笔记录来自于1840年的圣基尔达岛，一个岛民认为他捕获并杀掉的是一个女巫。而全世界最后一只大海雀则是于1844年6月在冰岛被棒击致死。

对于不计后果的野生鸟类射击比赛的关注也渐渐活跃起来。1888年3月，就在皇家鸟类保护协会成立前11个月，布雷顿野生鸟类保护协会（Breydon Wild Birds Protection Society）在诺福克的大雅茅斯的公众会议上成立了。其目的是聘请当地人看管布雷顿的水域，那里是著名的鸟类繁殖以及迁徙时的栖息地。这个计划取得了立竿见影的效果：在1888年6月，纳尔逊勋爵酒吧的房东阿尔伯特·贝克特，就因射杀了两只琵鹭而被罚款40先令（相当于现在的400镑）。违法射杀现象快速减少，到了1904年，可以说"在禁猎期，尽管很多珍禽来访，但布莱顿没有任何一支猎枪开火"。

同时，新成立的鸟类保护协会（皇室称号是1904年被批准

大海雀

加封的）不失时机地对时尚行业发出了自己的声音。这个任务很轻松，因为他们反对的人和他们来自于同一个社会阶层。就像扎姆斯塔格观察到的那样，协会是一个"从世袭特权的位置而来的、典型的英国志愿者操纵的组织，主要由女性并且是为了女性而运作"。

然而，她们有自己的斗争：在时尚界，对于羽毛的偏爱可以回溯到希腊和罗马时代，在维多利亚时期后期羽毛贸易达到了顶峰。英国在1870年到1920年间进口了出自数百万只鸟身上的2万吨装饰性羽毛。这些贸易的估价大约是2000万英镑——相当于今天的40亿英镑。历史学家E.S.特纳（E.S.Turner）生动地描绘了这实际上意味着："在繁忙时段，伦敦和巴黎的经销商几乎可以被他们的商品闷死。"

尽管缓慢，但协会发起的运动开始逐渐击中要害。国会通过继续立法，将1880年、1894年、1896年和1898年《野生鸟类保护法案》（*Wild Birds Protection Acts*）保护的鸟类种类不断扩大。在来自最高阶层的援助下，舆论的浪潮也开始一点一点地转向。1899年，维多利亚女王亲自下令，禁止军队制服上佩带羽毛。

在北美地区，鸟类保护运动的发展与英国齐头并进。尽管早在1845年，加拿大的纽芬兰省就已经通过了一项保护野生鸟类的法案，但直到1886年，美国才正式成立了鸟类保护组织。奥杜邦协会是乔治·伯德·格林内尔（George Bird Grinnell）心血的结晶，在协会成立的第一年年底就成绩斐然：拥有了300多个分会以及将近1.8万名成员。受到这种程度的欢迎，毫无疑问是得益于这个协会与美国最知名的鸟类艺术家之间的联系。尽管多少有点讽刺意味的是，为这个世界上最知名的鸟类保护协会命名的男人，实际上在追求艺术的过程中，也把对鸟类的杀戮提升到了新的高度。

就像皇家鸟类保护协会一样，奥杜邦协会成立的宗旨是抗议为了给时尚界、特别是给女士帽子提供皮肤和羽毛而对鸟类进行的大规模屠杀。这一时期，不仅仅是有着华丽羽毛的物品，装饰着鸟类全皮的东西也风靡一时。邮购公司对于这类商品的定价大约在1.19美元到3.69美元（大约相当于今天的30—75美元）。这种奇怪的时尚受到了许多报纸社会版的鼓吹。“布雷迪女士穿白色非常好看，”1885年的一篇报道中这样写道，“她的头发里有整整一窝闪闪发亮引人瞩目的鸟，这一定会让一个鸟类学家都觉得难以将其分类。”

在迷人的表象背后有着可怕的现实，数百万只鸟儿仅仅为了满足时尚潮流而被屠杀。1886年，就在上面那篇报道发表几个月之后，美国自然历史博物馆鸟类馆馆长乔尔·A.艾伦（Joel A.Allen）呼吁对于鸟类羽毛及鸟卵的采集进行管制，并以大规模屠杀的统计数据来支持他的论点。他透露，仅一个季度，马萨诸塞的科德角就有4万只燕鸥因为自己的羽毛而被杀害，而在短短四个月内，长岛的一个村庄就供应了7万张鸟皮，一家位于纽约的女帽商行每年要加工3万只鸟。不幸的是，尽管对于鸟类的屠杀引发了越来越多的愤怒，美国尚在萌芽状态的鸟类保护运动却渐渐无疾而终。1888年，成立短短两年之后，格林内尔放弃了自己的协会。

在新的运动开始之前，杀戮又持续了十年。哈莉特·劳伦斯·海明威（Harriet Lawrence Hemenway）于1896年2月创立了马萨诸塞州奥杜邦协会，协会“不鼓励为了装饰而购买和佩戴任何野生鸟类的羽毛……并致力于在其他方面促进本土鸟类的保

20世纪初戴着羽毛帽子的女人

护”。海明威女士之所以激愤地行动起来，是因为她读到了一个叫吉尔伯特·皮尔逊（Gilbert Pearson）的年轻人写的文章，其中不加掩饰地描写了为了时尚业而进行的收集探险背后的大屠杀：

> 我本想看到一些美丽的苍鹭在巢中或者站在巢边的树上，但一只活的苍鹭都找不到，只有八只死鸟零零落落倒在泥巴地里。它们被击落，从背上剥下带有羽毛的皮肤。很多苍蝇在一边嗡嗡嗡……这还不是最惨的，那四窝成为孤儿的小鸟在巢中可怜巴巴地吵嚷着乞食，却不知道它们的父母再也不能来喂养它们了。

到了1896年年底，西弗吉尼亚州和宾夕法尼亚州也加入了这一行列，在20世纪的头十来年中，又有26个州加入这场鸟类保护运动——这数目超过了美国联邦成员州的一半以上。

第一场运动失败后，第二场运动成功了，这部分是由于第二场运动建立在更小的、以州为单位的协会的基础上，部分是由于社会上已经比原来更能接受鸟类保护这一概念。女性自身变得愈发敏感，发现事实上并不是每个人穿戴鸟的皮肤和羽毛都会好看。就像那时的一位自然作家查尔斯·沃纳（Charles Warner）刻薄地写道：“一只死鸟并不会让一个丑女人变漂亮，而漂亮的女人根本不需要这种装饰品。”

然而，许多有影响力的鸟类学家继续捍卫着以科学为目的的鸟类收集，因此对羽毛贸易的批评会将他们置于虚伪的指控当中。虽然这对于一些人来说并不存在道德困境——鸟儿在那里就是被拿来使用的。1902年，哥伦比亚特区奥杜邦协会邀请美国鸟类学家联合会（American Ornithologists' Union）的会长查尔

旅鸽

斯·B.科里（Charles B. Cory）参加会议。他简明扼要地拒绝了邀请："我不保护鸟类，我只杀死它们。"关于什么是"科学采集"的两极化意见的激烈争辩，很容易让人想到现在关于"科学捕鲸"的争论。1899年，自然作家林达·凯泽（Leander Keyser）批评科学家们，恳求他们"研究处于不同生命阶段的鸟"。一个动物标本制作师反驳道："如果不把鸟类拿来使用，它们又算是什么呢？"尽管以科学的名义杀害的鸟的数目无法拿来与羽毛贸易所杀害的鸟相比较，但这些批评有理有据地击中了要害：一个叫W.E.D.斯科特（W.E.D.Scott）的收藏家在被要求禁止商业捕杀的同时，却设法射杀了多达17只已经濒临灭绝的黑胸虫森莺。

对于北美的其他物种来说，鸟类保护运动同样来得太迟了。旅鸽在其高峰期占到了北美鸟类总数的四分之一到三分之一，多达20亿只。直到1870年，当它们在空中飞过时，数量仍然大到能够遮空蔽日。然而，一旦鸟的数量开始下降，这种下降就会非常迅速。最后一只野生旅鸽于1900年3月在俄亥俄州被射杀，而最后一只幸存的叫作玛莎的笼养旅鸽，于1914年9月在辛辛那提动物园死去。

人间悲剧也在上演。1905年，奥杜邦协会的第一批守护者之一盖伊·布拉德利（Guy Bradley），发现在佛罗里达南部的牡蛎养殖中心的保护区有三个男子，他怀疑他们在射杀鸟类。当他走近时，发现他们带着两只死去的白鹭。在争斗中，一名男子朝布拉德利胸前开了一枪，布拉德利当场死亡。但因缺乏目击者，这个凶手却从未被起诉。

就在一两代人之间，即19世纪中期至末期，美国人已经从"狂野西部"转移到了大城市中的大街与道路。在此过程中，他们的态度发生了变化，从没有安全感的开拓者的"拓荒心态"，

白鹭

逐渐变为更加成熟干练的都市居民气质。他们对于自然界的看法也发生了变化。“有一件事是明确的，”马克·巴罗（Mark V. Barrow）指出：“美国人越远离自然，他们就会越重视它。”

为了休闲娱乐而观鸟这一概念还是崭新的。但正如我们所看到的那样，有两位作家极大地推动了这一概念：约翰·缪尔和另一个自然保护运动的代表人物亨利·大卫·梭罗（Henry David Thoreau）。与奥杜邦、威尔逊等上一代人形成鲜明对比的是，上一代人的主要目标是对于新的以及不熟悉的鸟类进行分类，而这些作家们则是在寻找一个更整体而非分析式的与自然交流的途径。

奥杜邦与梭罗之间的差异非常显著。1871年在奥杜邦32岁时，梭罗出生了。梭罗在位于马萨诸塞州康科德城附近的家乡四处游荡度日，到了晚上就将他的想法与观察详细地记录下来。下面这段话就引自他最著名的著作《瓦尔登湖》，表明他对于自然持有一种合作而非支配的态度：

> 我发现自己开始与雀鸟为邻，但并不是将它们关到笼中，而是将我自己关到了与它们邻近的笼子里。我不仅与那些从市场到花园、果园的雀鸟们相熟，还与那些林中更加野性、更加令人惊异的鸣禽们亲近起来。

梭罗毫无疑问超越了自己的时代，不像大多数与他同时代的人，比起射杀鸟类，他更喜欢观察它们：

> 不带望远镜的话基本上看不到这些害羞的鸟类，比如鸭子或者鹰。从某些方面来讲，我觉得这比带枪更好。枪使它们

接近死亡，而前者让它们仍然是活生生的。通过猎杀一只鸟你可以更准确地识别它……但是在它活着的时候，你可以更好地研究它的习性与外观。

他所使用的望远镜大概是军用的，价值8美元，这是一个奢侈的价格，可能相当于今天的800美元。这个望远镜对他而言可以说是物尽其用，并由此证实了他长久以来的信念：杀戮不仅是毫无意义的，而且具有破坏性：

许多年轻人和一些老年人所展示的那种杀掉鸟类或四足动物并将它们变成骷髅的草率行为，让我想起了那个杀掉会下金蛋的母鸡，从而再也得不到黄金的寓言……金蛋就像那些可以从活生生的生物身上得到的知识。

梭罗的著作对于新近城市化的美国人的态度产生了持久的影响，这些人对于自然的感受基本都来自于梭罗的叙述。在这种公众态度转变的帮助之下，保护主义者开始有所进展，竞选宣传中也出现了新的道德基调。1886年，美国鸟类学家联合会的会长写下了这段话，这是第一次有人将鸟的审美价值（而非商业或者科学价值）付诸词句：

从美学角度来讲，在自然界给予人类的众多礼物当中，鸟类有着最优雅的动作与外形，最美丽动人的色彩；再加上它们生性活泼，声音婉转动听以及永不停息地在活动……我们真的忍心看着它们因为时尚或堕落腐化的品味而灭绝吗？

然而直到1905年，流行杂志《美国鸟类——家庭与学校版》的通讯员还在感慨那些坚持穿戴羽毛和皮毛的女人麻木不仁：

> 据我观察所见，在波士顿，反对以鸟类作为装饰品的持续性煽动效果甚微了。在大街上看到的近一半人的帽子上，都可以找到那些曾经美丽幸福的鸟儿的一部分。有一些是头，有一些是尾巴，有一些是翅膀，还有整只的鸟。你能想象有什么比一个年轻女子在头上炫耀一整只银鸥更为可笑的吗？令人遗憾的是，妇女们还会将这种野蛮的方式坚持下去，直到为了逃避起诉而不得不放弃这种爱好。也许她们并没有意识到自己正在做什么。

具有讽刺意味的是，北美不断增长的护鸟运动的主力之一，是一位“由偷猎者转变而来的狩猎场看守者”——一个热心的前收藏家渐渐发现了反对滥杀、保护野生鸟类的种种好处。

弗兰克·查普曼（1864—1945）跨越了19世纪和20世纪两个时代，在19世纪，收集仍然被认为是理所当然的；而到了20世纪，利用望远镜看鸟终于成为习俗。查普曼对于鸟的兴趣始于1886年的夏天，那时他在纽约担任银行职员。一个夏日的午后他在城外的一个商业区散步，数了700位戴帽子的女士，其中四分之三的帽子上带有羽毛。凭借着作为一个热心的收藏家而获得的技能，他识别出了这些羽毛出自各种各样的鸟身上，包括旅鸫、猩红丽唐纳雀、橙胸林莺、雪松太平鸟、刺歌雀、冠蓝鸦、剪尾王霸鹟、红头啄木鸟、棕榈鬼鸮以及松雀。

查普曼宽厚地指出：“可能很少有妇女知道她们穿戴着我们的花园、果园以及森林中的鸟的羽毛。”

弗兰克·查普曼

尽管不赞同以时尚之名对于鸟类进行屠杀，但查普曼在其杰出的职业生涯中仍旧坚持——事实上是促进了——对于鸟类的科学收集。他甚至亲自参与探险去猎取它们。

如今的佛罗里达州拥有1600万人口，是迪斯尼乐园的故乡，是肯尼迪航天中心的所在地。但1889年查普曼第一次去那里探险的时候，情况大为不同。那时佛罗里达的人口不足40万，那里的沼泽、森林与海岸线是名副其实的鸟类的旷野。

深入印第安河县的恶臭沼泽时，查普曼发现了卡罗莱纳鹦鹉的最后一块主要栖息地，这是一个非常罕见的物种。他一共射杀了15只鸟，还喜欢上了这个地方，以至于几年之后又带着他的新娘范妮（Fannie）来度蜜月了。像很多钟情于自身职业男性一样，查普曼对于新的婚姻状况可能造成的问题也有担忧，这是可以理解的："当一个男人执着于他自己的职业时，如果他娶了一个普通的妻子，这就像重婚罪一样危险。如果这两者不能达成一致，就会产生三角冲突，来决定到底哪一方将被放弃。"

但令查普曼开心的是，他很快发现自己的妻子不但有着热衷于鸟类收藏的热情，还拥有制作标本的真正天分。他以剥制一只长嘴沼泽鷦鹩来测试了她的手艺：

> 她娴熟的手指如此完美地完成了工作，令我既惊讶喜悦，又混杂着一点懊恼。她的第二个标本是一只滨海灰雀，这种鸟非常罕见，我自己处理它们的时候都需要小心翼翼的。所以那个标本一做好，她作为助手的短暂的见习期就结束了。

可悲的是，查普曼和他的妻子十分渴望得到的这两种鸟后来都灭绝了：最后一只卡罗莱纳鹦鹉1904年4月在佛罗里达的奥基乔比湖被人看到——并被射杀了；而滨海灰雀则一直被设法保留在泰特斯维尔附近的大西洋沿岸，直到1987年灭绝。

毫无疑问，像查普曼这样的收藏家加速了这些稀有物种的减少和最终的消亡。但是我们也要感谢他阻止了北美鸟类灭绝的可耻账簿变得更长。因为他成了一个狂热的野生鸟类保护运动的发起者，美国自然历史博物馆鸟类馆馆长，还是奥杜邦运动的官方刊物《鸟类传说》（*Bird-Lore*)的创始编辑，这本杂志创办于1899年，在接下来的35年中都由他来主导并编辑出版。

在这个重要的过渡时期，查普曼的生活在鸟类收集与保护之间一分为二：在寻求保护鸟类的同时，又捍卫着以科学目的收集鸟类的权利。

另一个由收集者转向保护者的是西奥多·罗斯福。19世纪70

年代，他还是一个小男孩时，就痴迷于鸟类收集，还曾在纽约百老汇街和窝扶街的动物标本制作店中工作。西奥多·罗斯福总统是创建美国鸟类保护法的关键人物。他创立了51个联邦野生动物保护区，其中就包括弗兰克·查普曼猎杀卡罗莱纳鹦鹉的地点。1919年罗斯福去世的时候，由他实现的对于野生鸟类的保护，比他之前的24届美国总统加起来的都要多。19世纪90年代，当他还在做纽约州州长的时候，就关闭了使用鸟的羽毛与皮肤的工厂，并且加入了早期的奥杜邦运动。罗斯福最伟大的贡献是他的远见：当时的普遍看法是，自然资源是永远可持续的，而他对加利福尼亚州萨克拉门托市的民众做出了如下的呼吁："我请求你们把非凡的自然资源完好无损地交到后代的手上。我们并不是为了一时来建设我们的国家，而是要持续千古的。"

在英国，另一个富有远见的人也在发挥作用。尽管在与羽毛贸易的斗争中，最后胜利的功劳不能单独授予任何一个个体，但是在大西洋的这一侧，鸟类保护运动最突出的代表人物是畅销自然读物的作者W.H.哈德逊（W.H.Hudson）。

哈德逊1842年出生于阿根廷。他早年几乎一直疾病缠身，这意味着他把大部分的童年时间花费在漫步于开阔的潘帕斯草原上，并研究了那里的动植物。在双亲去世之后，他移居到英国，开始了作为一名职业作家的生涯。他写书写小册子，还代表新成立的皇家鸟类保护协会与羽毛贸易进行论战。

就像梭罗一样，哈德逊所持的观点深深地根植于他对于野性自然的欣赏。他在《鸟界探奇》（*Adventures among Birds*, 1913）中写道，"生活中最大的乐趣——我是说在我的生活中"：

……在某种意义上是无形的，在另一个众生的家庭生活具有不同秩序的世界中是存在的。但这仍是那些渴望它的人才能拥有的乐趣。

小鸟是脊椎动物，和我们有关联。我们具有意识，它们也像我们一样，在它们的脑袋里，也有着认知、情感以及思考的大脑，只是更加生机勃勃……因此我们喜爱它们，又能了解它们，而且人类更加发达的头脑还能弥合我们与它们之间的鸿沟。

但他从来都没有低估这项工作的难度——当时许许多多的收藏者都与英国的机构关系密切：

法律并不保护我们的鸟类和国家免遭这些强盗的毒手。那些高位上、法官的座椅上、国会大厦中以及重要人士内部，都有太多受人尊敬的他们的代表。他们难道不是强盗吗？他们不正是最糟糕的人吗？……剥夺这个国家……最珍贵的财产之一——它光鲜亮丽的野生动物。

哈德逊兼具古典式的浪漫与前瞻性的远见思维。他的先见之明体现在，他相信占有鸟的皮肤或者鸟卵应被定为刑事犯罪。实现这个目标的法律最终得以通过，但却是在1982年，在他死去60年之后。

然而，他确实有一个值得庆祝的显著胜利。在1921年，议会通过了《（禁止）羽毛进口法案》（*Importation of Plumage [Prohibition] Act*），终于彻底结束了为了时尚享乐而对于鸟的皮肤与羽毛的可怕掠夺。哈德逊去世于1922年8月，其时他的观点已经开始盛行，其文学声誉也如日中天。但他的名气并不长久：

到了20世纪50年代，哈德逊那种伤感、灵性的特定风格已不再流行。时至今日，已经很少有人再看他的书了。

从视收藏鸟类为正常做法的时代到认为保护它们才是至关重要的时代，这种态度上的逐步转变，在英国和北美都来得非常及时。20世纪席卷而来的城市化和工业化进程，给鸟类栖息地带来了前所未有的损失，致使许多鸟种第一次受到了威胁。保护鸟类行动的最后一刻到来了，这意味着在我们保护一些最稀有、最珍贵的鸟类的行动中，态度的转变起着至关重要的作用。

从此之后，越来越多的人会通过光学设备研究活着的鸟类，而非研究枪口下的死鸟。用芭芭拉·莫恩斯和理查德·莫恩斯的话来说，收藏家已经成为“少数不被信任的人”。而在现代意义上作为大众休闲活动的观鸟的时代，即将开始。

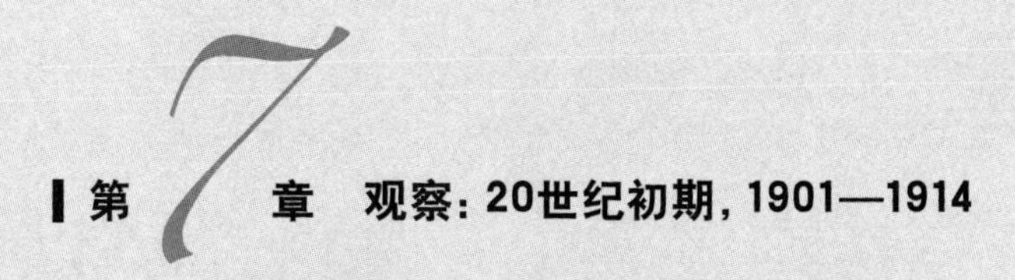

第7章 观察：20世纪初期，1901—1914

在观鸟或看鸟时获得的那种简单而强烈的喜悦，总是伴随着想知道所看到的是什么鸟的渴望。观鸟不仅给人强烈的审美感受，更是一种刺激思维和想象力的活动，因为人们在试图了解鸟类世界的本质。

——《观鸟七十年》，H.G.亚历山大（1974）

1908年7月的一天，一名年轻男子在肯特郡的罗姆尼湿地，骑着自行车寻找鸟类。当他骑过小石海岸的沙丘时，看到了三只很奇怪的鸟蹲在远处的草地上。由于无法辨识它们的种类，他抛下了自行车，穿过草地走近它们：

> 我凑到足够近，认出它们是一群毛腿沙鸡……几天之后，报纸上报道说新来了一群毛腿沙鸡开始侵入这里——它们的上一笔记录还是在1863年。当我发现那三只鸟的时候，我对它们的入侵还一无所知，那时我甚至没有双筒望远镜。直到19岁时，我还是依靠肉眼和一架很小的单筒望远镜观鸟，我估计那架望远镜大概能放大4倍，但所能看到的视野却非常之小。

这是这个中亚物种侵入英国的最近的一次记录，毛腿沙鸡再次出现，是在1964年的12月，只有一只短暂地被观察到。直到今日，在我们这片海滨，它仍然是最罕见、最受追捧的造访者之一。

如果不是成了20世纪最知名的观鸟人之一，这个年轻人的这次经历可能就没有记录可考了。他的名字是霍勒斯·亚历山大（Horace Gundry Alexander），不过他更为人所知的是姓名首字的简写“H.G.”。在遭遇沙鸡66年之后，他以一个有趣的标题出版了自己的回忆录《观鸟七十年》（*Seventy Years of Birdwatching*）。这并不是无聊的夸赞：就像书的护封上佐证的那样，H.G.“于1898年开始观鸟，从来都没有停止过”。他持续观鸟直至百岁，于1989年在他的第二故乡费城郊区去世。他有着不平

凡的人生，其中包括成为印度领袖甘地的亲密顾问，甘地称他为“印度人民最好的英国朋友之一”。终其一生，他一直保持着天真热情的名声，由于他孩子气的表情还强化了这种印象。

据当今观鸟界的老前辈伊恩·华莱士（Ian Wallace）的形容，H.G.亚历山大是“那些实际创立了观鸟的爱好与观鸟科学的卓越绅士之一”。

尽管这样的评论适用于本书中提到的很多人，但是用在此处真的特别合适。H.G.的一生正值休闲消遣发生巨大转变的时期。在20世纪，观鸟从少数怪人所追求的兴趣，变身为数百万群众参与的活动。

H.G.亚历山大成长于肯特郡与苏赛克斯郡交界处的乡村，家中共有兄弟四个，其中有三个人后来成了著名的鸟类学家。年幼的霍勒斯·亚历山大对于鸟类的兴趣最早在1897年4月18日被唤起，那是他8岁生日时，他的兄长吉尔伯特（Gilert Alexander）送了他一本关于博物学的书。霍勒斯以及他的兄弟威尔弗雷德（Wilfred Alexander）和克里斯托弗（Christopher Alexander），很快就迷恋上了这一新热潮，在友好竞争的精神下，大家都在试图超越彼此。

回头看看，霍勒斯将家中兄弟们对于自然的兴趣归因于他们所受的贵格派教育，在这种教育中他们无法接触到音乐和艺术。因此，作为补偿，贵格派对研究自然世界的博物学非常感兴趣，而他们也从这种追求中获得了极大的乐趣。

需要牢记的是，当霍勒斯和他的兄弟们为了乐趣而观察鸟类的时候，这项消遣还尚未被称为“观鸟”。这个短语最早出现在1901年维多利亚女王去世的那一年，是埃德蒙·塞卢斯（Edmund Selous）的一本书的标题，他是著名的竞技猎人

F.C.塞卢斯的弟弟。《观鸟》(*Bird Watching*)是一本不起眼的著作：里面尽是些轶事杂记、通俗科学以及自作多情，其文风做作，辞藻堆砌，开篇就很糟糕：

> 如果生活，就像有些人认为的那样，是广阔而忧郁的海洋，上面或多或少装载着悲伤的船只不断来往航行。然而海上到处都有着抚慰的小岛，我们可以在那里休息，忘记风浪。其中的一个岛屿也许我们可以称之为鸟岛——在这个岛上，以观察鸟儿的生活习性和精神状态为乐——而在这其中……我会直达这片土地，并邀请那些同样关心这些的人，与我同行。

一个多世纪之后再来回顾，这看起来似乎很不寻常：我们现在习以为常的这个短语，是由一个直到41岁才发表第一篇鸟类论文的男人创造的，而这个男人于1934年去世的时候，并没有引起鸟类学机构的多少关注。

1905年，塞卢斯发表了他在北方小岛的探险故事《设得兰群岛的观鸟者》(*A Bird Watcher in the Shetlands*)，霍勒斯的叔叔詹姆斯把这本书当作圣诞礼物送给了霍勒斯。它有效地使霍勒斯远离了对于鸟蛋的收集，而将他的兴趣转向在野外对鸟类进行细致的观察：

> 我们的叔叔都没有用过枪。但是詹姆斯叔叔收集鸟蛋，而威尔弗雷德以他为榜样。一开始，我也想照他那样做，但是我的父母打消了我的这个念头。这时我拿到了塞卢斯的书，他在书中支持哈德逊，这让我确认用这种方式研究鸟类才是最好的。

虽然这看起来令人难以置信，H.G.亚历山大直到1910年他20岁生日时才拥有了自己的双筒望远镜，那时他认真观鸟至少已有12个年头了。在那之前，他不得不与哥哥克里斯托弗共用一台双筒望远镜。这实在令人有点无奈，就像他回忆他们一起观看一只翠鸟时："克里斯托弗会在一瞬间突然拿走望远镜，于是我只能眼看着鸟儿消失掉。"

即使那些自己拥有望远镜的人也面临着一些问题：据说苏塞克斯郡的一位牧师将自己的注意力从观鸟转向了植物学，因为不管何时带着望远镜出门，他教区的居民们都会以为他是要去看赛马！

直至1989年霍勒斯·亚历山大去世的时候，他亲眼看到了观鸟界前所未有的变化：从可以接受，甚至是无可避免去射杀和收集珍稀鸟类的时代，到20世纪六七十年代"推鸟"时代的来临。

这些转变的萌芽可以在1901年到1914年间找到。在此期间，观鸟从一个主要由科学家所追求的狭窄的、专业的、有点古怪的消遣，变成了一个自主的爱好——一些平民纯粹是为了娱乐而观鸟。更多特定领域中的兴趣，包括鸟类饲养、鸟类迁徙的研究以及鸟类鸣叫的研究都在此时出现了。

反过来，这些活动又促进了鸟类学实用领域的出现，并且赋予鸟类研究以新的受人尊敬的地位。本章中将探讨的是，从维多利亚女王逝世到第一次世界大战开始，在这短短的十几年间，这一切是如何发生的。

尽管H.G.亚历山大在童年和少年时代缺乏光学设备辅助，但那时望远镜已经越来越普及。

根据研究早期光学历史的天文学家弗雷德·沃森博士（Dr

Fred Watson）的研究，最早的“双筒望远镜”是1608年由荷兰的眼镜工匠汉斯·李伯希（Hans Lipperhey）制造的。他的设备只是将两个单筒望远镜连接到一起，能给用户带来的好处甚微，但对于实际应用来说，它实在是太难制造了。在接下来的几个世纪里，意大利学者伽利略、德国天文学家约翰·开普勒和英国科学家艾萨克·牛顿爵士等人都投入时间来研究透镜的性能。最大的难题是如何解决在实现放大倍数时附带出现的问题，比如色散，这会在图像周围造成色彩重影，使仪器在实践中无法使用。

与此同时，在18世纪和19世纪初期，光学仪器被开发用于一种完全不同的用途：歌剧迷和戏剧爱好者用它来观看演出，这个东西很快就开始被称为“观剧镜”。起初，这些望远镜都很小且很简单，上面饰以鎏金和象牙，大概可以放大两到三倍——与其说是光学辅助设备倒不如说是一件时尚配饰。但它们也在不断地被改进，特别是在奥地利人约翰·弗里德里希·福伦达（Johann Friedrich Voigtländer）使两个筒连在一起制造出“观剧镜”之后。

这些设备很快就被改造适用于户外了：不是为了诸如观察野生动物这样的娱乐目的，而是出于更实用的目的——在战时监视敌人。在1853年到1856年克里米亚战争期间，野外望远镜（它们在那时渐渐被人熟知）被分发到英国军队。尽管差得可怜的光学效果让一名军官把它们当成“没用的玩具”一样弃之不用。

1854年，有一项突破直接促成了我们今日所使用的望远镜的出现。在这一年，意大利发明家伊纳乔·普罗（Ignatio Porro）将紧凑的棱镜系统注册为专利，这个系统使用平直的透明玻璃块，利用其高度抛光的表面来透射或者反射光线。这是一个重大的进

步，光通过仪器中“折叠起来”的路径，可以让望远镜做得比原来更短。普罗本人并没有尝试着用自己发明的仪器制作双筒望远镜，但是在五年之内有几个厂家做出了尝试——尽管那可怜的材料和劣质的做工仍然意味着还不能在野外使用。

最终，1894年恩斯特·阿贝（Ernst Abbe）——德国耶拿的一位光学设计师——与科学仪器制造商卡尔·蔡司（Carl Zeiss）通力合作，生产出了第一台真正有效的棱镜双筒望远镜：Zeiss Feldstecher（德语中对于户外望远镜的称谓）。两年后，该款望远镜在英国上市，售价昂贵，从6英镑10先令到8英镑不等（相当于今天的几百镑）。凭借着8倍放大与20毫米口径的物镜，他们制造出了一个与下个世纪很长一段时间内观鸟者们使用的望远镜极为相似的设备。

其他的制造商们，包括美国的博士伦、德国的福伦达以及英国的罗斯，都很快进入了市场。在20世纪前十年中，双筒棱镜望远镜就已经在民间和军事用途中成了标准配备——包括观鸟。

与此同时，光学辅助设备的引入使美国自然作家佛罗伦斯·梅里亚姆（Florence Merriam）在1889年出版了他最畅销的书籍《观剧镜中的鸟》。这是一本关于北美常见的70种鸟类的手册，尽管插图很少，但它可以被视为现代野外手册的前身，几乎比罗杰·托瑞·彼得森（Roger Tory Peterson）早了半个世纪。其言简意赅的风格，激励了许多美国人参与观鸟：

> 野外工作的第一定律是精确的观察，但你不仅会发现，把所见所闻落在纸上能使你更准确地进行观察，而且要识别一只鸟儿，笔记往往比你的记忆更为可靠。

光学器件的改善也使“观察记录”——由笔记所支撑的在野外观察到的罕见鸟类的记录——日益被接受，这有着不同寻常的含义，它意味着不再需要将这些稀客击落才能使鸟类学机构接受这些记录。

有两个人几乎是凭借一己之力改变了英国人对于观察记录的态度。其中之一是H.F.威瑟比，《英国鸟类》(*British Birds*)杂志的创始编辑。讽刺的是，另一位是著名的鸟蛋收集家F.C.R.茹尔丹(F.C.R.Jourdain)牧师。

哈利·福布斯·威瑟比(Harry Forbes Witherby)从小就将他的业余时间投入到对于鸟类的研究中。后来，他游历中东与非洲，在《白尼罗河猎鸟》(*Bird Hunting on the White Nile*)一书中描述了旅行见闻，此书于1902年出版。他对于鸟类的热情是一心一意的：据称，他和妻子莉莉安(Lilian)在阿尔及利亚度蜜月的时候，他曾经教授她蒙皮与制作标本的技术。

威瑟比很快就转向了不那么残忍的鸟类研究方法，他把那称之为“系统调查”——利用不断增长的业余观鸟者大军来协助解决有关鸟类的科学问题。这个革命性的方法最终导致了英国鸟类学信托基金会(British Trust for Ornithology)的成立，并且在20世纪改变了观鸟方式的发展。

这场革命的第一步是创办了一份新的月刊，由此可以把“福音”传播给更广泛的群众。《英国鸟类》创刊号于1907年6月面世。在第一页中，威瑟比就以清楚明确的言辞说出了他的宣言：

> 我们希望，在与读者诸君的合作之下，能够着手进行比迄今为止的所有尝试都更为系统的调查……通过这样的方式，就可以在同一时间于全国的不同地区针对同一个问题进行观察，

相信我们将获得极大的乐趣，并取得许多重要的科学发现。

大约在同一时间，他的朋友茹尔丹以军事操练的方式开始建立一套“田野特征”，让观察者用来测试他们的观测。这要求依据原始的田野笔记对记录进行检查，如果没有通过这种严格的检验，那么记录将不被接受。可笑的是，这种由一个在当时最臭名昭著的鸟蛋收藏家发明的新方法，却成为对抗标本收集活动最主要的武器。芭芭拉·莫恩斯和理查德·莫恩斯对这个复杂的男人给予了半褒半贬的评判：

> 茹尔丹牧师并不是一个普通的鸟蛋收集者，他有着欧洲最多也是最有科学价值的鸟蛋收藏品。经过对于更重要的古北界栖息地长达四十年的洗劫，对于这里的繁殖鸟类，已经没有人能在知识上与他匹敌。由于他在鸟蛋收集变得不合时宜的时期仍操持旧业，如果不原谅这些，他对于鸟类学的深远贡献将无法得到恰当的评价。

与此同时，普通公众像学童一般，在经历了鸟卵收集的阶段之后，继而成了观鸟者——这项活动在儿童读物中非常普及，例如《汤姆·布朗在学校的日子》(*Tom Brown's Schooldays*)。回望1950年，流行自然作家E.W.亨迪(E.W.Hendy)回忆起自己童年开始观鸟的契机：

> 在我的第一个私立学校中，我们大多都是些掏鸟窝的小孩子，因为在维多利亚时代，对于鸟的兴趣往往仅限于收集它们的卵。事实上，我拥有的第一本关于鸟的书上，就包括了关

于如何寻找巢穴，以及如何吹蛋的详细说明……保护这些战利品的有效方法是把它们用胶粘在纸板盒底部的硬纸板上，当然，大部分的蛋都破掉了。

收集也带来了额外的紧张感——被抓的危险可是非常真实的：

> 我记得在《野生鸟类保护法案》最早生效时，长辈灌输给我的那种对于警察的合理的敬畏感。但当时我们完全不知道，它只适用于鸟类，并不适用于鸟卵。我还清楚地记得，我在复活节假期回到曼迪普斯，花了很多时间在掏鸟窝上。那时如果有警察经过时，我会小心翼翼地把被刺扎伤的双手藏起来。

但就像许多年轻的收藏家一样，亨利最初的那种“盗窃癖”的冲动很快就转化为对于鸟类本身更广泛的赞赏，就这样他最终成为一名狂热的观鸟者。

现在，观鸟的人们有着各种各样的背景与社会地位。在1913年出版的《在鸟群里冒险》（*Adventures Among Birds*）中，W.H.哈德逊从社会阶层的两端刻画了两个“典型的”观鸟者，第一个是德比郡巴克斯市人：

> 迈卡·索尔特先生是镇子上的商人，他一生都在研究这个地区的鸟类。但并不通过书籍来研究，他不阅读有关鸟类的书，只是为了自己的快乐而观察它们，并以谈论它们为乐事，仅此而已。他甚至不曾做笔记，观鸟就是他的游戏——一个比高尔夫更好的户外游戏……观鸟并不会让你发誓或者说谎，不会让你从一个和蔼可亲的人堕落成令人生厌的脸孔。

当哈德逊在汉普郡搜寻波纹林莺的鸟巢时，他找到了另一个案例：

> 他是那种非常少见又奇怪的，过着双重生活的怪人。对于我们一些人来讲，他好像是个鸟类学家；对于看戏的民众来说，他是一个过气的演员，我猜那些只知道他是一个演员的人，听到后会惊讶或怀疑，在舞台之下，在鸟类栖息的地方，他是一个孤独而沉默的幽魂，在这里他可以不被戏迷们打扰而与自然融为一体。

并不是每个人都能满足于只是为了单纯的享受而去追求自己的爱好。有一些人在瞄准机会，想要以此谋生。这其中就有一个叫W.珀西瓦尔·韦斯特尔（W.Percival Westell）的雄心勃勃的年轻人。他的成果丰硕，在他人生最后的三十年间，写了50多本书。作为一个白手起家的人，韦斯特尔不得不以稿费为生："1904年我的小文库中有6种书，都是我自己写的……离开城镇，我谋得一个白天上班的商业职位，晚上还继续写作。"

他传阅最广的书是《英国鸟类的生活》（*British Bird Life*），这本书初版于1905年。在书中他提出了保护而非收集的观念：

> 那种对于鸟类肆意射击的时代很快要过去了，我们看到枪支、陷阱和弹弓被望远镜、笔记本及相机所取代。这一直是我的纲领中的一个目标，在以不流血为目的的前提下享受盯梢的喜悦，观察生命体的存在，研究它们有趣的生活和习性。

《英国鸟类的生活》的导言，是赫伯特·马克斯韦尔爵士

(Sir Herbert Maxwell) 议员撰写的。他曾经负责在国会推动通过一系列鸟类保护法案。赫伯特爵士对于韦斯特尔教育“成千上万名从小不了解乡村生活的儿童”的工作大加赞扬，并在一段回顾维多利亚时代对于自我提升痴迷成风的文字中，考察了这些知识的用处：

> 让那些在商店或者会计室、工厂或是矿山、铁路服务或者邮局工作的人们，知道知更鸟的食物是蠕虫和昆虫，而苍头燕雀则主要吃硬实种子，这样做有什么好处呢？……
>
> 我的回答是：人与其他动物的区别就在于他超群的智力。不可能每一个业务员、铁路工人或者工厂工人都是鸟类学家，但是每一个岗位上的人，如果能够了解他日常工作以外的事情，就更好了。
>
> 知识不只是力量，也是快乐。这种观察和研究自然的运作方式的兴趣爱好，点亮了许多沉闷的生活……

就在观鸟活动开始被更多读者所接受的同时，更加严肃的鸟类学研究领域也在不断发展，例如有关迁徙和环志的研究。

鸟类早在1740年就开始“被标记”了，那时约翰·伦纳德·弗里施 (Johann Leonard Frisch) 证明了，燕子并没有在水底冬眠。他的证明方法是：将彩色的线拴在鸟脚上，当鸟第二年回来时，那些线并没有褪色。1890年，诺森伯兰郡的一位私人土地所有者是第一个使用铝环的人。他将铝环套在小丘鹬的脚上，来研究它们的移动。而在1899年，丹麦的鸟类学家克里斯蒂安·莫滕森 (Christian Mortensen) 将大量的脚环套在了鸟脚上，以此来了解更多关于移动与迁徙的知识。

1909年，苏格兰的兰兹博勒·汤姆逊爵士（Sir Landsborough Thomson）和英格兰的哈利·威瑟比发起了挑战。后者的工作，最终成为英国政府的官方规划。尽管战争的来临使鸟类环志暂时停止了，但是在两次世界大战之间，这种方式再次快速增长，如今已经在英国鸟类学信托基金会的运行下发展成为全国性的规划。

在北美也是如此，就像我们知道的那样，鸟类"绑带"同样始于1909年。一开始，这只是一个临时举措，甚至有人会用带有圣经语录的标记物而非序列号来对野禽进行标记。但环志很快就变得高度组织化了：1933年，有2000个被授权的环志者做了150万只鸟的环志；而到了20世纪40年代，每年有超过500万只鸟类被环志标记，而回收记录超过了30万笔。

与此同时，对于可见的迁徙的研究也越来越热门。这个领域的第一人是德国的开拓者海因里希·盖特克（Heinrich Gätke），他在19世纪中叶，花费了很长的时间在北海的黑尔戈兰（Heligoland）岛上观察候鸟，并于1895年出版了著作《作为一个鸟类观测站的黑尔戈兰：五十年经验的成果》（*Heligoland as an Ornithological Observatory: The Result of Fifty Years Experience*）。

1905年，一个英国人接过了接力棒。威廉·伊戈尔·克拉克（William Eagle Clarke）出生于约克郡，在1888年就职于位于爱丁堡的苏格兰皇家博物馆的博物学部门。他对于在英伦三岛外围岛屿发生的不同寻常的迁徙以及罕见的迷鸟有着特殊的兴趣，并在鸟类学期刊上发表了多篇文章。但直到1905年秋天，他50多岁的时候，偶然发现了迷鸟不只限于英国，还遍布于整个欧洲的最关键的证据："为了选择1905年秋季假期的观鸟站，在查阅苏格兰地图后，我对费尔岛（Fair Isle）有利的条件印象深刻。"

费尔岛位于英国本土的北部，大约在奥克尼群岛和设得兰岛群正中间的位置。伊戈尔·克拉克发现这个岛后不到一个世纪，这里就已经记录了超过350种鸟类，比英国其他任何地方都要多。这主要是由于其特殊的地理位置：它正好处在几条主要迁徙路线的交叉点上。费尔岛还保持着英国“第一”的纪录——在1946年到1980年间，英国发现了83个新物种，而这一小块土地上的发现占了五分之一。

1905年9月，伊戈尔·克拉克终于乘坐火车和轮船，长途跋涉北行来到了费尔岛。他立刻被这里鸟类的种类与数量征服了。他后来又四次在秋天来到这里，每次逗留五个星期，1909年到1911年的三个春天，他也来了这里。经常与他同行的是诺曼·金尼尔（Norman Kinnear），以及贝德福德公爵夫人（Duchess of Bedford）——当时为数不多的女性鸟类学家之一。由于他在爱丁堡还有全职工作，伊戈尔·克拉克不能全年待在费尔岛上，因此他雇了一个叫乔治·斯托特（George Stout）的岛民作为鸟类记录员。克拉克向斯托特支付了一笔小小的赏金，让他成了史上首个职业观鸟人。斯托特证明了自己是一个不错的人选：“他勤勉卓越的工作得到了令人满意的结果。”

从1905年秋季到1912年春季，伊戈尔·克拉克和他的同伴们一共在费尔岛记录了不下207种鸟类——几乎占据了当时英国一半的记录，其中还包含一些罕见的种类，包括布氏苇莺（这是由贝德福德公爵夫人看到的，随后在1910年9月被一个“伟大的猎人”抓住了），欧歌鸫（由伊戈尔·克拉克于1911年5月在南部灯塔后面击中的），以及白头鹀（由岛民杰罗姆·威尔逊［Jerome Wilson］在1911年10月获得）。这三个都是这些东欧物种在英国的第一笔记录。

1912年伊戈尔·克拉克出版了他一生最主要的成果，两卷

本《鸟类迁徙的研究》(*Studies in Bird Migration*)，在书中他十分公允地赞许道：

> 费尔岛作为鸟类观测站的重要性已经超出了我的预期。七年的调查已经使这里成了我们的岛屿中最为有名的鸟类观测站；事实上，这里已成为英国的黑尔戈兰岛。

伊戈尔·克拉克开创性的观测已经将费尔岛实实在在地放在了鸟类地图上。这块原本默默无闻的礁石很快成了一个定期朝圣的地方。尽管仍然有很多珍稀的样本被射杀，但是人们现在来到这里通常是观赏而不是杀害它们。渐渐地，通过猎枪来收集鸟类的冲动转变为通过望远镜和笔记本来记录它们的渴望。与此同时，伊戈尔·克拉克仍然定期亲自造访费尔岛：1921年他最后一次在那里停留的时候，据说他和同伴"靠着恶劣的食物和优质的威士忌度过了两周！"

随着越来越多的人开始在野外而不是在博物馆中观察鸟类，一门新科学最初的萌动开始出现。两名业余鸟类学家艾略特·霍华德(Eliot Howard)和埃德加·钱斯(Edgar Chance)，成为动物行为学或者说是鸟类行为研究的先驱者，这两个人都不得不将他们的鸟类研究与严苛费力的商业生涯相结合。

亨利·艾略特·霍华德(1873—1940)是一个职业商人，这意味着他观鸟活动的时间被限制在春季和夏季的清晨时分。因此他将自己的研究对象选定为一组他在这个时间段当中容易观察到的鸟类——莺类。这最终造就了关于一个科的最早的专著《英国的莺——关于它们生活中的问题的研究》。这套书分为九个部分，在

朱利安·赫胥黎

1907年到1914年间出版，至今仍然是一项值得关注的成果。

埃德加·钱斯（1881—1955）也是一个将自己的业余时间投入到鸟类研究上的全职商人。他记录了杜鹃独具一格的繁殖习性。他刚刚开始自己的研究时，大家普遍认为雌杜鹃会用嘴衔着自己的蛋，然后堆积到寄主的巢里。钱斯认为这是无稽之谈，他悬赏100英镑，招人证明他的这种看法有误。结果，他留存了这笔钱，并最终证明了自己的观点，通过采用电影胶片这一新手段，他发现杜鹃是直接将自己的蛋产在其他鸟的巢里。他关于这项研究的书《杜鹃的真相》（*The Truth about the Cuckoo*）在1940年出版，一直是20世纪鸟类学的经典著作。

20世纪早期，像霍华德和钱斯这样，在官方的科学机构之外进行研究的人只是个例。直到第二次世界大战结束之后，这类关于鸟类行为的研究才获得科学应有的尊重，并且激起了成千上万的普通观鸟人的激情，希望能够对他们的观察对象有更多的了解。

就获得这种尊重来说，朱利安·赫胥黎爵士（Sir Julian Huxley）发挥了关键性的作用。赫胥黎出生于1887年，来自一个不平凡的家庭，他们家族在文学和科学上的造诣几乎旗鼓相

当。他是小说家阿道司（《美丽新世界》的作者）的哥哥，是达尔文的捍卫者、令人敬畏的维多利亚时代的科学家T.H.赫胥黎（T.H.Huxley）的孙子。

后来赫胥黎在公共生活中拥有非凡的职业生涯，其中包括作为第一任联合国教科文组织的总干事。他不仅仅是一位杰出的科学家，也是一位伟大的科普者：他在伦敦动物园设立了“宠物角”，并定期在广播节目《智囊团》（*Brains Trust*）中担任节目组成员。他还格外健谈，七十多岁时招待了1963年远征约旦的盖伊·芒特福特（Guy Mountfort）学会成员，席间所谈后来被芒特福特他们称作厕所幽默。

赫胥黎在很小的时候就开始对鸟类行为学着迷，但是他一生都在参与的对于鸟类深入细致的研究，实际上始于第一次世界大战之前。在1912年的夏天，他利用两周的假期在赫特福德郡特林附近的一个水库观察凤头䴙䴘，他把这一段经历详细记录在1914年的《英国鸟类》里：

> 如果博物学家们能够减少使用相机，而利用望远镜和笔记本，多一些耐心并且在春季抽出两周时间，那么动物学和摄影都将从中获益——我不仅成功地发现了许多关于凤头䴙䴘不为人知的事实，还度过了最为愉快的假日之一。

考虑到20世纪上半叶公众的观鸟兴趣快速增长，而1890年到1940年间，除了赫胥黎之外，几乎没有任何杰出的科学家对鸟类产生兴趣，这是极不寻常的。事实上，在20世纪上半叶，动物学唯一进行的鸟类研究，是关于鸽子和鸡的解剖——其他近九千种的鸟类都被忽视了，用T.H.赫胥黎令人难忘的话来说是“荣耀的爬行动物”。就像后来的一个鸟类学家大卫·拉克所说：“鸟类学，恰如收集蝴蝶一样，被斥为一种‘纯粹的业余爱好者’才会追求的浅薄爱好。”

然而，对于严肃的科学来说，观鸟有一项重大的贡献——吸引了众多的参与者。研究鸟类的生活，例如迁徙和分布，唯一的途径就是动员一小队的业余观察者去收集记录。就像弗兰克·查普曼在1905年观察到的那样：“再没有任何其他[科学]分支，其中的专业人士与业余爱好者相比是如此寡不敌众。”

并不是所有的观鸟活动都打着科学的旗号。这是第一次，观赏鸟儿现在可以作为一种大众参与的体育运动。1900年的圣诞节，弗兰克·查普曼组织了第一届的圣诞节鸟类统计活动(Christmas Bird Count)，在接下来的一个世纪中，一年一度的奥杜邦鸟类统计活动成为世界各地观鸟者最大的群众集会之一。

如今，统计活动涉及近2000种鸟，参与的人数超过5万人，遍及从阿拉斯加到夏威夷、从加利福尼亚到佛罗里达——以及中间的每一个州。多年以来，每一年的参与者都采取比往年更加巧妙的方法来统计鸟类，就像1980年的《奥杜邦杂志》中一篇文章所说的那样：

> 关于交通方式，他们主要靠步行，但能让你到达目的地，任何方式都是可以使用的。在往年他们曾经使用过狗拉雪橇、直升飞机、独木舟、空气船、气垫船、马匹以及高尔夫球车。1979—1980年……在北加利福尼亚，祖父山的观鸟小组乘坐滑翔翼行进了一英里半。

第一届圣诞鸟类普查活动（这是其最初的名字），是一件相对平淡的事情，只有来自25个地区的27位观鸟者参与其中，全部都是靠步行。查普曼将结果刊登在了新的奥杜邦协会杂志《鸟类传说》（*Bird-Lore*）上。

同时，这本新杂志以及圣诞数鸟活动为美国人带来了新的痴迷之事：观看和聆听鸟类。在1909年的年度统计活动中，参与的人数超过200人，一共记录了超过15万只鸟。到了1913年，在加利福尼亚的观鸟小组第一次记录到了100种鸟类。到了1939年，2000个观察者一共记录了超过200万只鸟。不过，尽管表面上看来是一个科学研究活动，但圣诞鸟类统计活动不仅仅是一个社会事件，还是定期参与者团体热切盼望的一个盛会。

圣诞鸟类统计活动鼓励制作鸟类清单，这是现代观鸟者另外一个特征性的痴迷所在。回到英国，H.G.亚历山大和他的兄弟可能是世界上第一位持有新年鸟类清单的人——始于1905年1月1日。一开始这并不是非常费资耗力的：这个15岁的男孩只是简单地统计了他从窗口看到的鸟类，然后加入了在短途散步时看到的鸊鷉和戴菊——总计达到17种！在接下来的一年里，霍勒斯和克里斯托弗一共得到了33种鸟的记录，在那时他们认为这已经相当不错了。但请记住，他们的交通工具仅限于双腿——直到1915年他们才开始骑自行车。在那时追求鸟类的疯狂程度是远远低于今天的：

尽管我们已经为了让清单变得更好而使尽全力，但是我们并没有在黎明之前去寻找猫头鹰，或者在天黑后继续远行。的确，有很多年我们出门的时候甚至连午餐三明治都没有带。在家中正常吃过早餐后，我们一般9点之后才会出发，并且会在下午1点回到家吃午饭，可能在夜幕降临之前再出去进行一次短途散步。

早年对于记录鸟类清单的痴迷后来发展成了H.G.亚历山大终身的爱好，但遗憾的是，1946年，他的手提箱在印度被盗，里面装着他珍贵的鸟类记录笔记本，他做的许多记录就此丢失。

制作鸟类清单很快流行了起来，这很可能是由于它可以替代现在不再流行的有形的标本采集。就像一份对鸟皮或鸟蛋的收藏一样，它为拥有者提供了成果坚实可靠的记录。

与此同时，人们开始通过享受观鸟来学习有关鸟的习性和行为的更多知识。这种实践造就了20世纪最伟大的鸟类学作品之一，亚瑟·C.本特（Arthur C. Bent）著名的《北美鸟类生活史》（*Life Histories of North American*）。1954年在他去世的时候，本特已经完成了二十卷，这要感谢来自一个由800多位业余爱好者组成的全国性网络的帮助，人们将自己的观察记录——从常规平凡的种类到极其罕见的种类——统统寄给本特来完成这本书。许多热心的爱好者是女性，这些女性受社会地位所限制，只能记录她们周围的花园和城镇中鸣禽的生活，而非遥远的具有异国情调的物种。本特自己也承认，他与那些遍及整个大陆的观测网络的业余观测者水平差不多："如果读者在这一页里没有找到他所知道的有关这只鸟的事情，他应该责怪自己为什么没有把这个信息发给我。"

另外一个备受中产阶级自然爱好者们欢迎的活动是喂食鸟类。据詹姆斯·费舍尔说，第一个由于利他主义的原因（不是把鸟喂肥了来吃）而喂鸟的人是16世纪的僧侣，法夫的圣塞尔夫（St Serf），他通过给一只欧亚鸲投喂食物而驯服了它。这项活动在

维多利亚时代就已经复兴，但是似乎因为它违反了“俭以防匮”的价值观，而未成为流行的消遣活动。

然后到了1890—1891年，英国陷入了一个漫长的严冬。随着寒冷空气的加强，全国的报纸开始鼓励读者在户外给鸟类留一些食物。像W.H.哈德逊描述的：“数以百计的工人们利用吃晚饭的自由时间来到桥梁和堤坝，将他们的残羹剩饭留给鸟儿。”

1910年《潘趣》(*Punch*) 杂志提到喂食鸟类已经成为“全国性的消遣”，甚至严谨的鸟类学家也参与其中。在1900年2月的英国鸟类学家俱乐部 (British Ornithologists' Club) 会议上，恩斯特·哈特尔 (Ernst Hartert) 提议种植“茂密的灌木丛，尤其是那种有荆棘和浆果的，鸟类所喜爱品种，来替代那些外国的常青树和灌木”。他还为他优秀的同事们做了一个简短的讲座，介绍了利用德国的冯·贝尔普施男爵 (von Berlepsch) 设计的新式盒状巢箱来替代原来的巢。这些巢在威斯特伐利亚的工厂制造，6便士一个 (2.5便士相当于今天的1英镑)。在他的演讲中，哈特尔也提出由于改变土地用途造成的栖息地破坏，这也许是第一次人们意识到，栖息地遭破坏是造成鸟类种群衰退的原因。

我们已经看到，铁路网络的扩展如何使人们第一次能够探索更为广阔的乡村。到了19世纪末，另一种交通工具则带来了更大的机动性，让人能够到达一些新的地方，这就是自行车。它改变了自然研究的实践，几乎为每个人提供了廉价的交通工具与方便灵活的交通手段。

相比来说，当人们试图接近野生鸟类时，自行车更为安静，也更有用。虽然自行车并不能连接所有步行能够到达的地方，但是能够覆盖更远的距离使它显得更有用。在美国，19世纪80年代

“安全自行车”的发展同样产生了革命性的后果，这使得骑行者可以到达比步行更远的范围，同时又比铁路或者骑马更为灵活。一位骑行观鸟爱好者，尼尔·F.波松（Neil F.Posson）对于能够把他最喜欢的几种消遣方式相结合极尽赞美之辞：

> 我认为人们可以采取的最健康、最有意义且令人愉悦的锻炼方式，就是漫游乡村……以追求鸟类的研究；我觉得第二健康且令人愉悦的运动就是骑自行车……而现在这两者结合到了一起，我们得到了所有的健康和愉悦。

在这段时间内，观鸟在美国迅速崛起，可能不只是技术和机动性有所改进的结果。著名的观察者、鸟类学家和野生动物保护人士罗伯特·波特·艾伦（Robert Porter Allen）认为这也是根本的价值观改变的结果：它贯穿了美国生活的各个方面，是社会对于与日俱增的城市化、工业化的强烈反响。大约在世纪交替的时候，美国人似乎已经不再将鸟类视作单纯的物体，而是开始带着与看人类自己没什么区别的感情把它们看作个体。“鸟类不仅有吸引眼球的美丽外表”。弗兰克·查普曼在1915年写道：

> 通常还是一种声音，它传达只有通过耳朵才能听到的信息，激起人们的情感……鸟类所具有的与人类相似的属性来自更深的层面，会唤起我们那些类似于款待人类同胞的情感。

这种态度变化的结果是，越来越多的美国中产阶级人士设法逃离日益繁忙的生活喧嚣。不难理解，很多人选择的做法，就是观鸟。

在新世纪的第一个十年当中，私家车在大西洋两岸也开始作为交通工具出现了——虽然只有上层阶级的人才能买得起。在不到一百年之后的现在，我们很难想象得出，早期的那些汽车旅客所感受到的自由感，以及即便是在短途旅行当中，私家车几乎令人头晕目眩的吞没景观的能力。在E.M.福斯特1910年出版的小说《霍华德庄园》中，他呈现了“这种对于汽车出行的狂热”：

开汽车，这种玛格丽特所憎恶的幸福形式，在等着她……司机没能开得像他希望的那么快，因为大北路全是复活节的车辆。不过对于可怜的玛格丽特，对于这个不那么活泼而且满脑子都是小鸡和孩子的人来说，他走得已经相当快了。

“他们都还好吧，”威尔考克斯说。“他们会学会的——就像燕子啊，电报线啊。”

“是的，可是他们刚开始学……”

“车就要停了，”他回答说。“人一定要出来走走。那儿有一座漂亮的教堂——噢，你看不清。瞧，如果这条路让你难受的话，就看看远处的风景。”

她看着那片风景。景色起伏不定，像沸腾的麦片粥。很快，景色凝固了下来，他们已经到了……

回来的旅程就更加不一般了：

几分钟内他们就停了下来，克兰打开了车门。

“怎么了？”玛格丽特问道。

“你以为呢？”亨利说。

一个小走廊就在她面前。

“我们已经到了？”

“我们到了。”

“哦，不会吧！一年前这可是好远呢。”

这样一种时间和空间的戏剧性伸缩对英国的社会产生了深远的影响，使人们开始考虑——并且确实做到了——到比原来更远的地方去旅行。对于观鸟者来说，它扩展了旅行可能所及的目的地，显著地超越了步行或者骑车能够到达的范围。但讽刺的是，在20世纪剩余的时间当中，伴随着这种新出现的自由度，对于农村的破坏也随之而来。福斯特本人对此有过暗示：后来在他的小说中被称为“伦敦的蚕食”，由于汽车数量的上升，镇子和城市会很快逐渐蔓延到乡村。

尽管汽车运输发展迅速，但英国仍然有一些乡村需要步行几个小时才能够到达，一路上还不会遇到任何现代文明的标志。

1910年6月9日的清晨，一个英国人和一个美国人乘上了从伦敦到汉普郡的小乡村伊坎阿巴斯的早班车，这个地方距吉尔伯特·怀特的塞耳彭仅仅几英里。身着标准的乡村装束：结实的鞋子和粗花呢西装，他们踏上了漫长的步行旅程，经过树林田野，越过小溪河流，穿过山谷丘陵。在这天的最后，他们一共看到或者听到了40种鸟，就像那个英国人后来所说：“大约有二十个小时，我们把整个世界忘诸脑后。”

这次出行中最令人瞩目的是，两个当事人一个是英国外交大臣爱德华·格雷（Sir Edward Grey，后来成为第一代法罗顿的格雷子爵），另一个是近期才退休的美国总统西奥多·罗斯福，外号“泰迪”。他们俩都热衷于观鸟，因此对于外交大臣来说，在

爱德华·格雷

总统访问英国期间，一个重要的项目就是安排在汉普郡的乡间出行一天。

现在回想起来，这两个人能够整整一天独自四处游荡，似乎有些非同寻常。想象一下，如果是现在，那就是肯尼斯·克拉克（他也是一个热衷于观鸟的人）带着乔治·W.布什在乡村中漫步。由此很容易看出这九十年间世界上发生了多少变化。但在那样一个纯真的年代，世界上最重要的两位政治家希望能够抛开一天的工作，这又是完全可以接受的。

格雷高度评价了他同伴的野外技能：

> 他有着我所知道的对于鸟鸣最训练有素的耳朵，所以，如果有三四只小鸟在一起鸣唱，他能够分辨出它们的声音，认出每一种鸟，并说出它们的名字……但是我觉得罗斯福上校仍然认为有一种或两种美国鸟的鸣唱比英国任何一种鸟的都动听。

罗斯福对于鸟类的热情并非偶然：年轻的时候，他曾是一个热心的收藏家，而且视力不佳反而增强了他通过鸟类鸣唱来识别鸟类的能力。他有一次苦笑着说起人们对他热爱鸟类的反应：“人们往白宫里面看，看到我盯着一棵树，他们一定觉得我疯了。”

他的热情一直延续到了退休之后：1916年，也就是与爱德华·格雷乡间散步六年后，他签署了《美加候鸟保护公约（Migratory Birds Treaty）。这是最早的鸟类保护国际条约，并且也是第一次承认候鸟并不属于任何国家，而是在它们的旅行之中穿越国界。

很多年以后，格雷写了《鸟类的魅力》（*The Charm of Birds*），这本书成为观鸟者们最爱的书籍之一。但此时，英国正处于历史上最动荡的时期，看似终将不可避免地滑入第一次世界大战的恐怖之中，作为这一特殊时期的英国外交大臣，他心中还盘桓着其他的事。

尽管——或者可能是正因如此——格雷是迄今为止任期最长的英国外交大臣，他仍然抽出时间沉浸在观看与聆听鸟类的乐趣之中。尽管有人毕生致力于公共服务，但格雷并不情愿在政治舞台上当一个表演者，这并不常见。来自自由党的首相格兰斯顿(Gladstone)评论道：“我从来不知道一个人可以如此富有公共服务的天资，又如此痛恨它。”

格雷和他的妻子多萝西在温彻斯特附近的伊坎河边修建了一座乡村小屋，这里到伦敦交通便利，可以让他们纵情观鸟。他们每个周末都来这里，对当地的鸟类进行了细致入微的观察，包括红背伯劳和黄道眉鹀这两个已经从该地区消失已久的物种。格雷把他和多萝西对于周末郊游的期待形容为“期盼心心念念的娱乐活动的那种狂喜”。

在《鸟类的魅力》一书的序言当中，格雷用不造作、口语化的风格，说明了促使他写下自己的经历的动机：

> 这本书毫无科学价值。那些研究鸟类的人不会从这里得到任何他们所不知道的事情；那些对鸟不关注的人也不会对这个话题感兴趣……我的观察只是一种消遣，为了找乐子，而不是为了知识。我们追寻鸟儿仅仅是为了假日和家庭生活的乐趣……有个人回顾了这些愉快的经历并把它们写了下来，以增加这些记录对于他个人的价值；他汇总了自己的感受和思考，从而能够更好地理解与衡量这些他已经享受过的丰盛感……因此，就算这本书对于我们来说没有什么新的东西，但也可能会有一些新鲜的说法。

1927年该书首次出版时，就立即和广大公众形成了共鸣，并迅速成了畅销书，该书的新版本在21世纪还在不断出版。然而，格雷的一生显然还是个悲剧。1906年，他的妻子多萝西从她的马车上坠落后死亡。这之后，就在他因为这本关于鸟类的著作再次获得名声之后，退化的视力和听力意味着他再也无法享受自己心爱的乡村的景象和声音。最后他于1933年9月在法罗顿去世，享年71岁。

爱德华·格雷留下的遗产是阐述了一种新的看鸟方式，这种方式到今天仍在使用。《鸟类的魅力》一书所传达的中心思想是，观看和聆听鸟类可以给令人生厌的、日复一日的烦心事带来慰藉与精神上的恢复。

这个理论在接下来的四年里将被测试，还差点被打破了。

第8章　战争：第一次世界大战，1914—1918

听，安静是飞驰的炮弹的尖叫声，

在深蓝色天空中的某处——

在他的孤独，他的狂喜，

在他狂野与自由的抒情诗中——

盛大地歌颂一只云雀

我在战壕之内，他消失于天堂之远，

我梦想着爱情，他歌唱着云雀的狂喜……

——《战壕上的云雀》，约翰·威廉·斯特里特（1916）

第一次世界大战前夕的某个黄昏，爱德华·格雷站在外交部的窗前，说出了关于这场可怕战争的最令人难忘的评论："灯光正在整个欧洲熄灭；我们有生之年将不会看到它重新点燃。"

对于格雷来说，战争的爆发令他极度痛苦。多年来，他一直奉行着"友好协议"政策，但那些为了巴尔干地区的领土和政权争吵的国家已经把整个欧洲拖入了武装战斗；并且，在宣战前最后的那些日子中，他为了维护和平做出了最大的努力。

为了缓和他的痛苦，他一直在对鸟类爱好以及由此而延伸出来的更广泛的事物当中，寻求着舒适与慰藉。"在那些黑暗的日子中"，他在1928年，也就是战争结束十年之后写道：

> ……我在从未改变的季节之美的稳定进程中得到了些许支持。每一年，随着经久不衰的春去春来，叶子一如既往地吐露温柔的绿色，鸟儿歌唱，花开花落，我感受到自然的伟大力量，它的美丽并没有受到战争的影响。自然就像一个巨大的庇护所，即使世界陷入最大的困境，我们也可以在其中寻求庇护，在这里人们不再感到虚弱，而是感到乐观、自信与安全。毫无约束的季节轮转以及对于自然之美的延续，是非常伟大而绚烂的事情，它们不会因为人类的罪行、愚蠢和不幸而消逝。

这段话暗示了每一个卷入世界大战的人深刻体会到的错位感。因为这不只是一场前所未有的战争，也标志着英国统治陆地和海洋时代的结束。而着世上的一切都还安然。仿佛唯一不变的就是季节与季节间的持续更替，以及伴随季节更替不断复兴的自然过程。

作家吉卜林有力地唤起了这种迷失的意识，他在今天就是英国统治与帝国主义的代名词。值得注意的是，他用自然世界而非人间事务的说法，来隐喻秋天衰败的来临和希望的终结：

> 从田野中传来耳语，大地岁月轮转
> 草堆在阳光下变成灰色，
> 歌唱吧——“就在此时，突然间，蜜蜂已经离开了三叶草，
> 你们英国的夏天也完结了。”

打个比方，对于每一个人来说都是，夏天结束了。

回首近一个世纪之前，我们很难想象那些参与第一次世界大战的军人实际的日常生活。我们所知的是，这是有史以来第一次，整个英国的男性群体，从田野中的劳动者到豪宅的主人，都背井离乡，被甩到了异国他乡的土地之上，为了国王与国家而战斗。

对于这些年轻人来说，他们绝大多数都是第一次离开家乡，更不用说出国了。一开始，他们中有很多人一定因为发现弗兰德斯的田野和树篱与他们所熟悉的乡村并没有什么大的区别而感到安慰。但随着战争开始造成伤亡，田园风光变成了中世纪所描绘的地狱景象，也就难怪这些人会紧紧抓住任何能让他们想起家之舒适的事物。

因此，就像爱德华·格雷在季节更替中找到了庇护，战斗在西线战场的普通人则从观察当地的鸟类而获得了愉悦：在这些鸟中，有一些他们非常熟悉，有一些则不太熟悉。后来成为杰出

金黄鹂

的剑桥大学教授并在鸟类学史方面有几部著作的查尔斯·雷文（Charles Raven）回忆起这样一件事：

> 有件小事让我对鸟类的喜爱达到了峰值。1917年4月，我们在维米岭战斗，并在奥皮伍德前被击溃。800人中只有150人得以生还。我们从洛克兰库尔编队返回拉孔泰，扎下营来。我喜悦地发现在森林的边缘，有金黄鹂在筑巢。当上校宣布我们必须马上返回前线时，我刚刚度过了观察到那只美丽动人的雄鸟的第一个清晨。

可以想象，雷文和他的战友们对这样的进展并不满意，事实上他把自己的心情描述为“充满仇恨……痛得都不想抱怨”。但正如他说的，随后“奇迹发生了”——这些人发现了一对燕子在他们临时指挥部的入口、一个老旧的信号站那里筑巢：

> 这些鸟是天使的化身。这似乎是一种老生常谈：自然轻轻一触，整个世界都亲近了起来。这对被祝福的鸟对于大伙儿混乱的神经和糟糕的脾气起到了立竿见影的效果……我们都挚爱着这对鸟儿。

在这之后，整个兵营都对这对燕子的命运着了迷。他们下注打赌燕子何时产下第一个蛋，使用一个精心制作的战壕潜望镜组织起日常检查。当这支部队换防时，他们给新来的士兵下了严格的指令，要守卫这个鸟巢不受伤害。而在德军一次特别猛烈的轰炸中，“我们主要担忧的是流弹会不会对燕子造成‘意外伤害’”。

对于雷文自己来说，这一对筑巢的燕子似乎给了他新的目标，让他能够更好地承受战争中的艰难困苦。他甚至梦到了这些鸟儿：

> 在战争最激烈的那年，我的鸟类伙伴也深受其害，睡眠对于我来说意味着可以访问一个满是小鸟的岛屿，那是在我幼儿园的时候母亲曾对我描绘过的景致。这让身处恐惧不安的战区中的我可以在头脑中开个小差，去想象海浪拍击的岩石以及海鸟的喧嚣……在那些日子里我对它们的了解就像对于自己家的了解一样，尽管直到停战的一年之后，我从未再见到它们。

尽管没有这么抒情，但也有其他类似经历的报道。一位父亲写信给《英国鸟类》，传递了一条来自前线的消息：

> 我的孩子，埃利奥特·沃利斯少尉写信告诉我说，在法国东北部一个废弃的德军地下掩体看到有燕子飞出来，他观察了一下，看到一个有着“四个带斑点的蛋”的鸟巢。由于每一个烟囱、房子与棚屋都已经被撤退的敌人夷为平地，这些鸟显然也已经恢复了更古老的习惯，因为我们很少有人看到过洞穴中的燕子窝。

这些行为虽然并不常见，但绝不是个例。尽管前线冲突造成了巨大的破坏，但鸟类似乎也适应得很快。《英国鸟类》的另一个通讯员帕特里克·查布（Patrick Chubb）在“关于法国部分饱受战争之苦地区的鸟类的各类报纸文章”中加上了自己的观察：

> 这些鸟包括家麻雀、燕子、毛脚燕、燕雀、黄鹀、云雀、欧柳莺、喜鹊、隼以及林鸽。我看到它们在我们和法军的炮火间飞翔。尽管炮弹不断把在房顶炸出巨大的孔洞，家麻雀仍旧坐在（我叫不出名字的）村庄的房顶上，这里距法军的战壕只有四分之三英里。迄今为止，我总共只见到一只鸟被杀害了。
>
> 在两座小屋的屋檐之下，三对毛脚燕已经搭好了自己的鸟巢。（我应该补充一下，最后的两天里，这个村庄每天大概会遭到20枚炮弹的攻击。事实上，这是唯一仅存的房子，因为里面有许多谍报人员。我们抓到了他们中的三个人。）

对于本地鸟类的亲近之情不仅存在于英军之中，查布讲述了一件事：他们如何发现一个德国人在村庄的阁楼里把六只林鸽当

毛脚燕

作宠物。当被发现的时候，他竟然发誓说自己是个英国人！

出于对这条记载以及报纸上表明战争对于鸟类的生活造成了严重干扰的文章的回应，《英国鸟类》从服役的士兵那里收到了很多封信。这些信描述了在炮战中歌唱的欧柳莺与稻田苇莺，在战壕边出现的翠鸟，也说明了鸟类对于战争适应得有多好。这其中最离奇的也许应该是在一座大型火炮旁边的树上筑巢的一对歌鸫——尽管这对鸟最终还是走了，“搬到了一个可能更安静的地区”。

鸟的出现触动了一些军人的哲理性的思绪，就像在保罗·福塞尔（Paul Fussell）的《第一次世界大战与现代记忆》（*The Great War and Modern Memory*）一书中，引用了军人作家亚历山大·吉莱斯皮（Alexander Gillespie）在1915年5月的家书中所写的：

> 朦胧的月亮正在天上，夜莺开始了歌唱……站在这里听有些奇怪的感觉，因为这歌声在阵阵炮火间隔的宁静中显得更加甜美清晰了。歌声里有着无限的甜蜜与忧伤，仿佛乡村正在这噪音与泥泞、混乱之中，为自己轻声歌唱。

吉莱斯皮本人并不是一个观鸟者，但是他在听到夜莺的歌声时，立即在其中感到了安慰与深深的懊悔。他是在遵循以诗人济慈为代表的悠久的浪漫主义传统。就像一个世纪之前的济慈那样，这是被鸟的歌声所唤起的情绪，而不是由鸟类本身，这让他产生了更加忧郁的沉思：

> 所以我站在这里，想着所有听到这歌声的男人和女人，就像在汤姆被杀害后最初的几个星期里，我发现自己永远都在

想着那些在战争中丧命的人……夜渐渐地深了，直到天开始破晓，我可以清楚地在脚边的长草中看到雏菊和毛茛。我集合了全排士兵，列队经过寂静的农场前往我们的临时兵舍。

在一封1917年7月给《泰晤士报》的信中，可以看到另一位前线的战士J.C.法拉第在夜莺的歌声中得到了更大的安慰：

在夜深人静之际，你会听到枪炮所发出的巨响。随后战斗暂时中止了，在这非凡的寂静中，你看啊！你听啊！倾听他的歌声！夜莺的歌声，来自与枪声正相反的方向……而另一种爱的音乐被引入我们的耳朵与灵魂中，让我们受益。思考？它发人思考——这美丽的思绪还让人从战争的残酷与造成这种残酷的人那里解脱出来。

诗人兼作家西格夫里·萨松（Siegfried Sassoon）的自传《步兵指挥官回忆录》（*Memoirs of an Infantry Officer*），在战争结束将近20年后，于1937年出版。在书中他写到了另一次与夜莺的相遇。那时（1916年的春天），他在法国的一所陆军学校服役，那里距战争前线有30英里：

腾出了早餐后的半个小时，我漫步上山，在一片树篱下面抽烟斗。我松开皮带，看着长满叶子的栗子树，倾听夜莺完美的演唱。战壕破坏了这里之后，这样的事情就像是奇迹一般。在天气晴朗的夏日户外，我从来没有如此强烈地意识到，年轻与健康所代表的意味。夜莺无忧无虑的旋律让陆军学校看起来像一个幸运的殖民地，表面上假装从远处协助战争。

作为一个忠实的观鸟者，萨松后来回到了战壕。他最大的遗憾就是与那个同样热衷于鸟类的战友分别了：

> 奥尔古德很安静、体贴，还喜爱观鸟……奥尔古德从不抱怨战争，因为他有一个温柔的灵魂，也愿意在战争中尽自己的一份责任，不过显然他对杀人并不适应。但是他的脸上显出隐隐的忧郁，好像他已暗自觉察到再也看不到在维尔特郡的家了。几个月之后，我在一长串阵亡者的名单当中看到了他的名字，于我而言，这就像是预料之中的事。

另一种出现在战壕生活回忆中的鸟儿是云雀。部分是因为对于在英国乡下长大的士兵来说，云雀是最熟悉不过的了；另一个原因是，就像夜莺一样，云雀长期以来也一直是英国浪漫主义诗歌经典的一部分。战士诗人约翰·威廉·斯特里特也沿袭了着这一文学传统：

> 听，安静是飞驰的炮弹的尖叫声，
> 在那深蓝色天空中的某处——
> 在他的孤独，他的狂喜，
> 在他狂野又自由的抒情诗中——
> 盛大地歌颂一只云雀。
> 我在战壕之内，他消失于天堂之远，
> 我梦想着爱情，他歌唱着云雀的狂喜……

在一天清晨，云雀的歌声唤起了另一位服役士兵的乡愁，心中涌起深深的忧伤，军士长F.H.基林（F.H.Keeling）写道：

云雀

> 在前线战壕里的每个清晨，我常常听到云雀紧随着我们进入黎明战备状态的时候歌唱。但在这里没有什么能比那些可怜的云雀更令我伤悲了……在我脑海中，它们的歌声与花园中宁静的夏天或者英国怡人的风景紧密相连。

对于前线的另一些人来说，云雀可能造成不必要的混乱与恐慌，就像帕特里克·查布所写的："云雀不断地飞上天空，总在一开始被误认为是飞机。"

云雀与战壕里的种种恐惧之间的关联是经久不衰的意象：在2004年，伦敦西区出品的R.C.谢里夫（R.C.Sherriff）的话剧《旅程的终点》（*Journey's End*），就是以用军号吹奏的尖利而凄凉的《安息号》伴随着一只云雀的歌声而结束的。

其他的观察者——尤其是那些在战争开始之前就一直热衷于观鸟的——则尝试着对他们进驻的那些区域中的鸟类，进行一种更有条理的调查。这其中包括在战争的最后一年被派遣到敦刻尔克附近的哈利·威瑟比，对他来说，那里是"一个对于鸟类没有吸引力的国家"；也包括通过乘坐指挥车来进行其大多数观察的阿瑟·索尔比上尉（Arthur Sowerby），他在《英国鸟类》中记录了战争附带着产生了对于鸟类意想不到的有益影响：

> 随着时间的推移，大自然将战场上那撕裂而裸露的大地覆盖起来，这些地方，很长时间里不大可能再为人类居住，肯定会成为出色的鸟类庇护所……

战争期间的观鸟并不只限于欧洲大陆。皇家海军的临时外科医生J.M.哈里森（J.M.Harrison）被派驻希腊的马其顿省，"一个名副其实的鸟类学家的天堂"。他也在《英国鸟类》上介绍了自己的经历，在一段就当时的情形而言显得非常克制的文字中，他说：

> 上述的简要叙述，来自对我的鸟类日记的尽可能的回忆——在1月20日的那次行动中，我的日记和其他财物以及一些有趣的标本已经连同我的船M28一起丢失了。这些叙述将会给马其顿的田野博物学家提供一些有吸引力的建议，可能也会引

起愿意在这个方面为英王服务的人的兴趣，帮助他们更愉快地踏上这条路，还可为战争时期的驻外事务处提供一些安慰。

人肯定是需要安慰的。战争能快速结束的希望——“这将在圣诞节前结束”——迅速变得很渺茫，到了1915年，军队的人数已经从和平时期的40万人增长到了超过250万人。一年之后，随着积极的征兵政策，这个数字增长到了350万，并在战争结束时达到峰值400多万人——这相当于全体男性劳动力的三分之一。就像彼得·克拉克（Peter Clarke）记载的：“无论从哪种方式来考虑，对于相当多在19世纪最后十年中出生的男性来说，西线战场是他们终生难忘的经历，对于有些人甚至是最后的经历。”

伤亡人数几乎没办法精确统计。单单在1916年7月1日，也就是臭名昭著的索姆河战役的第一天，英军遭受了6万人的伤亡，其中超过2.1万人几乎就是在战斗开始的第一个小时之内战死的。这只是很多同样糟糕的日子之一，最终，75万英国人失去了他们的生命。

自1915年初，《英国鸟类》就开始定期报道这些再也无法归来的观鸟者与鸟类学家。第一次报道献给了弗朗西斯·蒙克顿（Francis Monckton）上尉，他在1914年11月8日的一次行动当中丧生，时年24岁。编辑哈利·威瑟比加了一个简短的附言，提示大家注意蒙克顿对于秋季迁徙的观察，而这是蒙克顿在去世前几个星期刚刚所做的观察。

在接下来的四年当中，至少刊登了十多篇讣告。涵盖的范围很广，既有像奥斯汀·利（Austin Leigh）这样刚刚开始鸟类学家生涯的年轻人，又有像校官H.H.哈林顿（H.H.Harington）那样经验丰富的军官。哈林顿快50岁时，在1916年3月于美索不达米亚战场上丧生。他是一个典型的大英帝国军人。实际上，他是在19世纪90年代初被派遣到缅甸时，才开始对鸟类产生兴趣，在缅甸服役期间他还发现了几个科学上的新物种。直到今日，这几个物种的科学命名仍然是在纪念他的名字，包括一种灰林鹏。

在战争的真相广为人知之前，这些文章都以当时盛行的那种热情澎湃的风格写成。典型的是杰拉尔德·莱格阁下，达特茅斯伯爵的第二个儿子，他的讣告的最后一行是这样写的："人们最后一次看到他时，他身受重伤躺在地上，并给他引以为傲的那些男人加油打气。这就是杰拉尔德·莱格。"

1918年11月11日上午11点，随着停战协定的宣布，第一次世界大战终于结束了。当天晚些时候，首相戴维·劳合·乔治（David Lloyd George）在下议院发表了演讲，试图把这场四年的战争放到更广阔的历史背景当中："就在今天上午11点，这场最残酷、最可怕的，曾经鞭笞着人类的战争终于结束了。我希望我们可以这样说：在这个决定命运的早上，一切战争都结束了。"

英国已经永远地被改变了。英国的一代观鸟人在有机会为鸟类学研究这一新兴科学做出重大贡献之前，在自己还年富力强的时候就被战争夺去了生命。这种潜力未能发挥出来的故事在整个"失去的一代"中不断重复，这些鸟类学家的缺席将在未来几十年对英国社会产生深远的影响。这种惨剧的规模可以由兰兹博勒·汤姆逊的经历来说明，他是鸟类环志的先驱，后来成了20世纪著名的鸟类学家之一。他在阿盖尔与萨瑟兰高地服役，并成功地在战争中幸免于难。但是从1977年《英国鸟类》刊登的他的讣告可以看到，同时代一起在阿伯丁大学学习动物学的九个人中，他是唯一的幸存者。

1974年，在战争过去半个多世纪之后，H.G.亚历山大写下了他对于鸟类研究这一严谨的学科丧失热情的故事：“在弗兰德斯对于无辜者的屠杀把我榨干了，我承受不了这样的事情。外出几个小时，像别人那样观鸟，是非常舒适的；然而严谨的鸟类学工作，不管是在野外还是在书房中，那都太困难了。”

在有着云雀和夜莺歌唱的弗兰德斯战场上毫无意义地战死的那些年轻人当中，就有霍勒斯的哥哥克里斯托弗。在写给《英国鸟类》的讣告当中，霍勒斯回忆了在战前，兄弟两人相互分享对于鸟类之热爱的那些快乐日子。他指出，克里斯托弗宁可去做一个二等兵：“他大部分的训练都在多弗，那是20年前他18岁时，在小学低年级时代追逐银斑豹蛱蝶与观察伯劳鸟的地方。”

与早期对于神勇表现夸夸其谈的讣告十分不同，这是对一个“致力于研究自然”的生命，对一个再也不能与之交谈、分享笑话或者一起观鸟的兄弟的内敛而凄美的致敬。

第9章 计算：在两次战争中间，1918—1939

对于那些实践观鸟的人来说，观鸟不仅是一项运动或者是一门科学，它还带有一些宗教的意味，毕竟观鸟的外在形式被总结为这种保持不可言传的本质。

——《观鸟的艺术》，马克斯·尼克尔森（1931）

"结束所有战争的那场战争"终于走到了尽头，全世界都在计算战争的代价。用数字来说的话：英国牺牲了 75 万人——大约是年轻一代人口的六分之一。还有超过几百万的人受到了永久的伤害或者成为残疾，或者被"炮弹休克症"所折磨。西格夫里·萨松认为，另外一种普遍的感情就是解脱：

> 大家突然迸发出了歌声，
> 我也充满了这样的喜悦，
> 就像被囚禁的鸟儿必须得到自由……

但他的作家同伴罗伯特·格雷夫斯（Robert Graves）在1929年的回忆录《向一切告别》（*Goodbye to All That*）中尖锐地指出："这里的'大家'并不包括我。"

对于在世纪之交刚刚出生的这一代来说，他们还太年轻了，没有参与这场战争。这使得他们觉得自己因为"错过了"履行参与战争的责任而产生了普遍的愧疚感。1903年出生的乔治·奥威尔在1940年总结了他同龄人的感受：

> 随着战争成为历史，我们这特殊的一代人，这个被称为"太年轻了"的一代，开始发现他们自己已经错过了太多的经历……那些比我稍年长一些、经历过战争的男人们，则带着惊恐的情绪，当然也有不断增长的怀念，不停地谈论着战争。

在奥威尔出生之后一年，1904年马克斯·尼克尔森（Max Nicholson）出生，战争发生的时候他只有10岁，也深深地被战争的回忆所影响：

> 我看到这些年轻人，列队穿过朴茨茅斯的街头，走向死亡，他们并没有比我年长几岁，却很少有人能活着回来。我当时深切地觉得我不得不接替他们——这就是我的使命，我必须弥补损失，做他们未能做到的事情。这是强加于我的任务，而不是我能够做出的选择。

尼克尔森完成了他的使命：他于2003年去世，享年99岁，他被誉为20世纪最重要的环境保护主义者、自然资源保护主义者和鸟类学家。

尼克尔森精力充沛、口才出众，无法容忍那些不同意他救世主式观点的人。他又是那类罕见地拥有实际远见的人。在长期忙碌的生活状态下，他的成就清单几乎令人难以置信。他经营过（很多时候是创建了）几乎现在所有关键的鸟类组织，包括英国鸟类学信托基金会（BTO）、牛津的爱德华·格雷研究所（Edward Grey Institute）、大自然保护协会（Nature Conservancy Council，后来分裂成了多个机构，包括“英国自然委员会”），以及《英国鸟类》杂志。在战争期间，作为一名高级政府官员，他组织了北大西洋航运船队，从而保证了美国和英国之间供给线的畅通。后来，他参加了雅尔塔和波茨坦的战后会议，在那里丘吉尔非常沮丧地旁观，而罗斯福和斯大林则在瓜分夹在东西方两个超级大国之间的欧洲。

尽管生活十分忙碌，尼克尔森仍然会挤出时间去看鸟。他的众多成就中至少包括帮助改变了观鸟活动的性质，把观鸟从一种本质上是休闲、业余消遣的活动，变成了一种更有条理、更结构化的活动，最重要的是，使其变得更加严谨。

正是在两次世界大战之间这个短暂的时期，观鸟终于摆脱了维多利亚时代痴迷于收集的阴影，成为英国社会中一种明确的"亚文化"。尽管参与的人数相对来说仍然不多，但是它逐渐开始映射到社会的各个阶层，并且得到公众更加广泛的关注。

就像许多生活受观鸟热情所影响的人一样，马克斯·尼克尔森与野生鸟类的第一次邂逅纯属偶然。20世纪最初十年生活于爱尔兰期间，他的父母养了些鸡，其中有一只他特别喜欢的小黄鸡。

有一天，他正坐在门外，突然一只松雀鹰横空出现，抓起小鸡飞走了。年轻的马克斯被吸引住了，他忘却了对于小鸡的热爱。不久，参观过伦敦自然历史博物馆的鸟类画廊之后，父母给他买了一本怀特的《塞耳彭博物志》和一个笔记本。1911年在7岁时他养成了记下观鸟笔记的习惯，并将这个习惯保持终生。九十二年之后，当他去世的时候，可以理所当然地说，他比有史以来任何一个人观鸟的时间都要长。

尽管马克斯加入了后来又管理着他在约克郡西区（如今的坎布里亚郡）赛伯德的学校的博物学协会，但在17岁之前，他几乎没有遇到过其他观鸟者。直到1926年来到牛津，他才开始了真正对于鸟类的研究。

20世纪20年代，牛津大学是一个不太可能发生鸟类学革命的地方。当时的主流倾向是一种自利的享乐主义，它的特点是对任何看起来"有意义"或者"值得"的事情冷嘲热讽。在1945年的小说《旧地重游》（*Brideshead Revisited*）中，伊夫林·沃（Evelyn

Waugh) 对于这些"年轻有为的"大学生的生活做了生动的描绘：

> 聚会的客人来齐了。其中有三位伊顿公学的新生，他们是温和、高雅、独立的年轻人，昨天晚上他们在伦敦参加了一个舞会……每个人一进来就奔向鸻蛋，然后看看塞巴斯蒂安，又看看我……
>
> "今年头一次吃鸻蛋，"他们说。"你从哪里弄来的？"
>
> "妈妈从布赖兹赫德庄园送来给我的。鸟儿总是早早地给她下蛋。"

至少在特权阶级的生活中，有着无休止的派对与社交活动、早餐香槟以及对于鸻蛋的消费（尽管事实上这些蛋也许是红嘴鸥的）。但与此同时，另一群牛津的大学生从事着更为健康且具有生产性的活动。对于这些年轻人来说，每天早晨不会因为宿醉而睡过去，或者是懒洋洋地在查韦尔河上撑船度过。他们在黎明时分就启程去寻找鸟类了。

这是些肩负使命的人。他们认为，观鸟应该不止于简单的享受，而应该有一个明确的目的；并且，通过采用更为严肃的方式展开观鸟活动，他们可以为建设一个更美好的新世界做出贡献。其结果就是，1921年牛津鸟类学会（Oxford Ornithological Society, OOS）成立了。这个协会对于未来的观鸟活动有着非凡的影响——其影响一直持续到了今日。

协会的首批成员之一是年轻的大学教师伯纳德·塔克（Bernard Tucker），后来他成了《英国鸟类》的编辑，在因癌症于1950年早逝之前，他还是超具影响力的《英国鸟类手册》的编辑之一。塔克和尼克尔森一样，都有着非凡的开拓性和执行力，同时又在为什么做这些事上保持着开阔的视野。由于两个人的共同努力，鸟类学的科学研究与大众的观鸟活动被联系了起来，于是这两个领域非但没有进一步疏远，反而是走到了一起，彼此都从对方那里获得了力量。

尼克尔森到达牛津后不久便受聘于塔克。对于对鸟类感兴趣的人来说，这是一个有利的时机：

> 这是我生命中偶遇的众多幸事之一，就在我刚刚到牛津的时候，他们刚好需要一个新的名誉校长。他们任命了法罗顿的格雷勋爵。牛津大学又选中了我，还说我们应该做一些事让名誉校长高兴，于是就有了这样的说法：任何关于鸟类的事情都将得到鼓励。这是鸟类学第一次成为得到承认的学术活动——在此之前他们根本不关心这个。

带着特有的热情，尼克尔森直奔牛津鸟类普查（Oxford Bird Census）的组织工作。他也开始了多产的作家生涯。在1926年他出版了第一本书，那时他只有22岁。《英格兰的鸟》（*Birds in England*）用一个年轻人的自信语调，为英国的鸟类学和观鸟的未来发展奠定了基本规则。他对他的前辈没有保留丝毫敬意——称他们为“一群年迈消极的业余人士”。

尼克尔森下定决心要带领鸟类学离开那种被他称为“维多利亚时代麻风病似的收集行为”。他的目的是降低英国鸟类学家联合会（BOU）的主导地位，改变他们对于鸟类的分类和分布过分关注的倾向，或者是被称为“博物馆鸟类学”的那种鸟类学。在这种情况下，他呼吁建立一种新的革命性的方法：这种方法最终发展成为生态学和动物行为学的科学。

家麻雀

1925年，他在靠近伦敦的家附近的肯辛顿公园完成了第一次鸟类调查。在最终统计到的5000只鸟中，有2600只家麻雀——超过了公园鸟类总只数的一半。2000年11月，距离第一次鸟类调查七十五年之后，尼克尔森和他的同事们又回到了肯辛顿公园。这次他们只看到8只家麻雀：数量下降了99.7%。

回到1925年，即使是最常见的鸟也有很多习性有待发现。为了搞明白伦敦市中心那些公园里喂养的海鸥在哪里过夜，尼克尔森选择了一班可靠的巴士线路：

> 在海鸥的第一个小队飞过来时我就离开了肯辛顿，上了第一班去往巴恩斯的巴士，海鸥明显是往那边飞的……我在卡斯泰尔诺下车，沿着泰晤士河朝着巴恩埃尔姆斯水库群走去，我花了几分钟到了一处较低的水库，那里满是海鸥，它们制造出了难以形容的喧嚣嘈杂声……我看到海鸥们从伦敦那边不断跨河而来……有的时候一下子就一两百只……我看到的海鸥总数肯定有上千只。

顺带一提，这本描述了上面这个选段的书背后的故事，几乎和里面发现的记录一样精彩。尼克尔森在20世纪20年代中期写过一部关于伦敦鸟类的书稿，把它分发给了自己周围的几个书商和出版商。不幸的是，时逢经济衰退与内乱，他们判定这样的图书没有市场。大失所望的尼克尔森将手稿扔在位于切尔西的房子的底层抽屉中，并很快忘却了此事。六十多年之后，他的妻子托妮发现了这份手稿，现在这本书改名为《在伦敦观鸟：历史的回顾》（*Birdwatching in London: A Historical Perspective*），最终于1995年出版。

到了1927年，他的第二本书《鸟儿如何生活》（*How Birds Live*）出版时，牛津鸟类学会（OOS）开始了牛津鸟类普查。次年，尼克尔森启动了有史以来第一次对于单一物种的全国性调查：对于苍鹭巢的普查，这种调查在世界上任何一个地方都可以开展。他通过一个充满灵感的举措：在包括《每日邮报》这样的地方性报纸和全国性报纸上均发布呼吁消息，号召公众协助调查，结果大幅增加了调查覆盖的范围。差不多有400人正式参加了这次普查（还有至少400人非正式地参与其中），很多田野调查之所以可能，是由于此次活动中大量使用了私家车这种新生事物。这是一次巨大的成功，为后来的调查设定了标准。

六十多年之后，在20世纪90年代初，马克斯·尼克尔森参与了《繁殖鸟类新图集》（*New Atlas of Breeding Birds*）的新闻发布，这是对英国鸟类的权威统计调查。他一定会对这个事实感到惊讶，又会非常自豪：如今英国的鸟类与世界上其他类似的动物相比，得到了更加仔细的调查与研究。

尼克尔森持续不断为他的新方法做宣传，出版了《鸟类研究》（*The Study of Birds, 1929*）和《观鸟的艺术》（*The Art of Bird Watching, 1931*）两书。这两本书都很注重实用性，但写作风格又兼具冷幽默、法庭取证般的精确性与非凡的远见卓识。在《鸟类研究》中，他阐述了自己的核心理念：

> 人不能只观察而没有任何理论，看起来最简单的鸟类学任务：走出门去寻找一些值得记录的东西，实际上是最难的课题之一……先入为主地认为，完全的公正和自由是对一个完美观察者的判定标准，这是一种错误的臆想……牛就有一个非常开放的态度，但是我们从没有发现牛达到了一种文明的高度。

苍鹭

尽管标题是《观鸟的艺术》，但这本书关注的几乎都是观鸟活动的科学性，用若干章节介绍了相关设备、普查工作以及生态学。他还总结了近来观鸟活动的变化：

> 老的观鸟者基本上都是这样的个体，恨不得把所有需要掌握的知识都拢在自己的手边。新的观鸟者更多的是组织中的一员……他们专注于一些特殊的问题，而放弃了获取全方位的知识的企图。老的观鸟者……会设法从每一个观察之中不仅仅得出关于鸟类的普遍推论，而且还力图得出有关人与自然，人与上帝的造物之间最全面的推论。新的观鸟者采用了更加谨慎和谦虚的态度，同时也站在了更加科学的立场上：他看到越多的野生鸟类，就会觉得自己的知识越少。这是绝大多数文明活动的特点，从业余和混乱向专业的、有组织的方向发展。

尽管如此，他还是带着典型的言不由衷的反讽口吻，设法为更加灵性的观鸟方式找到了一点用武之地："对于那些实践观鸟的人来说，观鸟不仅是一项运动或者是一门科学，它还带有一些宗教的意味，毕竟观鸟的外在形式被总结为这种保持不可言传的本质。"

从20世纪30年代早期开始，开创性的牛津研究小组发现，日益增加的工作量对业余的组织者和有限的资源提出了严苛的要求。事情在1931年到了紧要关头，当时汤姆·哈里森（Tom Harrisson）和P.A.D.霍洛姆（P.A.D.Hollom，后来成为《英国与欧洲鸟类野外指南》[*A Field Guide to the Birds of Britain and Europe*] 的合著者）组织了凤头鸊鷉的调查。这一次进行了声势浩大的新闻宣传活动，包括在英国广播公司家庭服务台上发表呼吁，招募了1300名志愿者，需要进行海量的组织工作。这场调查

凤头䴙䴘

的报告发表在《英国鸟类》杂志上，《泰晤士报》将它称为："对于迄今为止任何国家的任何鸟类来说，这都是最最全面的生活史报告之一。"调查报告特别指出了一个重要的事实：正是对于凤头䴙䴘的猎杀才最终导致了鸟类保护运动在英国的兴起。

尼克尔森意识到，如果要完成1907年威瑟比的设想，对全国所有的鸟类数量进行普查，就必须有新的组织。按照他自己在《观鸟的艺术》一书中提出的建议："一个全国范围内的观鸟协会……人们纯粹受兴趣的鼓舞而联系在一起，观鸟无疑会进入一个创造力强烈迸发的时代。"

然而那时的经济环境实在是太恶劣了，花费资金设立这样的机构简直是不可能的。幸运的是，尼克尔森还有另一个好主意。如果能让政府相信，鸟类可以帮他们对付害虫，那么他们也许会愿意资助这样的组织。他及时组织了关于秃鼻乌鸦的调查，令农业部相信乌鸦的用处，还任命了一位专职研究的生物学家，W.B.亚历山大（H.G.的兄弟）。

这个幼嫩的组织挣扎着存在了一年或两年。随后，在1932年，尼克尔森提出打造一个"英国鸟类学信托基金会"，但是由于大萧条的缘故，无法从牛津大学获得资金支持。威瑟比提供了支援，他将自己收集的大量鸟皮卖给了大英博物馆，捐了1400英镑的收益（在今日，大概相当于5万英镑）给英国鸟类学信托基金会（BTO）。马克斯·尼尔克森成为其第一任秘书长，基金会正式开始运行。基金会的目标可以用《观鸟的艺术》中的一句话来概括："结束观鸟人过去所推崇的遗世独立的状态。"

与此同时还创立了另一个组织。格雷勋爵1933年9月于法罗顿去世，有人建议把他的名字用于牛津大学的另一个新组织：爱德华·格雷野禽研究所。在今天，爱德华·格雷野禽研究所已经成长为英国鸟类学科学家的大本营。

对于“有组织的观鸟”运动并非没有批评之声。皇家鸟类保护学会整个20世纪30年代都在反对休闲消遣的“科学化”，批评对迁徙的研究是“不受欢迎的”，并且不断推动自己关于鸟类保护的议程。但潮流无情地转向了赞成新的方法，尽管一流的鸟类学家朱利安·赫胥黎斥责观鸟组织“盲从于理性，与鸟类爱好者活动感性的那面正好相反”。最终，1936年，新科学的力量终于战胜了旧的情感主义，这被描述为对皇家鸟类保护协会的“恶意接管”。

在这场革命中被遗忘的人物，后来有着超出鸟类学世界的影响力。凤头鸊鷉调查的协作者汤姆·哈里森是一个不平凡的、有魅力的人。他足智多谋，他的朋友兼同事K.E.L.西蒙斯(K.E.L.Simmons)形容他是：“五分之四的不切实际和五分之一的才华横溢。”就像很多天才一样，他并不是一个容易相处的人，朱迪斯·海曼(Judith Heimann)为哈里森所撰写的传记的标题就可以说明这一切：《最令人不安的活跃灵魂》(*The Most Offending Soul Alive*)。

由于参与鸟类调查，哈里森把注意力转向一群分布更广泛的动物：他的人类同胞。在20世纪30年代末，他成立了一个名为大众观察(M-O)的组织，这个组织使用BTO研究鸟类的方式来对普通的英国人进行研究：利用业余观测者的群体来收集数据，对当代社会进行详细的科学研究。M-O真正获得肯定是在第二次世界大战期间，在伦敦大轰炸时对普通伦敦人的行为所进行的观察。

哈里森观察人类的方法与他看鸟的方式几乎如出一辙：没有成见地观察他们，记录下他们的行为，并且对这些行为不作诠释。

这也难怪许多知名的观鸟人也参与了M-O，包括马克斯·尼克尔森、詹姆斯·费舍尔以及理查德·菲特（Richard Fitter）。在朱迪斯·海曼所著的哈里森的传记当中，引用了哈里森对于把早期观察鸟类的工作技巧用到后来研究人类上所产生的重大影响的自我认可："你不会问鸟任何问题，你不会试图去采访它，不是吗？"

汤姆·哈里森继续着在众多的领域（包括社会人类学）中丰富多彩的职业生涯，直到1976年在泰国的一场摩托车事故中失去生命。具有讽刺意味的是，就像K.E.L.西蒙斯所指出的，他多样化的追求和成就反而导致他在鸟类学上的开创性成果被人遗忘了：

> 这就是我们的科学的荒唐之处：T.H.哈里森——他是鸟类学家、人类学家、社会学家、生物学家、博物馆馆长、自然保护主义者以及冒险家，他是那个时代最伟大的博学者之一——但当今的大部分观鸟者，却不知其名。

如果没有哈里森和他的同代人，我们今天看鸟的方式可能会有很大的不同。他们终于抛弃了像W.H.哈德森之类的作家在维多利亚时代所持人类中心主义的观点，而将鸟类看作活着的生物——与人类有关联，但又仍然独立于我们。

越来越多的严肃观鸟者需要一些书籍来帮助他们识别鸟类，理解鸟类的行为。第一本书来自一个看似不大可能的人：一个叫作T.A.科沃德（T.A.Coward）的柴郡记者。与他那个时代绝大部分的观鸟者与鸟类学家不同，科沃德身世卑微，工人阶级出身，就像1935年《英国鸟类》杂志刊登的他的讣告所指出的那样："他身材矮壮，身着灯笼裤，头戴布帽……"

如同他的外表一样，科沃德的写作风格也是言简意赅且易于理解——这使他受到了一代又一代观鸟人的喜爱。他最广为人知的著作是三卷本《不列颠群岛的鸟与它们的卵》（*The Birds of the British Isles and Their Eggs*），初版于1920年。直到20世纪50年代，这本书被“彼得森、芒福特和霍洛姆”的图鉴取代之前，它一直是观鸟人的经典著作之一。尽管将三卷书带到野外使用有些太过笨重了，但是明确细致的文字以及显示鸟类自然栖息地的彩色图片确保了这本书的成功。

1922年，科沃德首次定义了一个在今天依然广泛使用的词：jizz，这个词的意思是指一个经验丰富的观鸟者可以在非常短暂的观察或者距离非常远的情况之下，根据鸟的外观上难以言状的特征来对鸟类进行识别。用科沃德自己的话来说就是：

> jizz可以用在任何有生命的和一些没有生命的物体之上，但是我们很难清楚地界定它……原则上这个词是指一种“整体的感觉”而非具体的特点……是那种难以形容的肯定，在大脑中瞬间显示识别，但是为何会如此识别的原因不明。这就是jizz。

他还对为了杀戮而进行的杀戮持有不妥协并具有前瞻性的观点：“身为英国的鸟类，戴胜的历史就是一份冗长且不光彩的讣告……如果愚蠢贪婪的收藏家和枪手不去打扰它们，那它们应该只是普通的夏季访客。”

这种单纯朴素的说法与直率的方式使他在当时并不受鸟类学机构的欢迎，他们中有很多人仍然将收集看作一个可以接受——并且确有其必要的——消遣。因此科沃德从未参加任何类似于英国鸟类学家俱乐部之类的组织的会议，注定要在英国鸟类学界的边缘度过一生，尽管（或者甚至是因为）他的书在普通大众间是如此的普及。

1985年，在科沃德辞世半个多世纪之后，鸟类学家比尔·伯恩（Bill Bourne，他也是英国鸟类学机构的眼中钉肉中刺）表示，科沃德在他的那个时代被不公正地忽视了。伯恩在《英国鸟类》杂志上发表的文章断言，科沃德是社会上势利行为的受害者，这影响了我们对他所留下的遗产的看法：

> 他将鸟类学带入民众之间，又让鸟类学走进田野，现在到了对他的这些工作给予更多认可的时候了。是否有人对于鸟类的描写能够超越他，这实在令人怀疑，看起来是时候来复兴他这种简单、清晰、原汁原味的风格了。

这可能夸大了科沃德的价值，但毫无疑问他确实是最伟大的观鸟普及者之一，他使观鸟对于非专业人士与初学者来说变得更加容易。同时他也是一个善良慷慨的人，尽管生活忙碌（他在《曼彻斯特卫报》开设了专栏），仍然抽出时间帮助他的观鸟同伴，就像在他的讣告中透露的这个故事：

> 至于他给予邻居的关爱，可以讲出一百个故事……但是这一个就够了。几年之前，他有个在纳茨福德独居的朋友患上了伤寒。在一个多月里，科沃德把自己的工作放在一边，利用自己可以请到的病假，每天骑车来回去探望他，而单程距离就有7英里，因为这个生病的人渴望了解乡村的新闻，想要知道春季候鸟是怎样到来的。

令科沃德的书广受欢迎的要素之一是他的插图，这些插图是维多利亚时代的鸟类艺术家阿奇博尔德·索伯恩（Archibald Thorburn）的作品。这些画原本是19世纪末期受利尔福德勋爵（Lord Lilford）委托而作的，索伯恩的这些画后来被用于朴素的小口袋本《鸟类观察者手册》（*The Observer's Book of Birds*）当中，受这本书的影响，成千上万的民众开始投身观鸟活动。

对于20世纪30年代到70年代长大的人来说，“观察者手册”是他们童年必不可少的一部分。这个系列涵盖了多种多样的主题：从飞机到纹章、从野花到教堂等，它是几代青少年不可或缺的伙伴，通过阅读这些小书，有很多人获得了终身的兴趣。对于战后一代的观鸟人来说尤其如此：1937年《鸟类观察者手册》首次出版之后，它卖出了惊人的300万册，在书店货架上摆放了近半个世纪。

出版商沃恩公司选择鸟类这一主题作为“观察者手册”系列的第一本纯属偶然。在20世纪30年代中期的萧条时期，在已获得索伯恩插图的版权的情况下，将其重新用于出版一本廉价的通俗鸟类书籍，这听上去是颇有经济效益的。这本书本身也出自一个看起来不太可能的作者。1923年，早熟的S.维尔·本森（S.Vere Benson）13岁，她和妹妹为了阻止野生鸟类及鸟皮的国际贸易创立了鸟友联盟（Bird-Lovers' League）。尽管姐妹俩年纪很小，但这个项目取得了巨大的成功，它说服世界各地三万多人帮助保护野生鸟类并抵制羽毛贸易。本森小姐带着明确而适度的雄心，写出了关于鸟类的开创性著作：

> 多年以来，我时不时会被爱鸟人要求推荐真正廉价的英国鸟类口袋书。通常我提不出什么建议，因为那些书不是太过笨

> 重或太过昂贵，就是对于那些想要成为鸟类学家的人来说太不合适。我想，现在没有人能再说这本书太过笨重或太过昂贵，或者说它没有合适的插图。

书中包括了在英伦三岛常见的所有鸟种，但是省略了稀有的候鸟和珍品，通过这样的手段，本森达到了她对书籍所设定的清晰性和便携性的目标。这本书最初的售价是半克朗（大概相当于今天的2.5英镑），初版的《鸟类观察者手册》如今已成为收藏珍品，一本带有原装护封的手册拍卖价已达100英镑。但是对于任何一个有着怀旧愿望又想获得这本书人来说，之后的版本都可以在大多数二手书店以几英镑的价格买到。

与此同时，在大洋的彼岸，真正的革命拉开帷幕。1934年，出现了一本题为《鸟类野外指南》（*A Field Guide to the Birds*）的小册子，文字与插图均来自一个名为罗杰·托瑞·彼得森（Roger Tory Peterson）的年轻的纽约鸟类艺术家。自出版之后的四分之三个世纪之内，作为一种大众休闲消遣的观鸟活动，"彼得森指南"对其成长与发展的影响，比历史上任何其他书籍都要大。埃利奥特·理查德森在约翰·德夫林（John Devlin）和格蕾丝·纳伊史密斯（Grace Naismith）1977年为彼得森所撰传记的前言中写道：

> 有人说，我的老朋友兼老师罗杰·托瑞·彼得森在使鸟类野外识别成为一门科学上，做得比任何人都要多。我确信这是真的。但是公平地说，罗杰·托瑞·彼得森在使鸟类野外识别成为一项运动方面，也比任何人所做的都要多。

彼得森指南并不是第一本图鉴：1889年佛罗伦斯·梅里亚姆就有了《观剧镜中的鸟》；在世纪之交，弗兰克·查普曼也写过几部关于鸟类识别的通俗作品。1906年，一个名叫切斯特·里德（Chester Read）的年轻的鸟类艺术家开始出版一系列指南，这些书籍被使用了三十多年，销量超过了50万册，在年轻的罗杰·彼得森心中留下了持久的影响力。

但对于使鸟类野外识别成为一个更加严格和准确的流程，这是首次系统化的尝试。彼得森指南的副标题——“一本全新规划的鸟类图书”——对于这本书的革命性质给出了一个线索。就像很多革命一样，彼得森所做的一切看上去非常简单。与以往那些展示了鸟类各种“天然的”姿势的指南不同，他选择将鸟类画成相同的姿势，这样更容易在相似鸟种之间进行比较。这些插图以实用而不是以美学为目的，并以观鸟者最可能观看到的鸟类的状态来描绘鸟类。例如：鸭子在水中游泳，猛禽在空中飞翔，而且画出的还是它们的腹面。对于关键部分的标识，诸如翅膀上的白色斑块或者黑冠，则用箭头对其加以标注，并在文本中以线描图来辅助识别难以辨识的物种。比起在插图和设计上属于过去时代的《鸟类观察者手册》，这本书要领先得多。

令现代观鸟者最感到惊讶的是：这本书总共有三十五幅插图，但只有三幅（展示莺、雀和鸦）是彩绘的。彼得森在护封上为这种做法做出了辩护：

> 这本书是在一个全新规划中产生的，其中我们确认在远距离识别鸟类时，颜色值要比实际的颜色更为重要。文字中没有多余的修饰，严格致力于提供可以帮助学生识别野外鸟类的信息。不管是对于关注东部鸟类的初学者还是进阶人士，这本书都将

是一本不可或缺的便携手册。

这一次，炒作是合理的。在被几家出版商拒绝了之后，首印的2000册书——在1934年4月27日出版，售价为2.75美元——在第一个星期就售罄了。从那时开始算，到今日此书已经销售超过300万册，今天你可以买到有关自然界各个领域的“彼得森野外指南”，包括天文学和气象。

由于其一贯的谦虚，罗杰·彼得森把这本书的成功归于这样一个事实，即他是一个“民科鸟类学家”，他受的是艺术而非生物科学的训练，这促使他采取一种可视化的方式来处理鸟类识别的问题。他也明白，他的书只是一个指南，而并非有时被追随者所追捧成的“圣经”。通过对过度渴望稀有物种的人的警告他结束了自己的介绍：“每个人在看到并鉴定物种时都应采取小心翼翼的态度，尤其是对于稀有物种而言……一个快速的、不带着几分谨慎来缓和仓促判断的野外观察者，就像是一辆没有刹车的高速汽车。”

《与鸟为邻》(*Neighbors to the Birds*)中引用了对《指南》的一个评论，作者用幽默讽刺的笔调揭示了本书如何从根本上改变了人们看鸟的习惯，迫使他们开始努力地识别鸟类而不是简单地从美学角度对它们进行欣赏：

> 过去我们从来不辨识鸣禽，我们习惯于把它们混为一谈，听它们鸣唱。但是我的妻子被一阵厄运所煽动，不知怎么搞到了一本叫作《鸟类野外指南》的书……如今在不被一种莺看起来是不是像另一种莺所打断并且乐此不疲的情况下，我们不能安心做任何事……

彼得森指南的另一个深远的影响是说服了美国鸟类学的权威人士接受珍稀鸟类的“目击记录”。这建立在彼得森的导师，勒德洛·格里斯科姆（Ludlow Griscom）业已完成的工作之上——格里斯科姆被誉为“北美观鸟界的泰斗”。他年轻时也射杀鸟类，但后来开始反对鸟类科学的“标本迷信”，转而发展野外鸟类辨识的艺术与科学。

然而，彼得森革命最不寻常的结果发生于将近十年之后，在第二次世界大战期间，鸟类辨识技术被用于一个迥然不同的目的。美国空军在制定图表来区分盟国与敌国的飞机时，借用了彼得森用箭头指示来标明重要的“野外标识”的简明技术。结果，那种被自己人打落飞机的“误伤”事件，数量明显降低了。

实质上，罗杰·托瑞·彼得森的影响力远远超过了观鸟界。他令人惊叹的艺术作品，加上他慈爱宽厚的个性与魅力，使他深受一代又一代美国人的爱戴，其中许多追随者对于博物学只有着模糊的兴趣。就像20世纪80年代，发行彼得森原版影印本时环保人士保罗·埃利希（Paul Ehrlich）所写的：

> 在本世纪，在促进对生物的兴趣上没有人比现代图鉴的发明者罗杰·托瑞·彼得森做得更多了……他对生物多样性保护做出的最大贡献，就是使数以千万的人口袋中装着彼得森野外指南走到户外。

在其他的地方，这样的革命过了一段时间才发生，同样由彼得森绘制插图的《英国与欧洲鸟类野外指南》在1954年问世，从20世纪70年代开始，几乎每年都会推出一本介绍世界上其他地方的野外指南。

旋木雀

大多数观鸟者喜欢便携且易于使用的指南，虽然并没有太多的选择，却无伤大雅，就像英国鸟学家戴维·班纳曼（David Bannerman）在西非遇到年轻的地区专员时所发现的那样。那个年轻人偶然说到他总是在游猎时带着班纳曼关于西非鸟类的书。“难道八卷全都带吗？”班纳曼惊呼道。那个绅士随口回答道：“只是意味着多带一个背夫罢了。”

在野外指南上，英国可能已经落后于北美地区了，但它仍在一个出版物的领域上占据着主导地位：即全面涵盖了鸟类识别、行为以及分布等各个方面的权威的“手册”。

在1938年到1941年间出版的五卷本《英国鸟类手册》，其背后的主要推动者是两位英国鸟类学界的元老，H.F.威瑟比和F.C.R.茹尔丹。就像在北美的彼得森和格里斯科姆一样，威瑟比和茹尔丹通过发展“野外性状”的概念，为推动“目击记录”的接受度做出了很多努力：通过一些严谨的特征来对物种进行识别，而不必先杀死它们。

现在，他们与20世纪中叶另外两位鸟类学的关键人物B.W.塔克和N.F.泰斯赫斯特（N.F.Ticehurst），联手打造了在接下来的四十多年中将成为英国鸟类学权威著作的作品。在《手册》的序言中，他们阐述了自己的意图：

> 在这本手册中我们的目标是……写出一部具有真正实用价值的作品，不仅仅对于鸟类学家而言很实用，对于初学者亦然。我们力求使它成为一部尽可能完善的英国鸟类参考书，书中将采用系统化与统一化的编排方式，使人们可以轻松地查到任何一个物种的任何一点。

伯纳德·塔克对于野外性状和通常习性的描述，简直就是清晰性和简洁性的典范——例如这里关于旋木雀的描述（着重部分是原文所有的）：

> 旋木雀是英国唯一拥有长长的，向下弯曲的嘴的小型雀形目鸟类。旋木雀的主要特征在于它的行为。它在树干、树的分支，或者更为罕见会在墙壁上不断追捕昆虫，捉到后会飞起，一般是向下斜飞，到另一个树干或者树枝，然后再次向上爬升。它上部是深棕色，有着浅米色的条纹，臀部一般是红褐

色，有白色的眼线，下部银白色，翅膀上有米色条纹。年幼的个体比起成体来说，有更多棕黄色的斑点。

从20世纪40年代到20世纪70年代，这种准确性与洞察力相混合的风格启发了几代的观鸟者，激励他们走出去，更加密切地关注我们的本土鸟类。但它最后还是被庞大的《西古北界的鸟》（*Birds of Western Palearctic*）所取代，后者将自己的存在归功于看着《手册》长大的那一代人所汲取的知识。

由威瑟比及其弟子所带来的态度上的变化，也对那群人数在下降但却仍然坚定不移的所谓严肃的鸟蛋收藏家有所影响。早在1908年，英国鸟类学家联合会就通过了一项决议，谴责那些采集或者破坏英国鸟类或者鸟卵的人，但在两年之后，1910年10月，一流的鸟卵学家P.F.布尼亚德（P.F Bunyard）仍在英国鸟类学家俱乐部的会议上展示出了一系列珍稀鸟的卵。

资深会员J.L.邦霍特（J.L.Bonhote）受触动而采取了行动。尽管他没有对鸟蛋收集本身做出谴责，但是他呼吁从一个新的视角来看：

> 当我们还是学校里的小男孩时，有多少人是由于收集鸟蛋而对鸟类产生兴趣，如果没有这些收藏品，我们关于鸟类科学的知识又从何而来呢？但是良好的收集建立在使用的基础上而不是对收藏品的滥用。我可以直言不讳地说，不以科学为目的的积累鸟蛋或者破坏一窝珍稀鸟蛋，这样的行为只迎合了贪婪的收藏家，还给鸟类研究带来了不好的名声。

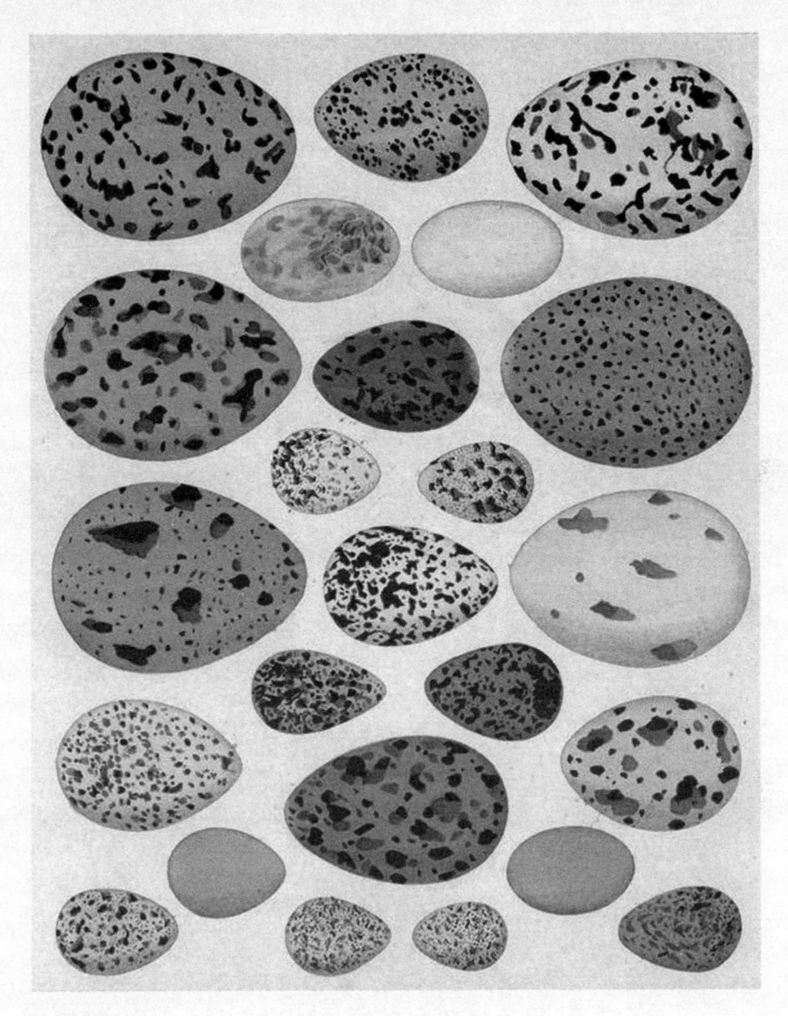

鸟卵图

紧接着，邦霍特提出了一项谴责这方面收集的决议。接下来，在所谓典型的轻描淡写的陈述：几分钟“有点热烈的讨论”之后，该议案几乎获得了一致通过。

俱乐部成员最终在1922年4月走完了全程。巴克斯顿勋爵在皇家鸟类保护协会的年会上提出申诉，谴责鸟卵学家的行为“对于有效保护野生鸟类构成了明显的威胁……”；英国鸟类学家俱乐部在由鸟卵家俱乐部举办的晚宴上，也决定停止发表会议记录的细节，声明和他们的活动一刀两断。

尽管如此，对于大多数年轻人来说，这个规范的出台并没有影响他们收集鸟蛋——他们中的大多数人都坚持着一个不成文的规定，即从一个巢中只取一个卵。比如J.G.布莱克（J.G.Black）的《鸟筑巢》（*Birds Nesting*）中，就力图把这种道德优越感赋予“正确”的鸟卵收集者：

> 你收集的每一个蛋都在提醒你它来自哪个巢、生下它的那只鸟、你寻找和发现它的过程以及其他种种愉快的事情。不能带来这些回忆的蛋并不能被称作一个藏品；就像你哥哥对集邮册感到厌倦了之后会把它送给你。

但事情在逐渐发生变化。几年后，E.W.亨迪在1928年出版的《观鸟的诱惑》（*The Lure of Bird Watching*）的导论中，反映出一种更为克制的做法。而作家J.C.斯夸尔（J.C.Squire）指出了在鸟类及其保护方面，态度上的新变化：

> 即便是对于普通的鸟类，公众的态度也产生了明显的变化。村里的孩子们也许还在“掏鸟窝”，用石头掷击或折磨雏

鸟。但这种肆意的折磨正在减少。年轻的鸟卵收集者们被训练地只采一只鸟蛋而非整窝鸟。过去，人们像杀灭害虫一样屠杀鸟类，现在鸟类得到法律的保护。可以感觉到，鸟类正在受到越来越多的尊重。

终有一天，会有许多对于鸟类具有热情的观察者，从不杀害鸟类，甚至从没想过要杀害任何一只珍稀鸟。杀害珍稀鸟类的现代人不再被视为成就辉煌的英雄，但会被当作一起没有受到处罚的罪行的肇事者。那些收藏家、鸟蛋囤积者以及鸟皮标本灌制者现在成了鬼鬼祟祟的一族。

德斯蒙德·内瑟索尔-汤普森（Desmond Nethersole-Thompson）的生活足以证明振振有词地说收集鸟蛋是为了研究鸟类筑巢这个说法的转变。内瑟索尔-汤普森是20世纪鸟类学界最伟大的人物之一，但由于他早年间是一个收藏家，他从未获得自己应得的认可。

在许多人中，偏偏他被F.C.R.茹尔丹说服，放弃了收集，还发现了他可以追求的收集的替代品：去研究鸟类的繁殖行为，例如青脚鹬与雪鹀。他觉得这几乎是一场与他的研究对象斗智斗勇的“战斗”。内瑟索尔-汤普森迷恋这些物种的原因毫无疑问是综合了三个因素：它们极其罕见、寻找它们巢穴的难度以及它们在人迹罕至的荒野中繁殖。因此，在1933年他决定，要真正了解这些鸟类的唯一办法，就是利用他作为一所学校校长的120英镑的年薪，去和它们一起生活，度过整个繁殖季节。30年后的1966年，他描述了对写作自己的专著《雪鹀》所做的准备工作：

整个冬天我都活得像个僧侣一样，到了3月底，我攒下了50

多英镑的巨款。除了青脚鹬和雪鹀我不思考别的事情，我计算着冬天的日子，像狱中的犯人一样渴望早春。

1934年的早春，内瑟索尔-汤普森终于准备好出发，从国王十字火车站乘上了去阿维莫尔的夜车，与他的妻子凯莉团聚。她是一个高地博物学家，他以前考察高地珍稀鸟筑巢时认识了妻子。他们爬到最高点，在一个小帐篷里度过了66个日夜，以观察雪鹀的繁殖。要说这并不是一个容易的任务，那还是过于轻描淡写了：

> 7月的暴雨把我们浇透了。水从山上流下来，如河流一般从帐篷中直穿过去，衣服、被褥和面包都湿湿烂烂的……我们俩在痛苦和不断增长的绝望当中挤在一起。尽管外面是灰蒙蒙又浓重的雾气，我们仍然热切地欢迎着第一个阴沉的黎明。然后，像是奇迹一般，雾气消失了，到了中午，我们已经开始变干了。
>
> ……有时夜里会吹起大风……小小的帐篷经常看起来像是要拔地飞起，但不知为什么，它总是坚持住了。整整一个星期里，风都在工作地区呼啸着，麻木着我们的理智，迫使我们无所事事……我们记不清已经过了多少天——并且每一天都比前一天要更加悲惨——不得不面对风的咆哮吼叫。

尽管条件困苦，夫妻二人仍然坚持进行着自己的研究工作。回首过去，内瑟索尔-汤普森回顾了长期守夜对他的影响："我从山上回来，有了丰富的经验，也可能是小聪明，肯定会带上两个打火石。"

幸运的是，这些努力都是值得的：仅在一个季节里，内瑟索尔-汤普森发现的这种有魅力且令人着迷的鸟类繁殖行为的信息，就比之前所有去那里的人探究所得都要多。在接下来的几年中，他们继续看着心爱的“雪鸟”度过夏天，尽管他们自己的家庭里也增添了新成员：

> 尽管我们的儿子布洛克在1935年8月出生了，这并没有让我们停止上山的步伐。凯莉常将布洛克装在狩猎包中，把他跟我们的补给品和装备一起背到山顶的营地。还不到10个月的时候，他就已经在一处高低不平的山凹中听过雪鸟的鸣唱，还试图爬过石头与苔藓，用他自己的手去触摸一窝小嘴鸻的蛋。

对于从小就在舒适的皮革座椅上或是在导游带领下观看自然保护区中的鸟的下一代人来说，这似乎是一个非凡的——事实上近乎自虐的——对于事业的奉献；内瑟索尔-汤普森可能也并不是一个典型的他那个时代的人。但从今天的角度来看，一个普通的观鸟者可以走出去发现新的、不平凡的、有关英国繁殖鸟类的事情，这很难让人不嫉妒到发抖。

内瑟索尔-汤普森在高地的生活经历也有着其他令人意想不到的结果。他打小生活在舒适的伦敦中产阶级环境中，但在高地生活之后他对当地居民被剥夺的生活方式感到震惊，并最终成为因佛内斯县的议员，在议会选举中还成了工党候选人，可惜并未当选。在余生当中，他有效地扮演了两个同样重要的角色：既是苏格兰政治权力眼中的一根尖刺，又是我们最伟大的野外观察者之一。他于1989年5月去世，尽管有如此成就，但他仍旧是一个边缘的英国鸟类学家。毫无疑问，这是由于他背负着早年作为一个鸟蛋收集者的人生污点。事后看来，作为野外观察鸟类的先驱，作为一位真正的大众观鸟者，我们现在可以给予他应有的地位，尤其是在苏格兰。

随着鸟蛋收集的逐渐降温，另一种更为良性的“收集”方式开始流行：鸟类照片。这股潮流始于19世纪的最后几年，从诸如R.B.洛奇（R.B.Lodge）那样在1895年拍下了第一张在窝中的鸟的特写的人开始。其他先驱者还包括理查德兄弟以及查理·基尔顿（brothers Richard and Cherry Kearton），他们的作品《英国鸟类的巢》（*British Birds' Nests*）也出版于1895年，是第一本配有只在野外拍摄的照片的鸟类书籍。这些先驱们使用的是巨大、笨重的干板式相机，这些相机在野外显得又沉重又笨拙。但是到了20世纪，大众市场上便可以逐步开始买到便携式相机了。

最为流行的便携式相机之一，是柯达的“布朗尼相机”。这部相机发售于1901年，美国售价1美元，在英国售价5先令，这种相机第一次使摄影在大众市场上成为可能。与众不同的广告语——“您只需按下按钮，剩下的事交给我们”——牢牢抓住了大众的想象空间，使相机成为全世界的畅销品，也使柯达的创始人乔治·伊士曼跻身百万富翁。

然而布朗尼相机可不仅仅只是便宜和方便。摄影师亚瑟·施蒂格利茨（Arthur Steiglitz）将其描述为“一种公众的艺术形式”，它激励很多年轻人开始摄影——先是作为一种爱好，然后有一些人将其变成了职业。

有个人受这个小小的相机的启发，成了世界上最知名的鸟类摄影师。埃里克·霍斯金（Eric Hosking）出生于1909年，像那时许多体弱多病、营养不良的儿童一样，他的童年其实吉凶未卜。也许是为了鼓励他大胆走到户外去，大概在他七八岁的时候，父母给他买了一台布朗尼相机。受新爱好的激发，年幼的埃里克存下了他的零用钱，打算买更好的设备。最终当他10岁的时候，他花了30先令买下了干板式相机——这比柯达的那个小模型要好得多。在自传当中，他回顾了第一次购买它时的兴奋：

> 一到家，我就将三块干板组装了起来，然后赶到我发现的那一巢歌鸫那里，拍摄了我的第一张“鸟片”。回到家中后，我说服了哥哥斯图尔特帮我将照片显影。我非常兴奋，迫不及待地想要看到照片，但是当我们看到的时候，我的心里一沉——这只是一团模糊的薄雾。我那时并不知道相机还需要对焦，只是将镜头对准了巢的边缘然后按下了快门。

随着实践和经验的积累，年轻的埃里克很快就熟练地掌握了鸟类拍摄。当他15岁从学校毕业之后，校长给他的临别赠言萦绕在他的耳畔——“霍斯金，你的一生将会一事无成”——他成了一名汽车行业的学徒。每日长时间地工作，可每周只有10先令的工资，其中大部分还花在了通勤上面，这意味着他几乎没有时间和金钱去发展他对于摄影的兴趣。他的脚还在一次工业意外事故中受了重伤，这使他在余生当中，每当走在崎岖的路面上时都要遭受极大的痛苦。随后，在1929年，英国经济随着华尔街的崩盘而一落千丈，霍斯金的雇主也破了产。在20岁那年，和他数以百万的工友们一样，霍斯金领取了政府的失业救济金。

这看似一场灾难，实际上却是改变霍斯金命运的时刻：“这是我一生中觉得最屈辱最郁闷的时期。但这也导致了后续在我身上发生的最好的事情。我当时不知道，我已经与常规的就业永远断绝了关系……对我来说，大萧条将我解放了。”

霍斯金的好运随着一个电话到来了，一个在《星期日快讯报》担任副主编的老同学，邀他一起去伦敦动物园拍摄他们最新收购的海象幼崽。霍斯金出了个绝好的主意，让朋友带上了他4岁的女儿，在拍照时让她站在海象旁边，以显示海象幼崽体型之巨大。拍摄的照片在下一个周日刊出，占了副刊的半个版面，一共让他得到了两个基尼的报酬（2.1英镑——大概相当于今天的100英镑）。埃里克·霍斯金的职业摄影师生涯就此正式开始。

起初，他试图拍摄鸟类的一次尝试以灾难而告终。他找到了一个混着杜鹃蛋的戴菊巢，并天真地把这个独特的发现，告诉了他的同事摄影师乔治·博斯特（George Boast）和他的同伴。五天之后，再去检查这个巢的时候，霍斯金惊恐地发现蛋和巢都不见了。就在他发现这个戴菊巢几年之后，乔治·博斯特的同伴在英国鸟蛋学家协会的会议上展出了一个混有杜鹃蛋的戴菊巢。但在那时，还没有禁止鸟蛋收集的相关法律，因而霍斯金所能做的，只是懊悔他失去了报道这个独家的鸟类学新闻的机会。

后来当一个广告代理向霍斯金索要天鹅的照片时，他的运气开始好转了。霍斯金在自己的文件中没有找到合适的照片，于是骑车去伦敦北部的当地公园，他给天鹅们扔了一些面包并拍了一卷照片。脱胎于其中一张照片天鹅图案，很快出现在英国各地的广告牌上——并且自那时起这个形象就被斯旺火柴采用，成了商标。

这一成功开启了霍斯金新的生涯。不久之后他甚至赢得了《乡间生活》（*Country Life*）杂志的委托，去拍摄年轻的皇室公主伊丽莎白和玛格丽特·罗斯。但这是有史以来第一次，像霍斯金这样的年轻摄影师可以依赖拍摄鸟类而不是拍摄人物为生，这多亏了图书出版商、广告商、报纸以及杂志的迅速增长的需求。反过来说，这些卓越的照片又有助于激发更广泛的公众对鸟类和观鸟产生兴趣。

在1937年5月，英王乔治六世加冕后的第二天，悲剧发生了。为了拍摄一对筑巢的灰林鸮，他爬上了自己搭建的一座隐蔽的吊架，正在此时他感觉脸部受到了重击。那两只猫头鹰中的一只，无声地接近了他，用锋利的爪子刺进了他的左眼。

他被送往伦敦摩菲眼科医院，在那里，医生竭力挽救他的视力。但两周之后，发生了危险的感染，还威胁到他另一只视力完好的眼睛。那时还没有抗生素，他必须做出艰难的选择——或是冒着失明的风险什么都不做，或是将受伤的左眼摘除："这是一个可怕的决定，对于我的职业来说，视力就是一切。显然我不能冒失明的风险，然而一个独眼的自然摄影师又能拍出什么好东西呢？看起来我深深热爱的这个职业要终结了，我才27岁啊。"

霍斯金选择了摘除受伤的眼球，尽管他有所疑虑，但还是在继续拍照。确实，他成了世界上最著名的鸟类摄影师，他的照片装饰着图书、杂志、画廊以及私人住宅。对于观鸟的发展来说，更重要的是，在两次世界大战之间的那些岁月里，在让鸟类来到公众视线的中心这件事上，他的贡献比任何人都大。只是为了表示他对猫头鹰并没有抱有任何厌恶感，1970年在写作他最畅销的自传时，他诙谐地起名为《以眼还鸟》(*An Eye for a Bird*)。

尽管有着对于鸟类调查的兴趣，鸟类书籍也日益普及，鸟类摄影方兴未艾，但观鸟仍然被看作是少数人的消遣，就像那个时代最后的幸存者之一所回忆的那样。

理查德·菲特 (Richard Fitter) 最初的记忆就是坐在他自己的婴儿车里，在陶亭碧公地(Tooting Bee Common)看池塘中的鸭子。第一次世界大战结束后，他在伦敦南部的郊区长大。后来他回忆道，家庭教师给他看了第一个歌鸫的巢——在他的记忆当中那真是“非常漂亮”。就像他那一代人的典型生活，他小时候对收集鸟蛋感兴趣，尽管出于对当时的伦理道德的遵从，他只从每个巢里拿走一个蛋。收集冲动的起因可能与当时很多年轻的观鸟者一样：直到16岁之前，他一直都没有自己的双筒望远镜。这是非常正常的：“如果有人看到你背着望远镜，他们会对你喊：‘你是在参加竞赛吗？’这是你拥有望远镜唯一体面的理由。”

幸运的是，幼小的理查德被送到了位于苏塞克斯的寄宿学校伊斯特本学院。在那里，他受到了校长E.C.阿诺德（E.C.Arnold）决定性的影响，诺福克郡的克莱村有一片叫阿诺德的湿地就是为了纪念他的事迹。阿诺德是那些罕见地跨越了收集与保护的年代的人之一——尽管他写了一本关于鸟类保护区的书。菲特将他描述为：“他是那种人，在布莱克尼海角（Blakeney Point）来回徘徊，射杀欧柳莺，并希望它们被证明是稀有的物种。”

等到菲特进入他的庇荫之下时，阿诺德变得温和了一些。在学校博物学协会的一次会议上，他偶然间透露出在深秋和冬季，在比奇角（Beachy Head）的峭壁下面可以看到赭红尾鸲。有个周日的下午（这是他们一周中唯一的休息时间），菲特和一个同学就去寻找这种鸟了。

理查德·菲特的热情被点燃了。在购买了一本马克斯·尼克尔森的书籍并订阅了《英国鸟类》杂志之后，他开始积极参与鸟类调查，和詹姆斯·费舍尔一起驾车走遍了伦敦，以计算椋鸟的栖息地。1935年，他说服了一个朋友借了他父亲的汽车，冒险开到了更远的地方，位于赫特福德郡的特林水库。四年之后，在这个地方将会举办一场改变菲特生活的会议（见第10章）。

理查德·菲特并不是唯一一个利用更便利的交通方式汽车去观鸟的观鸟者。自它们第一次飞驰在英国道路上以来的半个世纪里，汽车的普及一直保持着快速增长的态势。1914年，英国有15万辆汽车，到1922年，汽车已成为中产阶级家庭的常规配置。而到了1939年，第二次世界大战开始的时候，路面上已经有了150万辆汽车。

我们总是以为开车看鸟是新生事物，然而据马克斯·尼克尔森回忆说，在20世纪20年代，那些有车的观鸟人就"以年轻人去不同夜店的方式"，从一个地方逛到另一个地方，从一种鸟转到另一种鸟。正如19世纪的铁路旅行为渴望逃离城市的人们打开了通向乡村的道路，汽车也同样照顾到了人们对于新鲜空气及接触大自然的基本需求。汤姆·斯蒂芬森（Tom Stephenson）在1939年的著作《乡村指南》（*The Countryside Companion*）中，回顾了两次世界大战之间的变化：

> 近年来，大家已经普遍认可，人需要接触土地，而我们许多人已长久地远离自己的故土，从来没有这么多的人利用一切机会从城镇中逃脱出来，去那些仍然保持乡村面貌的地方消遣娱乐。毫无疑问，这在很大程度上是由于更短的工作时间和日益增多的便捷的交通工具。

具有讽刺意味的是，经证实那些在观鸟者中最流行的地方，并不是"仍然保持乡村面貌的地方"，而是水库或者污水处理场那类不太卫生的环境，在那些地方总是定期出现珍稀鸟类的不寻常的记录。

然而，汽车的持续扩张也有其缺点。由于人们可以在自己的家与工作地点之间往返，这导致了人口从城市到新建郊区的大规模快速出逃。随着道路网络进一步蔓延扩张到乡村，房屋、商店、办公室以及工厂纷纷落成，以满足乡村里的人们的需求。用历史学家G.M.屈威廉的话来说，由此把英国变成了“一个毫无规划的大郊区”。

理查德·菲特的老校长E.C.阿诺德在指责汽车给野生生物造成的影响时非常直言不讳。在1940年的书《鸟类保护区》中，他对鸟类保护区附近的道路“改进”提出了一组建议，他断言把那些钱用于“给一个自私且自我张扬的阶级提供具有危害性的设施”是荒谬的。他还准确地预测了后来所发生的事情，不受监管地修建会对鸟类的未来造成巨大的问题：“时下，鸟类保护更多的是要保护鸟类常去的地方，而不是制定保护鸟类的法律。像环颈鸻这样，尽管受到法律的保护，却很容易由于建造平房而灭绝。”

不到二十年之后，他的预测不幸成真了，由于栖息地的丧失和过度干扰，环颈鸻不再作为繁殖鸟而在英国出现了。讽刺的是，私家车的交通方式，这一能够让一代又一代的人到郊外去观鸟的最大因素，也会破坏许许多多的鸟类栖息地，还威胁着生活在那里的鸟儿们。

使得观鸟在20世纪20年代到20世纪30年代变得更加流行的终级因素，是整个社会对“爱好”的理解发生了改变。“闲暇时间”这种原本只提供给少数特权阶级的东西，现在正成为大多数劳动人民也可以享受到的普及品。

就像美国社会学家史蒂芬·M.盖尔博（Steven M. Gelber）在《爱好：美国的闲暇与工作文化》（*Hobbies:Leisure and the Culture of Work in America*）中所指出的，在20世纪上半叶，平均工作时间大幅下降，到了1920年，产业工人比起1900年，每周多出了8小时的自由时间。而且，他们一个星期不再需要工作6天——大部分人星期六下午会像星期天一样休假。

这些时间需要填补，而且填补这些时间最好的方式就是找一个业余爱好。1913年，一位写过关于爱好的文章（在盖尔博的书中有引述）的作者向他的读者反问了一个问题："什么？你没有爱好？在这个高速旋转、压力巨大且焦虑不安的时代，你怎么能不靠着一个爱好来重建自我？"

这个问题是基于一种前提，即爱好确实可以帮助参与者恢复精力，对他们的工作还有家庭生活都会有所提升。在日益机械化的世界里，爱好确实也给予生活以意义和目的感。要倡导一种新的"休闲伦理"，就是要以自我充实的休闲本身为目的，而不是单纯地用什么东西来填补空闲时间。

在美国，对于各种兴趣爱好的参与都在持续增加。1933年的调查发现，人们越是把更多的时间投入兴趣爱好，而不是投入于其他形式的休闲，兴趣爱好就愈发强烈。到了1938年，爱好甚至被提升为治疗沉闷的解毒剂，以及改善社交生活的一种方式："你知道有一个人是如此的激情澎湃以至于身边的每一个人都被他所感染吗？你有没有注意到他是多么的有趣？他是多么容易吸引朋友？你想知道他的秘诀吗？"

这个秘诀当然就是爱好。也许这个作者并没打算说观鸟——最流行的兴趣爱好仍然是收集物品和制作手工艺品——但是毫无疑问，这些爱好对个人及其自尊心的影响是一样的。在瞬息万变的社会当中，观鸟能给人们提供一种地基，围绕着它可将生活的其他部分建立起来。从现在开始，这逐渐成为人们观鸟的核心原因。

1939年，在二十年脆弱的和平即将结束之际，人们已经开始习惯了“自由选择”的想法——在这个概念下，他们可以自行决定在自己的业余时间里要做些什么。在乔治·奥威尔评论英国社会的文集《狮子与独角兽》中，他写道：

> 英国人的另一个特点，已成为我们生活的重要组成部分以至于我们几乎注意不到的，那就是对爱好与业余时间消遣上瘾……我们是一个花卉爱好者的民族，我们也是一个邮票收藏者、鸽子爱好者、业余木匠、折扣券剪手、飞镖玩家、填字游戏迷……的民族。
>
> 你有这样的自由：拥有一个属于自己的家，在你的业余时间中做你喜欢的事，选择适合自己的消遣而不是有人在上面帮你进行选择。英格兰真正的流行文化，是一些在表象之下，非官方的东西。

这种新的去做你喜欢的事情的能力，在随后的六年战争期间被严重限制了。但种子已经播下：人们已经被赋予了享受观鸟的自由，没有什么——哪怕是希特勒强大的战争机器——能将这种自由带走。

第10章　逃离：第二次世界大战，1939—1945

在某种程度上来说，战争是鼓励观鸟的。就像常常说到的，战争是由百分之五的疯狂骚动与恐惧以及百分之九十五的无聊所组成的。那些驻军以及人数更多的战俘，都需要一个爱好。

——彼得·马伦，《新博物学家》

1939年8月27日，是个周日，正好距英国与德国开战前一周，两个年轻人在伦敦博物学协会（LNHS）组织的对于赫特福德郡特林水库的一次实地考察中第一次相见了。

战争结束后，理查德·菲特和理查德·理查德森（Richard Richardson）分别作为作者与画师合作完成了第一本按原物大小印制插图的英国鸟类指南，但在第一次会面的时候，这两个人的经验差距却是天壤之别。正如我们上一章所提到的，理查德·菲特在苏塞克斯的寄宿学校时，受到他的校长，令人敬畏的鸟类学家E.C.阿诺德所影响，已经开始观鸟。之后，在20世纪30年代，他已经在鸟类调查以及在大众观察运动中将鸟类调查技术用于人类研究这两个领域崭露头角。早在26岁时，他就已成为英国鸟类学界不容小觑的力量。

而另一方面，理查德森只是一个初出茅庐的17岁少年，他甚至没有自己的望远镜，以至于不得不向同伴借了一台。他在日记中（转引自莫斯·泰勒所写的传记）表明，这是“我所经历的最有趣的一天”。尽管这天的观鸟活动十分成功，但这次远足还是带着战争迫近的气息。“我们所有人，”菲特在六十多年之后回忆道：“都认识到战争就要来了，并且这可能将是这段时间里最后一次实地考察了。”

9月3日星期天，首相张伯伦宣布对纳粹德国开战，在随后的四分之一个世纪中，全世界第二次陷入一片混乱。伦敦博物学协会聚会时的预感很快就成了现实：很多人被征召入伍服役，沿海的重要地点被宣告在战争期间禁止入内，因此，在家看鸟的机会

就变得寥寥无几了。

像其他人一样，观鸟者和鸟类学家在这场战争中也做出了自己的贡献。但是与第一次世界大战时整整一代年轻人牺牲在弗兰德斯战场上不同，这一次的伤亡人数要少得多——特别是对于战斗人员来说。因此，大多数出生于20世纪30年代的那一代年轻的观鸟人，基本上都毫发无损地幸存了下来。

战争还有着更长远的后果。社会阶级之间的壁垒，几乎在一夜之间就被打破了。这最终使得广大的战后一代，而不仅仅是一个特权阶层，比他们的前辈具有了更大的社会流动性。反过来这又增加了人们可支配的收入和闲暇时间，让他们能够参与到像观鸟这样的兴趣爱好中。

战争还带来了另一个意想不到的收获：成千上万的人（主要是军人）被派遣到那些在和平时期他们做梦也想不到会去的地方——在那里他们发现了全新纲目的异国鸟类。战争结束后，这种被拓宽的广阔视野对于作为一项群众活动的观鸟的发展有着深远的影响。

理查德·理查德森在伦敦度过了战争爆发后的第一年，他大部分的观鸟活动都局限于伦敦的公园和水库。他几乎立刻注意到了首都鸟类的一些变化，就像他在1939年9月14日的日记中所记载的：

> 自从战争开始，人们已经无法为圣詹姆斯公园的鸟留出太多的面包或者其他食物。我很好奇，那些知道这里有食物而来访的海鸥，是否也是由于这个原因而数量减少，去了其他能够找到食物的地方。辛顿先生说，现在很难为鹈鹕搞到鱼了。

理查德森于1940年年末加入了皇家诺福克军团，在东英吉利度过了接下来的三年。然后在1943年9月，他和他所在的营队被派往国外，登上了开往印度的运兵舰。

在漫长的国外旅程中，首先给他以安慰的，正是在家乡时的观鸟经验。像很多从来没去过比英国海滨更远的地方的年轻士兵一样，他经历了兴奋与思乡相混合的复杂情感。但在从孟买去往德奥拉利的路上，火车停靠中途车站的间歇中，他听到了熟悉的声音——矶鹬的鸣叫："那银铃般的啭鸣牵动着我的记忆，因为它是伦敦珍贵的声音之一，这涉禽常常在9月雾气沉沉的夜晚来到伦敦……"

矶鹬

理查德森并不是唯一一个从鸟类那里得到慰藉的人。就像第一次世界大战时那样，熟悉的鸟鸣声不仅鼓舞、安慰了士兵们，也给他们提供了无法估量的持久而连续的意义。1944年，在意大利参加战斗的时候，亚历克斯·鲍尔比（Alex Bowlby）一开始觉得，他听到的从敌人那边传来的声音是一个德国士兵在模仿鸟儿歌唱：

> 但随着鸟叫声的持续，我意识到，人类不可能将它复制得如此完美。那是一只夜莺。然后仿佛是要向我们和德国人展示更棒的本领，它放大了音量，直到整个山谷都回荡着它的歌声……我强烈而笃定地感觉到"这一切都会过去……"

云雀熟悉的叫声也使鲍尔比陷入了沉思，他反思着自己所处的荒谬境况："在爆炸声的间歇中我能听到云雀在歌唱，这使得战争看起来比任何时候都要蠢。"

就像在以前的战斗中一样，偶尔会发生把鸣唱着的云雀误认为是敌方飞机的事情。其中最臭名昭著的事件发生在1939年年末，被称为"巴京克里克战役"（The Battle of Barking Creek），当时在泰晤士河河口的一群鹅被误认成一个敌机编队。结果两个战斗中队紧急起飞，最后在混乱错误地袭击了对方。这是已知的第一次鸟类被雷达探测到的事件——在战后，这个手段在我们对于鸟类迁徙的认识中贡献卓著。

与此同时，就在理查德·理查德森到达德奥拉利后不久，严重的皮肤病迫使他在医院里度过了随后的八个月时间。虽然这让他有了充足的机会去看当地的鸟类，但是事实证明缺少双筒望远镜令他无比沮丧："迄今为止，我已经在印度看到了四种不同的伯劳，但是我并不知道其中任何一种的名字！”

也许是为了弥补看不清楚体型较小的鸟的缺憾，他开始关注更大型的鸟的行为，例如无处不在的黑鸢：“它们胆子够大，敢从人携带的盘子里抢夺食物。它们通常从后面接近受害者，用爪子抓住一口吃的，迅速地掠过惊呆了的受害者的肩膀。”理查德森在日记中为笔记记录配了草图，就包括关于这个非常事件的图示和说明：“不，这不仅仅是一则奇谈，这是家常便饭。”

如同他这一代的许多观鸟者一样，理查德森的爱好在战友们看来觉得十分古怪：

> 我总是渴望能有人跟我分享每一个有趣的小发现，每一次小胜利与许许多多的小失败。希望能有人对于鸟和相关的事情和我有一样感觉……我只见过一个战友对看鸟和奇怪的东西感兴趣，他的名字也叫作理查德森。每当我欢欣鼓舞地有了新的发现时，我都情不自禁地要告诉一两个我在这里的朋友。他们都很有礼貌的回应，也试图对我说的事情感兴趣，但他们难以掩饰的厌倦将我再次拉回现实。
>
> 有一两次同餐桌的战友问我从研究鸟类中能获得什么乐趣，就在我停顿一下考虑该怎么回答时，我发现，他看到我不能马上说出答案，眼中闪过一丝胜利的光芒。

不过，理查德森仍然坚持他的观察与素描，战后当他成为英国最知名的鸟类艺术家的时候，这些经验还一直为他所用。他几乎一直待在著名的克莱东岸——战后几个关键的聚会地点之一——这让他在几代观鸟人的记忆中都处于一个特殊的地位，直到1977年在55岁去世时。

黑鸢

战争结束后，许多英国军人撰写了战时经历的故事，其中最有名的一个例子就是盖伊·吉布森（Guy Gibson）的《敌军海岸在前方》（*Enemy Coast Ahead*）。但是另一名年轻的皇家空军士兵，尽管从事的是无线机械师这种不那么有魅力的工作，却是唯一一个专门写出他战时观鸟经验回忆录的人。

1946年出版的《比翼：与皇家空军一起在国内外观鸟》（*Wing to Wing: Bird-Watching Adventures at Home and Abroad with the R.A.F.*）的作者是E.H.韦尔（E.H.Ware）。韦尔是平民街的一名皮革代理商，于1940年参军，在英格兰和苏格兰担任过各种职位之后，他被派驻国外，去了北非和科西嘉岛。

《比翼》非常活泼而又老练的笔法，罕见地达到了经典自然作家的高度，或者说可以与同时代的斯派克·米利根（Spike Milligan）那古怪的幽默相媲美。但是书中对日常琐事的刻画，使这本书在某些方面成为对于军人典型生活的更加真实的写照，例如这段关于运兵船长途航行驶向非洲的描写：

> 我很快就发现，运兵船上的生活毫无乐趣，远非令人愉悦的航程。你的一天始于一声过早的“赶紧起床！”然后你和你的士官发现什么都没有发生，于是又去睡了。上铺的幸运乘客爬出来，踩在仍旧躺着的倒霉下铺的脸上，凑凑合合地钻进拥挤的甲板下方，挤出穿衣服的空间……等穿完了，就开始排队。一号队伍是为了洗漱，二号队伍是为了上厕所，三号队伍是为了吃早饭。吃完早饭，你有半个小时的时间加入任何一个你之前没来得及排的队伍，清理你的住处，收拾你的床铺，通常还要准备接受船上的检查。

经过漫长而乏味的旅程，运兵船终于抵达了阿尔及尔，韦尔的国外观鸟之旅可以开始了。对早已将地中海抛在身后，去寻找更具有异国情调的目的地的现代观鸟人来说，也许会觉得韦尔要辨识鸟类的努力有些好笑。例如，他花费了“两个星期的耐心工作”，终于将一种神秘的躲藏着的鸟类确认为黑头林莺——现在这在该地区是一种非常常见并为人们熟知的鸟类。然而在有可靠的野外指南的时代到来之前，他已经做得很好了，要知道他当时只能依靠拉姆塞（Ramsay）于1923年出版的《欧洲和北非的鸟类》（*Birds of Europe and North Africa*），而这本书被证明是远远不够用的：

> 麻烦的是，关于北非鸟类这是唯一可用的书，是我的妻子刚一知道我在那里的时候就寄给我的。这本书只是像博物馆说明一般地介绍了鸟的皮肤，没有插图，没有特征标记、鸣叫和生活习惯，而这三者是区分难以分辨的鸟种最常见的要素。

事后想来，韦尔在回忆录中不知不觉地透露了在战后的十年间观鸟发生了多少转变。到了20世纪70年代，由于可靠的野外指南、光学器材的进步以及廉价的国外旅游的热潮，似乎使韦尔的经历显得狭隘且微不足道。但对于韦尔和成千上万跟他一样的人来说，在发展对鸟类的兴趣、增长鸟类知识上，战争为他们提供了前所未有的机会。

虽然能够在什么时间、什么地点看鸟，受制于英国皇家空军的调配，但至少E.H.韦尔还是有一些行动的自由。不过这并不适用于那些不幸的战俘，他们中有人几乎在整个战争当中，都只被关押在一个的地方。

这些不幸的战俘其中之一就是约翰·巴克斯顿（John Buxton）。他在战争结束五年之后，出版了一本薄薄的关于红尾鸲的书，该书是柯林斯出版社的“新博物学家”丛书中的一种。与这套丛书中其他书有所不同的是，这本书中所进行的探索和研究几乎都是在巴伐利亚的战俘营里完成的。

作为牛津大学新学院的研究人员，战前又是英语文学的助教，还偶尔客串诗人，巴克斯顿给人的印象既不像一个英雄也不像一个鸟类学家。然而战争爆发后，他加入了突击队，在1940年年初卷入了第二次世界大战初期最大的军事灾难之一——命运多舛的挪威战役，在那里被德国人所俘虏。

在第二次世界大战余下的时间里，他一直留在巴伐利亚的爱西施泰特作俘虏。对于一个失去自由的人来说，五年是很长的一段时间，对于一个心灵和身体像巴克斯顿这样活跃的人来说就更是如此了。但是在一定程度上，他又是幸运的：爱西施泰特有着迷人的乡村环境和丰富的鸟类。就像《新博物学家》（*The New Naturalists*）作者彼得·马伦(Peter Marren)所观察到的，这也有它的优势：“在某些方面来说，战俘营地为观鸟提供了相当不错的机会。当这么多聪明、积极的人手上有大把的闲暇时间，又没有什么动力去发掘分散注意力的消遣活动，在这种情况下很难想象会发生别的什么。”

当他的囚犯同伴以打扮成合唱团女生或者以挖隧道逃跑来打发时间的时候，就像巴克斯顿在《红尾鸲》的开篇所回忆的那样，他经历了顿悟的时刻：

> 1940年的夏天，我躺在巴伐利亚河附近晒太阳时，看到了

一窝红尾鸲……正在樱桃树和栗树上以它们的方式忙来忙去。那时我没有做什么笔记（因为我没有纸），但是当第二年春季到来，与……最早回来的红尾鸲在一起时，我做出决定：这就是我在大部分的户外时间中应该研究的鸟类。在我看来，我们这些囚犯可以在一起看一些鸟，而且如果我们几个人一起研究一种鸟，比起我们试图记下所有来访的鸟类，应该会有更多的发现。

凭着特有的军事效率，巴克斯顿立即着手组织了他的同事。定期的观察始于1941年4月，并马上就占去了囚犯们全部的自由时间。1943年4月到6月短短三个月内，巴克斯顿和他的“志愿者”团队在一对红尾鸲上总共花费时间850个小时——平均每天超过9个小时！

他们观察的结果被巴克斯顿总结成书中的各章标题：“到达繁殖地——鸣唱——领地”，“产卵和孵化”，“雏鸟的成长”，如此等等。但是让现代读者感觉此书极富吸引力的是，作者对于一个俘虏在观看自由飞翔的鸟儿时所产生的精神感受的思考——那是一种发自内心的情感，说明了人们为什么能从观鸟上得到这么多快乐和满足感：

我的红尾鸲？在监狱里看着它们的主要乐趣之一就是，与我们相比，它们居住在另一个世界。那我为什么说它们是我的呢？因为令人羡慕的是它们彻彻底底为自己而活，不关心我们昏庸的政治，也没有那些由知识所带来限制。它们只活在当下，不需要预见什么，只拥有那些切实和它们相关的事物的记忆。

战后，巴克斯顿回到了学术界，但仍然活跃于观鸟领域，致力于推进鸟类观察及鸟类环志，并在20世纪50年代中期，英国鸟类学信托基金会的一次会议上将来自德国的雾网（mist-net）引入了英国。他于1989年去世。

约翰·巴克斯顿并不是唯一一个在爱西施泰特结束战俘生涯的观鸟者。那个战俘营中还有彼得·康德尔（Peter Conder），他后来成了英国皇家鸟类保护协会的负责人；还有乔治·沃特斯顿（George Waterstone），后来成为费尔岛鸟类观测站的创建者和英国皇家鸟类保护协会苏格兰办公室的主管。这是个幸运的巧合，后来被“新博物学家”的编辑称之为“小型的鸟类学大会……这里诞生了战后英国鸟类学的发展规划，对于英伦三岛的鸟类学产生了深远的影响”。

康德尔是1940年6月，在索姆河畔圣瓦莱里被抓住的，像巴克斯顿一样，他在爱西施泰特被关押了长达五年之久。他于1983年去世，他的朋友和同事鲍勃·斯科特（Bob Scott）在回忆起他的战时经历时说：“德国抓捕者很快就习惯了他的活动，以至于在大家企图逃跑的时候，他成了一个很有用的瞭望员。他对金翅雀进行了细致入微的观察，他用来作记录的材料什么都有，甚至包括德国的卫生纸。”

被强制关押在德国期间，彼得·康德尔还趁机研究了在欧洲大陆上很常见，但在海峡另一边却非常罕见的迷鸟物种：凤头百灵。1947年，战争结束之后，他和两个一起被俘虏的同伴以典型的英国式轻描淡写的笔调，在《英国鸟类》杂志上发表了他们的观察：

凤头百灵在我们这里随处可见，它们常常在距离我们一百码的位置育雏，但总在铁丝网外。因此在随后每一年里，我们都能看到，但却只能看到很少的繁殖行为。这种反复的失望，加上在最后一个冬天我们被迫离开这里时，必须要携带食物，而不是成堆的鸟类笔记，这就解释了为什么只有寥寥无几的笔记流传于世。

康德尔和他的战俘同伴们还保留着一份奇怪的观察记录：那就是凤头百灵最常见的叫声听起来很诡异，就像“天佑女王！”想必这被认为是对俘虏他们的纳粹的一种藐视行为，虽小但却颇有意义。

监禁对于康德尔来说足以改变他的人生经历。这个将自己形容为“学术失败”又“有点不合群”的男人，成为他那个时代最重要的自然保护主义者之一。在战争结束之后，他没有回到家族企

凤头百灵

业，开展广告事业，而是成了威尔士海岸斯考哥尔摩鸟类监察站的看守者。后来，他加入了英国皇家鸟类保护协会。他自1962年起开始担任管理工作，在做主任的13年时间里，协会会员从2万人增加到了20万人。

讽刺的是，在描写德国战俘营生活最著名的电影——1963年上映的《大逃亡》（*The Great Escape*）中，对英国观鸟人形象有一个奇妙的刻板写照。由唐纳德·普莱森斯(Donald Pleasance)饰演的“伪造者”布莱斯，一个温和而谦逊的非战斗人员，由于不幸的意外而成了战俘。

在这个原本场面火爆的动作电影里相对安静的一刻，他遇到了由詹姆斯·加纳（James Garner）饰演的性情急躁的美国人“小偷”亨得利，当他们开始关于鸟的话题时，下面的对话随之而来：

亨得利：鸟？我以前常自己打打猎。

布莱斯：噢！不是打猎，是看。

亨得利：噢！一个观鸟者……

布莱斯：这就对了，看它们，把它们画下来。我猜美国也有观鸟的人吧？

亨得利：是的（他有些犹豫）。有一些。

让这一幕显得更加荒唐的是，布莱斯的视力极差，他几乎失明了。他的眼睛被锻造所需要的近距离工作所损坏，因此要他看鸟还真是一个挑战。

那些被关押的不得志的俘虏手上有如此多的时间，相比之下那些进行军事活动的人就很少有时间从事其他活动了，更不要说

那些显然没有产出的活动，比如观鸟。

然而，抑制不住自己看鸟热情的马克斯·尼克尔森（Max Nicholson），即便在最不可能的环境下也还是成功地做到了。在伦敦大轰炸期间的一个夜晚，他在位于切尔西的家附近做志愿空袭监察员，他听到一只红脚鹬正在头顶的高空上鸣叫。他还为了听办公室窗外赭红尾鸲的歌声而打断了一个重要的白厅会议。但他最富传奇色彩的观鸟行为发生在战时乘坐伊丽莎白女王号越洋去华盛顿的途中，那时他正负责组织大西洋护卫舰队。他的儿子皮尔斯追忆了这段传奇经历：

> 轮船的确切位置是一个顶级的安全问题，只有船长和导航员才知道。因此当马克斯告诉船长他们在冰岛西南300英里的位置时，船长吓坏了。他们问："你是怎么知道的？"生怕存在有破坏性的安全漏洞。"嗯，我刚刚看到一只鸟，它在以格陵兰岛为中心、半径200英里的地方有分布，但在冰岛则没有；而今天早些时候我看到了另外一只鸟，它分布在冰岛周围300英里的范围内，但是它们现在已经不见了。"

更了不起的是英国陆军元帅艾伦布鲁克子爵（Alanbrooke），在繁重、有时甚至是难以忍受的岗位职责之中仍旧维持着观鸟的爱好。

艾伦布鲁克出生于1883年，在两次世界大战之间，他通过军事等级制度稳步晋升。1940年的5月和6月，他受命负责33万军队从敦刻尔克撤离。这个看似注定要失败的任务，他竟拼抢成功了，因此他在1941年12月升任总参谋长。他后来被蒙哥马利元帅誉为"在所有参与了最后战争的国家当中，所涌现出的最伟大的陆军

赭红尾鸲

战士、海军战士和空军战士”。虽然战后出版的日记中他对于丘吉尔和艾森豪威尔将军两人的犀利品评引起了极大的争议，但在战争期间，艾伦布鲁克始终与美国将领保持着良好的关系。这在某种程度上是由于他对于鸟类的热情所致，就像亚历克斯·丹切夫（Alex Danchev）和丹尼尔·托德曼(Daniel Todman)在对艾伦的战争日记的导读中所述：

> 在非洲战役期间，艾森豪威尔和艾伦布鲁克两个人在工作上步调一致，但尽管他们的私人关系足够友好，相处起来仍有些拘谨。有一天，艾伦布鲁克偶然向艾森豪威尔提到，说他曾千方百计地想要得到《鸟之书》（*Book of Birds*，由美国国家地理

协会出版的一部两卷本著作)，但是被告知这书已经绝版了。

两天之后，这本书就在美国找到了，横跨大西洋递送，还附带着艾森豪威尔的问候交付给了艾伦布鲁克。两人之间的拘谨就此结束，从那时起他们开始以“布鲁齐”和“艾克”互称了。

即便是在战争最激烈的时候，艾伦布鲁克也找出时间来观鸟。在一次讨论夺回仰光的可能性以及北非战场上隆美尔所造成的威胁的内阁会议上，他利用中间的休息时间，北上探访了诺森伯兰郡的海鸟聚集地。不幸的是，这次出行是在失望甚至几乎是灾难中而告终：

这一天我已经期待了好几个月，也就是去法尔内群岛(Farne Islands)。不幸的是天气十分糟糕，海面巨浪滔天。设法装载货物时小艇翻了……我所有的相机设备都落入了海中！！万幸的是，在相机沉没之前船长成功地将它捞了上来。但是相机、胶卷以及镜头都被海水泡过了！相机无法使用，机会白白错失，这是最郁闷的。总之天气糟透了，还下着小雨。最后我从艾克灵顿飞了回来，于晚上8:15在亨敦落地。

一年之后，1943年6月11日——轰炸鲁尔水坝之后不到一个月——他再次尝试前往诺森伯兰的海鸟聚集地。这次他运气好了一些，遇上了好天气：

我们在上午9点钟动身前往锡豪西斯，在那里海军上将跟我们会合，驾船驶向法尔内群岛。这是与去年几乎相同的海军观鸟者聚会……我们度过了愉快的一天，拍摄了许多绒鸭、暴风鹱、三趾鸥、海鸽、刀嘴海雀、海鹦以及鸬鹚的照片。天气一直不错。

艾伦布鲁克对于鸟类摄影的兴趣也成就了他与埃里克·霍斯金（Eric Hosking）之间的亲密友谊。上层中产阶级军官和工人阶级摄影师之间的交往在那个时代并不常见，但是分享兴趣，特别是对于鸟的兴趣，有助于打破社会壁垒。霍斯金并没有被他同伴的社会地位所吓倒：有一次，陆军元帅在隐匿处弄出了很多噪音，霍斯金毫不含糊地告诉他闭嘴！

两个人第一次见面是在1945年德国投降之后的夏天，正好是在艾伦布鲁克将要前往波茨坦参与那场历史性的重要会议之前，那场会议奠定了战后世界格局的基础："那是一个周六的下午，我在家里，有人告诉我将会有一辆车带着一些想要见我的绅士过来，（我被介绍给了）埃里克·霍斯金先生，了不起的鸟类摄影师……显然，他们在一棵欧洲赤松上找到了一个带有幼隼的燕隼巢，并希望去设置一个隐匿处。"

在霍斯金的自传《以眼还鸟》中，关于这次会面他有着相当不同的回忆："我们开车到艾伦布鲁克的房前，有些惶恐地敲了敲门。应门的人穿着一件旧的开领衬衫、鲜红色的背带和一条老旧的卡其色长裤。我正要向他询问求见那个伟人时，我才意识到这正是他。"

毫无疑问，艾伦布鲁克将观鸟和鸟类摄影作为一种短暂的放松，让他从巨大的工作压力和挫折感中解脱出来。他的战争日记中，常常将他作为战争领袖的角色与作为观鸟人的热情并列在一起，这种耐人寻味的安排恰好证实了这一点。这种做法的典型例子就是多年之后他把对与丘吉尔关系的深切的个人忏悔

燕隼

（在括号中的部分），插入到为燕隼的巢拍照的日记条目里：

1945年7月27日

晚餐的时候，埃里克·霍斯金来确认了一下我明天使用他的隐匿处拍摄燕隼的细节。

（与温斯顿一起工作的日子已经到头了，这个想法是非常打击人的。确实曾有过非常困难的时期，有时候我甚至觉得跟他多共处一天都无法忍受。但是我们经历的所有困难已经在彼此之间形成了钢铁般的纽带，让我们团结在一起……

在阅读这些日记的时候，尤其是在后来这些年里，我多次为自己曾对他造成的侵害感到羞愧。但必须记住的是，日记是我的安全阀，是释放我压抑感情的唯一出口……

每当回想起与他共事的岁月，我总会把它当作生命中最艰难困苦的时期。对于这一切我要感谢上帝，感谢他赐予我和这样一个人一起工作的机会，以及让我知道地球上偶尔会有这样的超人存在。）

7月28日

早上8:30与霍斯金在白狮宾馆（the White Lion）会面之后，马上就出发去往隐匿处。一个高达26英尺的巨型木架子！但距巢仅有12英尺。巢内有3只雏鸟。9点钟我就安置好了，10:45的时候母鸟第一次回来，喂食雏鸟，花了10分钟时间。12:15，她又回来了一次，待了近10分钟。我拍了许多照片，只愿它们都不错。这真的是个很棒的机会，我相信这是首次给燕隼拍彩色照片！

就像1959年，在艾伦布鲁克离世的四年之前，工党议员、《论坛报》记者雷蒙德·弗莱彻（Raymond Fletcher）所写的："我确信，艾伦布鲁克子爵会更希望作为一个鸟类学家而不是一名军人而被大家所铭记。"

为了观鸟，你不一定要成为英国的总参谋长、战俘或者被派遣到帝国遥远的前哨基地。对于那些留在英国的人来说，尽管受限于战时的旅行条例，他们仍旧可以观鸟。理查德·菲特（Richard Fitter）被派遣巡视英国各个机场，进行飞机调查，他回忆起一次从维克出发，环绕英伦岛屿最北端的设得兰群岛中的马克尔·弗拉加岛（Muckle Flugga）的飞行，在那里他得到了著名的鲣鸟栖息地的鸟瞰图。

其他人就只好就近做些更实际的事。后来成为英国最顶尖的生态学家之一的诺曼·穆尔（Norman Moore），20世纪40年代早期，毕业于剑桥大学三一学院。在学院生活与科学研究之外，他还自告奋勇地当了敌机的监视员，他回顾了1942年5月的一个晚上，听到"在三一学院后面，秧鸡刺耳的叫声"。2000年他在一篇为纪念剑桥鸟类俱乐部（Cambridge Bird Club）成立75周年的文章中透露，观鸟在当时仍旧被认为是相当古怪的消遣：

> 人们在赛马大会以外使用双筒望远镜是难得一见的景象。在1940年11月21日，我目不转睛地看着一只鸟上下翻飞，落在了煤气厂附近的剑河上。"你看什么呢？"一个路人问道。"一只小鸥。"我回答道。"你真有意思！"他暗笑着说。

诺曼·穆尔看到的另外两种不同寻常的物种，是在新的移居

金眶鸻

过程中变成在英国繁殖的鸟类：在圣约翰学院塔楼顶部听到的赭红尾鸲，以及在剑桥污水处理场看到的金眶鸻。

这两个物种也在其他地方被观察到了。1942年，威瑟比和菲特在给《英国鸟类》杂志的论文中汇报了移居到英格兰南部城镇的赭红尾鸲。这个欧洲大陆的物种早在20世纪20年代初就已经来到了英国，主要是在沿海的峭壁上筑巢。但它们突然出现在那些被炸弹炸毁的地方，特别是在伦敦，这些地方能确保它永久定居。威瑟比和菲特报告了几个不同寻常的发现，包括一个位于旺兹沃斯战场上被炸毁的房屋中的巢。马克斯·尼克尔森也在圣詹姆斯公园站的办公大楼上听到了一只雄鸟的鸣唱。这些文章作者认为这个物种也许比上一年度正常的出现频率增加了3—4倍。不过他们也指出，使记录明显增加的可能原因之一，是由于战争开始后大大减少的交通噪音，这使观鸟人更容易听到这些鸣叫。

此时另一个重要的鸟类学事件是金眶鸻移居成为英国繁殖的鸟类。1938年，在战争爆发前一年，最早的一对金眶鸻在特林水库筑了巢。六年以后，即1944年，另外三对也繁殖了：有两对在特林水库，另外一对在米德尔塞克斯郡的谢伯顿，一个新的沙石挖掘坑里。

五年之后的1949年，在白金汉郡的斯劳，作为一份周报的初出茅庐的记者，肯尼斯·奥尔索普（Kenneth Allsop）出版了他的第一部小说《冒险点燃他们的星星》（*Adventure Lit Their Star*）。其中就是根据金眶鸻的移居，进行了虚构的叙述——也许这是有史以来第一次用一只鸟作为小说情节的焦点。

故事非常简单。理查德·洛克是一个因结核病而从英国皇家空军退役的士兵。在漫长的康复道路上，他发现了一对筑巢的金眶鸻。为了对抗鸟蛋收藏家，他决定守卫它们的巢，有两个小男孩则希望把整个鸟窝端掉。在他说服他们相信守护这些鸟蛋要比偷走它们更好之后，三个人遇到了一个真正严肃的收藏家——一个叫E.R.古德温上校的卑鄙家伙。经过戏剧性的对峙之后，他们终于赢得了胜利，从掠夺者手中保住了珍贵的鸟蛋。

《冒险点燃他们的星星》的写作从许多方面来看都很与众不同。它的叙述非常真实，包括一些非凡的像法医般精确的段落，从“鸟类的视角”传达出迁徙的危险。这本书还向我们揭示了当时的观念——现代读者可能会惊讶地发现，在那时食用鸻蛋并不违法：

> 上校……恼火地看着他们。“你和看水库的人去见鬼吧。我提醒你，金眶鸻可不是私有财产。”

促使奥尔索普讲这个故事的因素之一，是这些珍稀鸟类都选择在这种熟悉且不讨人喜欢的地方筑巢，就像他在小说的导语中所透露的：

> 我觉得，正是它们的生存环境强化了我想要写这个故事的愿望。如果我们在诺福克海边的沼泽地、在苏格兰的森林里或者在威尔士山脉看到一个珍稀鸟的巢，那是一件令人高兴的事。但如果这个巢位于大城市的郊区，这里既不是城里也不是乡下，周遭凌乱且无人过问，被郊区的建筑、工厂、加油站以及交通干道蚕食侵害着，那么，事情就是另一种味道了。

《冒险点燃他们的星星》留给人们最重要的东西也许是，这是第一次一个作家虚构出来的人物通过对于鸟类的兴趣而获得了

精神上的安慰，甚至是活下去的意愿。下面是对洛克刚刚发现金眶鸻的巢后立刻回家的描述："回程中伴随着嘶嘶的声音，走在明暗相间的道路上，雨水刺痛了他的脸颊，模糊了路边树篱丛的轮廓。对于洛克而言，这是他的甜蜜与喜悦。他觉得从未如此开心。"

理查德·洛克可能是虚构的，但是他对观鸟的治疗价值的发现，使他在战争结束后，成为解释观鸟突然在大众中流行起来的关键人物。

像同时代的许多观鸟者一样，奥尔索普的英雄用他所信赖的自行车出行。在战争期间，甚至是战争结束之后，定量供应的汽油意味着，即便是行驶很短的距离去看一只珍稀鸟也是不可能的。在战争初期，埃里克·帕克（Eric Parker）（《野外》杂志的编辑）接到了一个电话，一个观鸟的同伴告诉他一只灰瓣蹼鹬——一种在内陆地区难得一见的涉禽——在萨里郡戈德尔明附近的卡特麦尔池塘（Cutmill Pond）被人发现了：

> 如果我想要去看它，那个告诉我消息的人……会尽量告诉我它是否仍然在那里。我首先想到的是要怎么去卡特麦尔池塘，那意味着大约8英里的路程……马上就要到月底了，我几乎没剩下多少汽油了……我可能还会得不到消息，昼夜不停的空袭已经使电话受阻，而在空袭上方的一场风暴又毁坏了电话线。最后消息传来：那只鸟儿已经飞走了。

由于旅行太困难了，唯一的选择只能是在本地看鸟。鸟类学家斯图尔特·史密斯（Stuart Smith）在曼彻斯特郊区的菜地中研究了黄鹡鸰，并将结果发表在《黄鹡鸰》（*The Yellow Wagtail*）

一书中，这是"新博物学家专著"系列最早的丛书之一。E.A.阿姆斯特朗牧师甚至在离家更近的地方找到了灵感，在他位于剑桥的神父寓所的花园里。他在"新博物学家专著"系列的另一部《鹪鹩》(*The Wren*) 中，形象地描述了顿悟的时刻：

> 1943年11月的一个晚上，黑夜降临了，轰炸机呼啸着扎进黑暗当中，当我碰巧从书房的窗口望出去的时候，我看到了一只小鸟……几个晚上之后，那只鹪鹩又来了……我的兴趣再次被鸟所吸引，它让我变成了一个着迷的小男孩。这正是我想要了解更多的一个物种。

一个值得注意的方面是，战争期间对于鸟类的细致研究是如此的繁荣，但其参与者却很少有鸟类学家——事实上其中有些人连科学家都不是。正如我们看到的，约翰·巴克斯顿是牛津大学的教师，斯图尔特·史密斯接受的是纺织化学的训练，而爱德华·阿姆斯特朗则是一个哲学家和神学家。这是英国业余爱好者的传统中非常重要的一部分，他们的热情程度与带有怀疑态度的调查探究，完全不亚于受过正规培训的鸟类学家。的确，这个恰到好处的短语"新博物学家"，正是为了承认这种方式而被创造出来的。

不过对于那些为公众写作的、训练有素的科学家而言，也依然存在着空间。毫无疑问，在这个时期——也许不管是在哪个时代——最有影响力也最知名的关于单一物种的研究是大卫·拉克 (David Lack) 1943年出版的《欧亚鸲的生活》(*The Life of the Robin*)。后来拉克获得了顶级领先鸟类学家的名望，并率先使用雷达研究鸟类迁徙 (见第11章)。他的观鸟生涯始于德文郡的达

欧亚鸲

廷顿学院，曾在那里当校长。他从20世纪30年代中期开始研究欧亚鸲，原本只是为了让学校的寄宿学生开心，填补学生们的课余时间。他很快意识到，欧亚鸲是英国最有名的鸟类之一这种流行的观念，实际上是个天大的错误，并且，在已有的有关该物种的出版物中充满了简单的错误。他以一种有条不紊的、科学的方式开始对这种鸟进行观察，而不对它们的行为带有先入之见。

这部完美的书稿成了一本重要的畅销书，在1946年出了第二版，1953年在鹈鹕出版社出了平装本，直至20世纪70年代还在重印。书中有一段话甚至被用在了普通程度通用教育证书（GCE "O" Level）的英语考试当中。与许多其他鸟类通俗读物不同，《欧亚鸲的生活》同样被鸟类学研究机构所接受。伯纳德·塔克（Bernard

Tucker）在写给《英国鸟类》杂志的书评当中写道：

> 这本书具有受欢迎的科学作家的作品所应有的一切要素，清晰、易读、以直白的语言写就，但是又不失准确与精密，写得极具魅力且十分人性化，经常能灵活运用从其他作家、动物学家或是别的什么人那里引用的恰当而有趣的引文，或是“稀奇古怪的信息”。

并不是所有对鸟有兴趣的人都有时间、意愿和能力去写出基于长时间野外观察的科学专著。因为更随意的观察者只不过渴望摆脱战时的严酷考验，一名叫作詹姆斯·费舍尔的年轻男子给出了答案。

1941年，在为农业部研究白嘴鸦时，费舍尔在鹈鹕出版社出版了一本平装书，题目就叫《观鸟》（*Watching Birds*）。这本书印刷在战争时期的薄纸上，售价2先令。这不起眼的小小书卷销售出了300多万册，开启了观鸟之乐趣与愉悦的全新时代。

詹姆斯·费舍尔看起来并不像是会做这件事的人：他是昂德尔公立学校校长的儿子，就读于伊顿公学，是一个典型的英国上层中产阶级的产物。同很多背景相同的人一样，他集如下特点于一身：唯我独尊的自信，有时甚至近乎傲慢，以及与各行各业的人打交道的能力。

一开始他在牛津大学攻读医学，或许家里人也期待他以医生为业。然而，受他的叔叔阿诺德·博伊德（Arnold Boyd）这位知名鸟类学家的启发，费舍尔换专业到了动物学，并开始代表鸟类和观鸟活动向人们传教——为了鸟的圣战，这成了他一生的工作。

1970年9月，费舍尔因为一场车祸而英年早逝，他的朋友和同

事罗杰·托瑞·彼得森（Roger Tory Peterson）赞颂他为："一个个性鲜明充满能量和决心的精力充沛的人"：

> 詹姆斯认为，学术是贫乏的，除非它的劳动成果能够传播给大众……他多才多艺而且多产，他的作品对于通俗鸟类学产生了深远的影响，他比同时代的人更有效地弥合了学术界和外行之间的鸿沟。

战后，费舍尔继续写出了更多的书，出现在一千多个广播与电视节目当中。他满怀激情地相信，任何人都可以对鸟类的研究做出贡献，他们需要的其实只是一点小小的引导与鼓励。《观鸟》就是为此写作的：

> 对于普通人来说，鸟肯定是乡村中最迷人的活物……《观鸟》是由一位科学家为业余爱好者所写的，它的目的是向那些没有动物学基础的人介绍鸟类研究……并且，通过这些介绍，劝说他们加入观鸟大军……使我们对英国鸟类的了解比其他任何国家对鸟类的了解都要更好。

纵有他那样的出身背景，费舍尔致力于改善普通老百姓生活的想法，在当时不那么乐观的人看来似乎也是不可能的。1940年11月，在著名的不列颠之战的胜利之后，盟军开始渡过难关，他坚决捍卫了自己乐观的方法，他写道：

> 可能有些人会认为，当英国正在为自己和其他很多生命而战的时候，出版一本关于鸟的书，是一件有必要道歉的事情。我

没有做出这样的道歉……鸟类也是我们为之战斗的遗产的一部分。在这场战争之后，普通老百姓将会拥有比战前更好的生活，他们将会获得更多……也许会获得迄今为止无论如何也找不到的机会，去观看野生动物，并做出关于野生动物的发现。我写这本小书就是为了这些男男女女，而不是为了少数一直沉迷于鸟类学的特权阶层。

以这种方式找到了一个心甘情愿而热切的读者群体。尽管受到战争时期的种种限制，《观鸟》还是一举成功，来到了一群以前没有可能观鸟的人的手中。那些被疏散到乡下的儿童，那些长时间出国服役的士兵，还有那些留在家中的人们，都购买并阅读了这本小小的平装书，并因此获得了对于鸟的终身爱好。

《观鸟》一书甚至为这项活动提出了标准用词“观鸟”(birdwatching)，根据理查德·费舍尔所说：“在那之前，我们并不是像这样观鸟，我们只是出门去找鸟儿。”

在1945年的版本中，费舍尔试图说明这本书依然流行的原因，指出广大民众正越来越渴望通过阅读和其他活动来进行自我教育：“我相信这是因为鸟类研究（这个事业与对它们感兴趣或者对它们在情感上的热爱有点不同）关心的是普罗大众，他们是在大街上就可以看到彼此的人，也是在火车上看企鹅出版社的书的人……”

与此同时，英国处于不断变化之中，观鸟也将随之改变。1945年7月，克莱门特·艾德礼在竞选中为工党赢得了压倒性的胜利。英国人对特权和严格的社会等级制度感到厌倦，希望能够享受已经为之战斗了这么久的自由。他们渴望学习，而且现在可以学习了：或者是受惠于1944年的《教育法》，或者是走进那些为已经

离开学校的人而开设的夜校。

像《观鸟》这样廉价的平装书，还有像"新博物学家"系列那种价钱更贵但仍然可以承受的图册，使战后一代对博物学有了更多的了解。50年代初汽油配给刚一结束，私家汽车的快速普及很快让他们把书中学到的观鸟知识付诸实践。到了1951年，他的书又一次再版的时候，关于他在乐观主义似乎是无用的时代的那个先见之明，费舍尔终于可以提醒他的读者们了："在我写的第一版（1940）前言的第一段中，我非常轻率地做出了一些预言，不过照我看来，这些都变成真的了。"

1945年5月8日，欧洲胜利日这天，德国最终投降了。这场在欧洲的战争持续了六年之久；数百万人被杀害，数百万人的生活被永远改变。庆祝活动一直持续到了夜晚，显然很多人会在家中度过第二天，他们需要从前一晚不节制的庆祝活动中慢慢恢复。

有两个年轻人以一种更为健康、充满活力的方式庆祝了战争的结束。当时理查德·理查德森还远在数千英里之外的锡兰，理查德·费舍尔准备和另外一个伦敦的观鸟者约翰·帕林德（John Parrinder）一起去观鸟。他们乘上了去往北部肯特沼泽的奥哈罗斯（All Hallows）的火车，这是这个地区五年以来第一次不再限制访问者的进入。在古灵（Cooling）海堤边上的池塘中，他们发现了罕见的从大陆而来的漂流者，两只黑翅长脚鹬。那年春天，也许是同一对长脚鹬将巢址选在了看似不可能的诺丁汉污水处理场边上——这是英国的第一笔繁殖记录。

对于英国的观鸟者来说，这是一个及时的提醒——尽管英国的社会和人都可能已经发生了变化，但鸟儿还在那里：不为人知，只是等待着新一代的观鸟者找到、观察并欣赏它们。

第11章　学习观鸟：战后时期，1945—1958

我们中大多数到了我这个年纪的人，都能记得一战后20年代早期的那场灾难。在那场灾难中，惨淡的失败造就了一个适合英雄生存的世界。二战的整个阶段都在孕育着和平。

美好的生活必须不仅仅包括食物、衣服和住所……还需要无形的精神上的满足……

——达德利·施坦普，《英国的自然保护》

第二次世界大战结束后不久，在繁殖季节，两个同伴在苏塞克斯郡定期碰头，寻找珍稀鸟类的巢穴。年轻的小伙子是詹姆士·弗格森–利斯（James Ferguson-Lees），他只有十几岁，但已经展示出了成为20世纪最有影响力的鸟类学家的潜力。年长的一位已经70岁，却仍然身强体健，能够爬树攀岩寻找游隼在高处的巢，他叫乔克·沃波尔–邦德（Jock Walpole-Bond）——鸟类学家圈里赫赫有名的“乔克”。

只要看到乔克·沃波尔–邦德（1878—1958），人们就会驻足围观。在《英国鸟类》杂志刊登的他的讣告中，他被称为“旧约先知的化身”。他习惯提高嗓门对旁观的人评头论足，弄得大家很尴尬。其他的观察家把他比作流浪汉，据说有两次没钱买巴士票，其中一次有人给了他一弗罗林，让他饱餐一顿。早年在牛津的时候，他常常在会场上挑战那些巡回的职业拳击手，然后打败他们！

然而，沃波尔–邦德古怪的言谈举止下隐藏着一个优秀的鸟类学家头脑和一份对寻找鸟巢的痴迷。他曾经宣称自己见过每一种在英国规律繁殖的鸟的卵，并集齐了所有的鸟蛋——虽然世人不能接受采集鸟蛋这件事，但有段时间采集是合法的。但是，秉着同一时代的精神，他和弗格森–利斯达成了一个绅士协定：外出时看到任何鸟巢里有鸟蛋，伟大的鸟蛋学家都不会折回去拿。

他的年轻同伴几乎与他如出一辙。1952年，年仅23岁的詹姆士·弗格森–利斯成为《英国鸟类》杂志的助理编辑，两年后就任全职执行主编。在职期间，他组建了珍稀鸟类委员会（Rarities

Committee)，同马克斯·尼克尔森一道揭露臭名昭著的“黑斯廷斯珍稀鸟类”(Hastings Rarities) 造假事件。

后来，他在英国皇家鸟类保护协会 (RSPB) 供职多年，担任英国鸟类学信托基金会的主席和董事长，筹划和主持了大型国际会议，在筹建西部古北区鸟类协会 (The Birds of the Western Palearctic) 过程中起到了关键作用，他还抽时间同盖伊·芒特福特一起在西班牙南部、保加利亚和约旦考察。他花了18年时间写出了长达1000页的世界猛禽详细指南。在《鸟类学名录》(*Who's Who in Ornithology*) 一书中，他列出他的其他兴趣爱好是“填字谜、园艺、业余摄影和看垃圾电视节目”。

当他们在苏塞克斯的乡下从拉伊到奇切斯特、从阿什当森林到南部丘陵的时候，应该没有认识到，他们已经走到了观鸟史的十字路口。紧挨着二战后的那几年，大约从1945年到1958年期间，一个时代结束，另一个时代开始了。

这一段属于维多利亚时代的乐章终于演奏到了休止符——乔克·沃波尔-邦德是最后一个代表：当时，采集鸟蛋是一项能为大家接受的“运动”；业余博物学者漫步乡间，用华丽逸致的散文抒发快乐的情感；观鸟仍然是少数热衷者的一项稀奇古怪的消遣活动，他们中的大多数人即便没有见过面或者不知道姓名，也相互仰慕。也是在那段时间，老传统占了主导地位：正如弗格森-利斯回忆的那样，老一辈观鸟人的大部分时间都花在了指导年轻人上，鼓励他们、教导他们野外生活的“原则”和对鸟的识别。

观鸟的新纪元——以野心勃勃且年富力强的弗格森-利斯为代表——迅速发展变化起来了。这个时代见证了合适的野外指南的出现和光学仪器的广泛使用；这个时代迎来了鸟类学组织机构的蓬勃发展，可以在更为严格和专业的基础上开展这项爱好；这个时代目睹了研究鸟类习性的新科学动物行为学的兴起。同时，得益于收音机和电视机等新媒体，成百万的听众和观众得以舒舒服服地坐在他们的客厅里面间接地观鸟。

技术也成了一个关键因素。战争年代发明的雷达不仅仅用来追踪敌机，也被用来跟踪庞大的鸟群迁徙。同时，对“可见的迁徙”研究和鸟类环志研究的持续发展促成了全国范围的鸟类观察网络。尽管一开始许多人无法亲自接触到，但到了20世纪50年代中期，随着汽车保有量的迅速增多，经济持续增长带来了首相哈罗德·麦克米伦的著名断言：“我们大多数人得到了前所未有的享受”，受惠于这一切，那些偏远的地点也变得很容易到达。

观鸟的社会结构也发生了变化。战前，观鸟主要是我们今天称为“中上阶层”的专有活动：他们有钱、有闲也有机缘走到乡下去。战后，和许多英式消遣方式与组织机构一样，观鸟也更具有社会和地理内涵了，许多城镇和城市居民也第一次萌发了观鸟的兴趣。

最重要的是，相对封闭的英国观鸟人，曾经不愿意将视野置于海岸线以外，最终他们也发生了转变，尝试着探索欧洲大陆和北美的野外。20世纪50年代萌生了一种对观鸟的痴迷，在之后几十年这种倾向一直独占鳌头：希望尽可能看到更多的鸟类，人们别致地称其为“计数比赛”，最后发展为成熟的推鸟（twitching）竞技运动（见第14章）。

在这短短的十几年期间，比起第二次世界大战末期所能设想到的改变，观鸟发生的变化超乎想象。到20世纪50年代末，在大西洋两岸，观鸟最终发展成为今天大众参与的运动。

詹姆斯·弗格森－利斯的经验就算不是非常典型，在当时也是很有激励作用的。成为一名观鸟人需要一段漫长和艰辛的学习阶段。像多数男同学一样，他从捡鸟蛋开始：这是每个物种的起始章。但是他对鸟的浓厚兴趣真正始于13岁时参加贝德福德学校的博物学学会。一年后，他开始每周日早晨骑车来到北安普顿污水处理场（来回约40英里）拜访伯纳德·塔克，塔克对他后来成为观鸟人的影响最大。

塔克谦虚和善、体型纤瘦，他是20世纪20年代和30年代观鸟和鸟类学革命的推动人物之一。在他事业早期，他帮助组建了牛津鸟类学学会，招收了年轻的马克斯·尼科尔森参与这项事业。他接下来的职业生涯都在牛津度过，1946年晋升为鸟类学高级讲师——这是所有英国大学前所未有的。1943年，弗朗西斯·茹尔丹逝世，他成为《英国鸟类》杂志的编辑；他还是《英国鸟类手册》（*The Handbook of British Birds*）的编辑之一，他最先在鉴定中采用了野外性状（见第9章）。

每个周日，塔克也会乘坐火车或者骑自行车去北安普顿污水处理场。尽管有年龄差距（塔克那时40岁出头），但两位观鸟人成了至交："尽管我年仅14岁"，弗格森-利斯回忆道，

> ……他对我而言，如同《英国鸟类》杂志编辑的一个偶像，他将我收归翼下，鼓励我把观察结果送给他看。他教会我许多野外鉴定的知识，1946年他和夫人带我到斯佩赛德进行了一次有纪念意义的旅行，那是我在苏格兰高地观鸟的第一次经历。

通过塔克，弗格森-利斯见到了其他的观鸟领军人物，如詹姆斯·费舍尔。尽管年龄相差17岁，但他们友谊坚固，同作家和幽默家史蒂芬·波特（Stephen Potter）一起到威尔士去寻

找赤鸢。1949年的一些日子，他们远赴英国最偏远的圣基尔达岛（St Kilda）开始了不寻常的旅程。

然而，当时伯纳德·塔克生病了；第二年，他被癌症残忍地夺去了生命，年仅49岁。他的遗产悄然引导了一场非凡的革命，改变了英国人观鸟的方式，特别是帮助建立了一套更精确严密、更有条不紊的鸟类鉴别方法。在弗格森－利斯看来："我仍然认为，他理应被看作是英国现代鸟类鉴别技术之父。"

塔克愿意投入时间和精力来培养年轻一代的观鸟，他还树立了研究态度和观鸟实践的典范，只是没能坚持下去。不管出于多么高尚的动机，在如今都已经难以想象，14岁孩子的父母会允许他们的儿子在一位老人的陪同下在污水处理场周围游荡。

二战结束后至少十年内，英国经济仍然死气沉沉。肉类和汽油，甚至糖都定量供应——这种情况在战后持续了很久，直到1954年才停止。到国外度假成了奢望，尤其对于大量工薪阶层或者中低层家庭更是如此。现在回顾起来，这个时代比起随后多姿多彩的"新潮的60年代"，远远要冷僻得多。

然而，在这一片黑暗中出现了一座灯塔。1953年伊丽莎白女王的加冕礼引发了电视机销售热潮，50年代快要结束的时候，三分之二的英国家庭都拥有一台电视机。即便这样，很多成年人对电视机仍不屑一顾。但对那些聪明好奇的孩子而言，电视让他们得以遁入新的精彩世界：尽管有时候画面模糊得难以置信，但是这个阴极射线管发射的魔力，让一切近在咫尺。

成年后，理查德·波特任职于英国皇家鸟类保护协会（RSPB）和国际鸟盟（BirdLife International）。他最重要的职位是担任英国皇家鸟类保护协会的调查官，以惊人的毅力和专一的热情追查鸟蛋采集者，以至于一位失意的鸟蛋学家把他描绘为“那位可怕的小男人”。他追随著名的先辈菲尔比(Philby)、特里斯特拉姆(Tristram)和何洛姆(Hollom)的脚步，成为现代中东鸟类学最知名的人物之一，这部分得益于他能够不择时不择地入睡的能力，也部分归因于他那黝黑的肤色，以至于一位杰出的观察家评论说“作为土耳其人，他的英语口语却很流利”。不过，他卓越的鸟类学事业却得益于电视上播出的一部专门的博物学影片所产生的影响力。

波特1943年出生于伦敦，此时战争已经进入尾声。孩童时候，隔壁邻居给了他一本描写鸟的诗集，他对鸟的兴趣由此而生。着迷于收集《视觉大发现》(*I-spy*)丛书之后，他的兴趣随之大增，他把看到的所有鸟类都填写在书中的小方格里。

1953年，年幼的理查德·波特看了瑞典导演阿尔纳·苏克斯多夫(Arne Sucksdoff)的电影《伟大的历险》(*The Great Adventure*)。苏克斯多夫是一位功成名就的电影导演，他是1949年的奥斯卡奖得主，并对年轻的英格玛·伯格曼有着启蒙影响。今天看来，尽管《伟大的历险》不乏引人之处且摄影精湛，但已经相当过时了。这部电影讲述了两位农场男孩探索瑞典乡村之旅，尽管有时稍显煽情，但出色的景致和野生生物弥补了这些不足。难怪这会对一位未定性的少年产生如此大的影响，因为他当时探索野生生物的经验也就局限在伦敦郊区。

20世纪50年代，在英国观鸟和你从《伟大的历险》中看到的那种充满了鹅的叫声的广阔场景大相径庭。起初，波特想要重新体验电影的魔力，他所能够做的就是骑车或者搭车去沃尔瑟姆斯托水库，用一副二战时的双筒望远镜来观察冬天的鸭群。然后，在1958年8月，他参加了邓杰内斯角观鸟台(Dungeness

Observatory）的鸟类环志行动，在那里，他遇到了托尼·马尔（Tony Marr）。

托尼·马尔和理查德·波特一见如故。马尔身高6英尺多，瘦得像根竹竿；而波特则矮壮敦实。他们的生活方式也有所不同：马尔是一名成功的公务员，同时还在许多鸟类学会做志愿者工作；然而波特放弃了餐饮业稳定的工作前景，跋涉旅行找寻鸟类，一直亲身参与自然保护。

距离他们首次相见近半个世纪后，如今，他们俩作了近邻，住在北诺福克滨海的克莱村。作为将近50年的朋友，终生的观鸟同伴，在20世纪下半叶以降，他们都从不同的角度见证了——实际上在他们各自的生活中也上演过——观鸟的发展演化。

他们的回忆中对许多事情的反馈都不一致，包括20世纪50年代英国社会对待观鸟人的态度。波特回忆说没有感到自己举止古怪、异于常人，或者有人取笑他的爱好。但马尔这样回忆道：

> 很难了解50年前观鸟的情景是多么的基础和低调。这项追求本身被看作是相当怪异的，很容易招致嘲讽"啊，你在观鸟？我估计是那种两条腿的东西吧。哈，哈！"这就是通常的嘲讽。带着双筒望远镜四处走，人们觉得你不是疯子就是窥视狂。

马尔加入苏塞克斯郡肖勒姆海上观鸟协会时，终于了解到还存在其他的观鸟人。他还回忆道，得到一副双筒望远镜是如何改变了他的观鸟兴趣：

> 1955年，那时我15岁，我父母花了55英镑给我买了一副巴

> 尔和斯特劳德10×50望远镜——我不知道他们怎么能买得起，这大大激励了我外出观鸟。我仍然记得，拿到望远镜打开的时候，还闻了闻皮盒子——多么不可思议的一刻！

正如许多战后一代一样，波特的第一副望远镜是他父亲战时服役中留下来的，当然他后来也得到了一副相当不错的望远镜。

> 我的望远镜是我父亲当空军时的双筒望远镜，拴着很旧的厚皮带子。我用了很多年，1959年我买了第一副很好的望远镜，是巴尔和斯特劳德牌的，花了我46英镑。我不得不靠送报纸攒钱才攒够了钱。

另一个对马尔和波特那代人造成重大影响的是青少年观鸟社团（Junior Bird Recorders' Club）——是YOC（Young Ornithologists' Club；青少年鸟类学家俱乐部）的前身，英国皇家鸟类保护协会的青少年分会。该观鸟社团1943年创建于二战中期，起步缓慢，自从1965年更名为YOC后发展迅速，截至1988年就有了大约9万名会员。青少年观鸟社团举行各种会议，青少年会员相互会面，提升自己的名气。另外一个提升名气的途径是国家鸟类报告的珍稀鸟类记录中出现你的名字——马尔和波特都记得，他们争先恐后地让自己的名字印成铅字，越多越好。

某日在当地公园结识的一位朋友让波特大开眼界。那天他和一些朋友正在观测绿头鸭的窝，公园管理员走过来叫他们离开。但是当他意识到他们不是来捡蛋的，就没再坚持赶他们走，没过多久他和11岁的波特就成了观鸟同伴。

他的名字叫弗莱德·兰伯特（Fred Lambert），也只有19岁，

绿头鸭

而且最棒的是他有一辆摩托车。两年后，他载着波特去了诺福克郡的克莱，在那里他们两人睡在一张双人床上："想象一下——我父母甚至根本不为我担心！真是一段天真无邪的时光！"

除了搭乘摩托车之外，交通工具匮乏是一个突出问题。观鸟人很少拥有私家车；因此，针对周末外出观鸟马尔和波特制定了一个对策以避免搭乘长途汽车回家。他们一到观鸟热点地区苏塞克斯海岸的帕格姆港（Pagham Harbour），就立即着手找出肖勒姆鸟类学会（Shoreham Ornithological Society）中富有的年长会员，并整天都跟他待在一起。这种关系是相互共生的：年长的人可以从年轻人精准的眼力和专业的鉴定能力中受益；不过，马尔记得，他们自己也得到了更实际的好处："这意味着你不必在天寒地冻的公交车站等20分钟，再去奇切斯特等1小时乘火车，折腾到深夜才赶回家。你可以坐着温暖舒适的汽车，一直到自家门口。"

珍稀鸟类常常光顾帕格姆地区。但这提出了一个深层次的问题——通信问题。那个年代鲜有私人电话，邮政系统是传播珍稀鸟类新闻的主要渠道。托尼·马尔记得，1957年10月收到了一封信，报告了激动人心的消息：美国稀有的迷鸟斑胸滨鹬飞抵了帕格姆。不幸的是，当时是周一，而他干着朝九晚五的工作。到了周末他马上赶到帕格姆，让他吃惊的是，他看到了这种鸟。但这是很少见的，正如他回忆道："如今的观鸟人永远不会相信这样的事情，但往往就是如此，当你一年左右之后在国家鸟类报告中看到这则消息的时候，你才得知有一种珍稀鸟类曾经出现在你们哪里。"

《苏塞克斯鸟类报告》（*Sussex Bird Report*），特别是该书令人敬畏的编辑 D.D. 哈伯（D.D.Harber）对年轻的马尔产生了重要的影响。哈伯似乎拒绝任何他——他本人——认为可疑的记录，这引起了其他观鸟人的不快。这并不是因为他不够圆滑：他把年轻的理查德·波特写的行车鉴鸟论文退回，评价其“一派胡言”，还写信给宣称在纽黑文发现雪雀的观鸟人（应该是第一份英国记录）说“当然是一只雪鹀，你这个大傻瓜！”

包括詹姆斯·弗格森-利斯在内的很多人都回忆说，哈伯外表严厉，其实是一位很了不起的人物，他是1958年英国珍稀鸟类委员会的创建人之一，为严谨记录珍稀鸟类做出了很大的贡献。他很有语言天分，年轻时候俄语学得很好，阅读过六卷本的《苏联鸟类手册》，并在《英国鸟类》杂志上刊登了内容摘要。青年时代他在伦敦经济学院学习时加入了英国共产党，1931年他去苏联待了3个月，对这个体制大失所望。

托尼·马尔回忆说，哈伯以独断专行而著称，他会带着明显的偏好肆意地挥舞编辑的红笔：“哈伯和‘他的’鸟类报告供稿人的关系恰如小学校长和学生：在他眼中，他们很多人桀骜不驯不守规矩，需要教育和启蒙。”

一群来自汉普郡的观鸟人决定实施报复，他们更为年轻，不那么礼貌，被称为“朴茨茅斯帮”。当哈伯驳回他们关于飞离伊斯特本的长尾鸭的记录时，他们送给他一个牛皮纸包裹，里面是一副来自伍尔沃斯公司的塑料双筒望远镜，附信写着，如果他用这个仪器，能看得更清楚。不幸的是，这个大不敬的东西用的包装纸是一份《朴茨茅斯晚报》，因此他们的身份都败露了。

20世纪50年代末，英国新的广播媒体对战后观鸟一代的影响越来越深。首先，收音机有“大自然议会”（Nature Parliament）这样的家庭服务节目，有专家小组负责人回答听众关于大自然的提问。常驻专家有詹姆斯·费舍尔和彼得·斯科特（探索南极洲的名人斯科特的儿子），他们迅速成为世界顶级访谈专家而名扬天下。

这里有一个很好的例子展现了这个知名节目的氛围和内容，即斯科特对费舍尔的问题的回答：是什么激励着他观鸟。

> 原因有三：首先，为了观察熟悉的事物，从中发现新东西；其次，为了找寻特别的东西……再次，我认为最简单和明显的是——为了观察珍稀鸟类。我对自己在观察珍稀鸟类这样的事情中获得乐趣丝毫不感到羞愧——毕竟，科学感兴趣的是大多数鸟的习性。尽管如此，观鸟还是很令人激动，我无法理解那些看到一只珍稀鸟类却无动于衷的鸟类学者。

电视方面也取得了重大的进展。随着对野生生物兴趣的高涨，1957年BBC博物部门（BBC Natural History Unit）应运而生，不久就成为最热门最受追捧的节目。这些节目由热情的业余爱好者主持，如教师欧内斯特·尼尔（Ernest Neal），他研究獾；制片人埃里克·阿什比(Eric Ashby)，向成百万的家庭介绍了新福里斯特地区的野生生物；还有退休的艾伦布鲁克子爵，他在朋友埃里克·霍斯金的鼓励下，开始自己制作鸟类影片。一位叫托尼·索珀（Tony Soper）的年轻人也榜上有名，他是幕后制作监理和摄影师。后来他成为野生生物电视的知名人士之一，1983年他在BBC第二频道推出了首部观鸟专题系列片《鸟的发现》（*Discovering Birds*）。

这段时间最流行的博物学节目是《视野》（*Look*），由彼得·斯科特制作，从1955年到1969年，播出时间长达14年，常规观众有500万人。其中一位年轻的热心观众就是后来的披头士成员保罗·麦卡尼（Paul McCartney），他在利物浦郊区收看这个节目。半个世纪以后，在接受《披头士专辑》（*Beatles Anthology*）节目访谈的时候，他回忆起孩童时代对这个节目的热爱："彼得·斯科特有一个电视节目，他每周描绘各种鸟儿。我给他写信说，'这些鸭子的图画如果你没什么用，可以给我吗？'他很礼貌地回复了我。"

《视野》中有一集是有关一个不大真实的话题，它引发了前所未有的公众想象力。这是制片人海因兹·塞尔曼（Heinz Sielmann）在德国拍摄的一部关于欧洲啄木鸟的黑白短片，它引起了不小的轰动，这在现在看来是不可思议的。然而，节目第一次播出后，BBC 电视台收到铺天盖地的重播请求，然后根据公众要求复播了好几遍。实际上，这部片子的观众"收视率"堪比当年的足总杯决赛。1959 年，记录该影片创作过程的书《我与啄木鸟的那一年》（*My Year with the Woodpeckers*）出版后，获得了销量和口碑的双赢。

"有人说，博物学的书籍、电视节目和电台节目的普及源于我们大多数工业化人口想要逃离的愿望；有的人甚至把这称为逃离现实"，詹姆斯·费舍尔在为塞尔曼的书撰写前言中如是写道："如果这是一种逃离，那么就是逃向现实，是人类能够克服重大问题、让我们过度拥挤的世界成为适合生存的地方的最好的标志之一。"

BBC电台也成为一个谈论鸟类学方方面面问题的媒体。1958年10月，《欧亚鸲的生活》的作者大卫·拉克博士开始谈论候鸟的研究，当他提到候鸟所面临的危险时，引起了大家的共鸣：

> 此时此刻，我在这里发表讲话，而10月份的某个晚上，可能有成千上万的云雀、椋鸟和鸫跨越北海从欧洲大陆来到英格兰……鸟类的迁徙是一项对想象力的挑战，尤其是有些小的陆地鸟需要飞越几百英里的海洋……现在，突然可以用直接观察来代替推断了，因为可以用高功率雷达来跟踪监测迁徙的鸟儿。

利用雷达来观察候鸟迁徙的历史尚不足十年。在战时，拉克自己中断了在牛津的鸟类研究，转而帮助管理一系列沿海雷达观测站点，旨在对德军入侵提前发出警示。大概从1940年开始，雷达操作员经常报告海域有“回波”，但又没发现任何船只和飞机。最终，一位生物学家提出回波来自于海鸟；经过多次争论后，这个理论被大家所接受。

直到20世纪50年代早期，一种更高功率的新型雷达问世，这些问题才得以解决。现在，当操作员观看显示屏的时候，常常会看到一系列的微小回波，他们给这种回波取了个圣洁的名字“天使”。最初，人们以为这些是某种气象因子，但进一步观察显示，这种回波在春秋季出现明显的峰值，和气象事件无关。最终人们认识到，这些“天使”是迁徙的鸟群。

可能大家认为，用雷达研究鸟类迁徙将终结用双筒望远镜和笔记本观察候鸟的时代。然而，事实恰恰相反：雷达观测者的发现激发了许多观鸟人带着重新焕发的活力去从事候鸟研究。正如詹姆斯·费舍尔在壳牌公司资助出版的《鸟之书》(*The Shell Bird Book*)中写道，这是一个长久以来深深吸引着观鸟者的主题：“所有这一切看起来都和吉尔伯特·怀特记录的‘抵达和离开’的简单日志相去甚远……但这是进化的历程。”

如果你了解了英国和爱尔兰独特的地理优势，就更容易理解这种对迁徙的痴迷：在广袤的欧亚大陆边上，在迁徙之路最关键的十字路口，正是吸引珍稀候鸟的地方。因为六年的战事将他们束缚在家园周边这一小片区域内，人们急切地想要通过探索广袤的地区来寻找珍稀和令人兴奋的鸟类也就不足为奇了。

新的鸟类观测站点推动了候鸟的观察，大多数观测站都建在沿海海角上或者偏远的岛屿上，比如约克郡海岸的斯珀恩角，福斯湾的五月岛（Isle of May），或者德文郡北部海岸外的兰迪岛（Lundy Island）。观测站主要是为了捕鸟环志，以便观察它们更多的迁徙活动。这些浪漫的地点吸引了新一代的观鸟人，他们热衷于发掘新的挑战——以克服艰难险阻抵达那里和吃苦耐劳为乐趣。“候鸟研究”，费舍尔观察到，“常常需要观测站和野外工作人员、爱岛人士、海角峭壁的常客，要求你能够适应睡在狭窄的床铺上一日三餐只吃三明治。”

战后一系列鸟类观测站迅速建立，这其中有一个人功不可没：苏格兰人乔治·沃特斯顿。他曾经同约翰·巴克斯顿和彼得·康德尔在爱西施泰特战俘营待过。（见第10章）

1943年10月一个寒冷的凌晨，沃特斯顿登上了一艘从挪威海域开往苏格兰北部的红十字会的船。这艘船载着被德国人囚禁多年的伤病员返回英国。黎明破晓时分，瞭望员喊出了人人都期望听到的话：“前方抵达陆地！”每一个能够自己走的、一瘸一拐的或者只能够站起来的人，都涌到甲板上去看一眼自己的祖国。

但对乔治·沃特斯顿而言，更具魔力的东西吸引了他的视线。这就是费尔岛，那一小块躺在奥克尼群岛和设得兰群岛之间的陆地，从本世纪初开始那里就众所周知是候鸟频频光顾之地。1935年沃特斯顿第一次登上这座岛屿，当时他和他的同事是岛上居民在整年时间中看到的仅有的少数几个登岛者。现在，他眺望着灰色海面，暗自发誓：等战争结束，一定要在费尔岛上建一个鸟类观测站。1948年，他实现了这个梦想。

尽管这不是英国第一家鸟类观测站（1933年，在彭布鲁克郡海岸外的斯考哥尔摩岛上已经建立了一家），但是费尔岛观测站的建立开了先河。在此后十年，十家新的观测站相继建立，包括著名的站点如邓杰内斯角、巴德西（Bardsey Observatory）和波特兰（Portland Observatory），也包括现在已废弃的诺福克郡的克莱观测站，以及爱尔兰海岸外的大萨尔帝群岛观测站。所有这些都满足了一代观鸟人野地考察的热望：提供了比较廉价的食宿（通常是几先令一晚），让观鸟人有条件在一个鸟类迁徙的热点地区待上一个星期，除了志趣相投的爱好者，还有一位专业的管理员为他们服务，并且提供捕鸟设备。

在20世纪50年代，电话信息系统和寻呼机尚未问世，当时长途跋涉去"推"一个稀有物种，即使不是不可能，也具有难度。暂时停留在一个观测站是观察珍稀鸟儿的唯一方法。实际上，在某些方面，这已经成了一种实现自我的追求：观鸟人的聚集必然会导致那些原来可能遭到忽略的珍稀候鸟被人发现。这些记录包括：1952年10月在兰迪岛上发现的英国第一只旅鸫，1954年10月在五月岛上发现的第一只白眉地鸫，1955年10月在费尔岛捕获的同样来自西伯利亚的第一只厚嘴苇莺。1946年到1960年间"鸟类名录"中新增了30种鸟，其中半数以上是在鸟类观测站或者其附近观察到的，实际上这一点已经显示了这一时期鸟类观测站的重要性。

在写于1976年的《英国和爱尔兰的鸟类观测站》（*Bird Observatories in Britain and Ireland*）中，英国鸟类信托基金坚定的拥护者罗伯特·斯宾塞（Robert Spencer）注意到公众认知与现实情况之间的差别：“对外行而言，‘鸟类监测站’这个词很容易令人想起这样的画面：一幢楼，其中有一台巨型望远镜，有人透过望远镜在观鸟。而现实是，没有那么奢华，却无比激动人心。”

为了证明他的观点，他引用了据推测是20世纪50年代某个时间，标注日期为10月27日的费尔岛日志中一段能引起共鸣的话：

> 激励着观测迷们的那种仪式感和永久的乐观精神，应该不会允许我们睡懒觉，无论如何，今天早晨，我们比平时起得更早，因为昨晚一直刮东南风，星星也很闪亮。有人把水壶放在灌装液化气上迅速地沏好一杯茶，我们安静地穿好衣服，困得不想说话……穿上夹克和厚外套，人人都背上双筒望远镜……我们步入漫漫的黎明之中。

作者的预感是正确的，那天的确是有趣的一天：

> 当时是3点，之前任何人都可以抽空去吃个午饭，实际上黄昏之前捕鸟网一直有人控制着……现在是晚上9:30。桌子上堆满了日志本、鸟环清单和野外笔记，好像当天的历史以更永恒的方式被记录了下来。浮木燃烧着，不时发出噼噼啪啪的声音，火光摇曳，杯子里忘记喝的可可饮料已经结上了一层膜。这是不错的一天，刮的还是东南风，谁知道明天会发生什么呢？

辛苦的工作、友情和纯粹的兴奋很少能够被表达得如此生动，以至于我猜想作者是当时最有影响的候鸟迷肯尼斯·威廉姆森（Kenneth Williamson）。1977年威廉姆森去世，享年63岁，生前他比任何人都更竭力地推广候鸟研究。他是费尔岛的第一个管理员，创立了早期的“漂移迁徙”理论（后来被拉克的雷达研究成果所超越），还写了好几本关于苏格兰岛屿的回忆录。和许多同辈一样，他做这些工作的时候，没有接受过任何正规的科学训练。

在20世纪50年代，威廉姆森的知识和热情使他成为BBC电台节目的常客，包括1959年秋天一场著名的户外演播，他现场连线全国上上下下的观鸟人，报道鸟类迁徙的最新动向。

今天许多杰出的观鸟人回顾这段日子时都充满了深情。资深观鸟人伊恩·华莱士（Ian Wallace）有时会重读他的日记，回忆起在费尔岛等地方的美好日子，现场观察候鸟壮观景象时所涌起的激动之情溢于言表。1959年8月29日，在肯特郡的邓杰内斯角观测站，理查德·波特也有同样美好的邂逅，从而激起了他对珍稀鸟类的兴趣。

那天，15岁的波特第一次遇到一位年纪稍长的观鸟人，即后来《伦敦鸟类报告》（*London Bird Report*）的编辑霍华德·梅德赫斯特（Howard Medhurst）：

> 凌晨他从伦敦骑摩托车赶来，马上点起了一支布里斯托尔香烟，加入我们上午的捕鸟行动。当我们抵达一个捕鸟地入口时，一只小鸟从灌木丛中飞出来，从我们大家眼前掠过。如果没有人在我耳边说，“霍华德·梅德赫斯特认为它是一只横斑林莺！”我全然不知它是什么鸟，也完全不会再多费心思。我们迅速折回去，又推了推那片灌木，鸟儿飞了出来，闯进了我们的捕鸟盒——正是一只横斑林莺。一位年轻人看着飞鸟就识别出来了——而且并没有先前的经验。后来我得知，这是他第一次

看到这种鸟，也是他在英国认出的第250种鸟。

这是一个决定性的时刻，还产生了改变人生的效果——波特当场决定向梅德赫斯特看齐，不仅仅在观鸟方面，还有生活本身：

> 我的笔记变得更加详细，我尽量更加仔细地观察所看到的一切。无须惊讶的是，当我回到伦敦北部的家里时，我恳请父母给我买辆摩托车，当我开始抽烟时，我的第一支烟一定得是布里斯托尔香烟！

20世纪50年代去邓杰内斯角的另外一位常客是罗杰·诺尔曼(Roger Norman)，他以自行车代步，经常骑行50多英里去考察这个地区的几个地点。他回忆了一次恐怖之旅：

> 我仍然记得，有个起风的日子，我们一路顶着风出门，晚上往回赶时，风向来了个180度大转弯，我们又不得不顶风骑行。因为某些原因，我极度疲惫，同伴一直鼓励我继续前行。我曾一度睡着了，从自行车上摔了下来。

尽管在期望和现实之间偶尔存在着差距，但大家还是热衷于前往鸟类观测站。1963年形势最好的时候，理查德·菲特预测前景光明："在几年的时间里，内陆（观测站）网点可能会像现在沿海的观测点一样密集。"

虽然到了1976年，最初的24个观测站中有10个站点已经关闭，罗伯特·斯宾塞还是相当乐观："正如[它们所实现的]，满足了休闲和教育的需要，看起来观测站的未来很有保障……四周弥漫着焕然一新的方向感和乐观主义。”

然而现在，仅仅过去了四分之一个世纪，尽管观鸟先驱者也在奥克尼群岛北罗纳德赛岛观测站等新站点付出了心血，观鸟站还是在走下坡路。网点已经削减到只剩下12个：英格兰6个，苏格兰3个，威尔士1个，爱尔兰2个。它们中大多数预算可怜，经费难以为继。当今世界，旅游更为迅速便捷，观鸟人能够一天驱车往返几百英里，不必在邓杰内斯角或者波特兰过夜。观测站的萧条还有一个实际原因：雾网发明之前，在早期的鸟类观测站，环志者会带上他们的学徒现场教学；如今，轻便的捕鸟设备取而代之了。

同时，更廉价的出国旅游，削弱了在家附近观察候鸟的紧张兴奋感，而且鸟类的实际数量似乎也在减少，因此，观测站几乎经历不到那种让20世纪50年代的先驱者们无比兴奋的大群鸟儿“降临”的场景。候鸟研究的黄金时代开启仅半个世纪后，就开始走向了低迷。

第二次世界大战后的数年，动物行为学，或者说是对动物行为的研究，进入了全盛时期。动物行为学最初出现在封闭沉闷的基于博物馆藏品的研究中，当时，康拉德·劳伦兹（Konrad Lorenz）、尼科·廷伯根（Niko Tinbergen）和朱利安·赫胥黎开始观察活鸟的实际习性，而不是用鸟的尸体进行解剖学与生理学研究。

这些人目光敏锐、智力出众，他们有能力让普通读者理解观察结果的复杂与精妙之处。如劳伦兹的《所罗门王的指环》（*King Soloman's Ring, 1952*），廷伯根的《好奇的博物学家》（*Curious Naturalists, 1958*）等书清楚描述了观察常见鸟类，就它们的习性获得新见解时的喜悦感。《所罗门王的指环》一书准确而严谨，但是在讲解动物习性时又通俗易懂，在讲述寒鸦的群体生活时有一个引人入胜的段落：

> 求偶的雄性和被追求的雌性之间眼神交流所表达的差异，非常显著又非常滑稽：雄性寒鸦将炽热的目光投向他的爱人，但是她目光游移，环顾四周，就是不看她的热烈追求者。当然，实际上，她一直在注视他，她扫一眼就足以知道他所有古怪的举动都是为了赢得她的赞许；足以让"他"知道"她"已经明白。

劳伦兹还做过一回电视明星——戴维·爱登堡（David Attenborough）回忆说，当时需要制作一个现场节目，节目录制对象灰雁受了刺激，在大科学家的膝盖上到处拉屎！不过，他后来的事业受到一场争议的影响，因为人们发现他在战前曾是纳粹的支持者；但是，1973年接受诺贝尔奖的时候，他为自己对于纳粹主义的一时兴趣而公开道歉。

最早期的鸟类研究者之一朱利安·赫胥黎认同廷伯根和劳伦兹为鸟类求偶研究带来的新曙光。赫胥黎把廷伯根描述为"一个天生的博物学家"，他指出这门新学科还有另外一个巨大的优势：甚至是普通的野外观鸟人现在也能为我们的鸟类知识和对鸟类的认知做出有益的贡献。

人们也许会觉得这种科学方法对日常观鸟没有什么影响。但关于动物习性的新书大受欢迎，使得年轻人努力效仿他们的前辈。有一位名叫布鲁斯·科尔曼（Bruce Coleman）的年轻观鸟人，他在米德尔塞克斯郡长大。他带上双筒望远镜和黄铜单筒望远镜，骑着自行车来到新建的希思罗机场附近的佩里·奥克斯污水处理场（Perry Oaks Sewage Farm）。“在污水处理场那里，我第一次看到了流苏鹬，小滨鹬和青脚滨鹬，白腰草鹬和林鹬，青足鹬和塍鹬。在宁静的夏季，我立志成为尼科·廷伯根那样的人物，观察黑头鸥群‘头部下垂、恐吓前方的姿势’。”

剑桥助理牧师爱德华·阿姆斯特朗在战时从他的书房窗户观察了鹪鹩。1956年，他在《英国鸟类》杂志上发表了一篇重要的论文，题为《业余爱好者和鸟类现象研究：对进一步工作的建议》（*The Amature and the Study of Bird Display: Suggestions for Further Work*）。他追溯了动物行为学这门新学科的发展历程：从二战前出版的《英国鸟类手册》中描述的“现代式的观鸟活动的创始人”埃德加·钱斯和埃德蒙·塞卢斯的开创性观察，到二战后，动物行为学发展成为一门严肃专业的学科。

他指出，现在业余观鸟人的贡献甚至比以往更重要：“业余人士所享有的优势……是他比专业人士更广为人知……希望25或者50年之后，鸟类史学家没有必要再记录个人观鸟者的流失。”

随着观鸟活动越来越普及，无可避免地，鸟类科学家的“卫道者”和新潮的业余观鸟人之间就出现了分歧。

在英国鸟类学信托基金会的杂志《鸟类研究》（*Bird Study*）1954年3月的创刊号上，登出了鸟类学领军人物P.H.T.哈特利牧师（Rev.P.H.T.Hartley）的一篇标题谦逊的文章：《后花园的鸟类学》。他鼓励读者关注本地鸟类，而不是一味追随浪潮远涉野外去找寻珍稀鸟类。

> 战后数年，一直有种强烈的流行假象，鸟类学最佳的研究地点是在遥远的岛屿或者最难以接近的海边湿地……夏天云

集在著名的鸟类出没地的观鸟人非常密集，以至于用笔者的一位朋友的话来说，“有一只鸟无法打呵欠了，同时有9个人记下了这一点……”

或许哈特利料到有人会反驳，所以他比他的批评者先发制人：

> 可能有人说“但是我不想搞鸟类科学”，他们没有意识到这等于是说“但是我对自己的二流观鸟非常满意”……非科学的观鸟是懒散、无能和马虎地观鸟，而不是出色地、探索性地观鸟。

读者们无须等待太久，就看到了对哈特利观点的反击。1954年6月，在接下来一期的《鸟类研究》中，丹尼斯·萨默斯－史密斯(Denis Summers-Smith) 满怀激情地为以观鸟为乐进行辩护：

> 科学家们一定认识到了，观鸟中另有一些和收集事实与拓展知识范畴一样值得称许的研究对象：他们的审美诉求；收集者想把新物种载入记录的天性所带来的满足感；放松疲惫的心灵。这种观鸟方式并不比懒散地聆听一场没有乐谱的音乐会显得更加“懒散”。尽管不可否认的是，深层次的满足可能来自深度的研究，但是许多人不适合从事科学研究或者阅读数据。我们应该批判他们从鸟儿或者音乐那里得到快乐吗？

事实上，除了这些观点，萨默斯－史密斯还是20世纪最伟大的“业余”鸟类学者之一。他从事着工业化学家的全职工作，战后的旅行限制令制约了他的活动范围，他把家麻雀作为最合适的实践研究对象。结果证明这是一个颇有创造性的选择，他的研究并没有停留在常见的家麻雀（Passer domesticus）上，而是包括了全世界24种其他麻雀，这使他成了世界级的专家。唯一的弊病是麻雀往往住在离人很近的地方，这导致了一些预想不到的问题，他在“新博物学家专题”系列的《家麻雀》（*The House Sparrow*）一书中回忆道：

> （观察）家麻雀的独特难点在于它喜好民居，居民有时会介意被双筒望远镜观望……这个困难基本上被克服了，因为我对家麻雀的大多数观察都是在清晨时分邻居起床前进行的，不过，有时候他们确实起早了，就更起疑心，甚至曾经叫了警察。另外一次……我去一个村里做统计时，受到了警察的盘问，因为村里的人都不怎么认识我。我必须说，这两次，一旦我打消了他们最初的怀疑，他们都谦恭有礼，表示赞同。

但是，关于观鸟是否应该具有某种不可告人的企图的争论不会消失。1958年出版的《英国鸟类》杂志上，一组题为“科学与观鸟”的信件，就此展开了激烈的争论。当时，正值业余爱好者引领潮流，G.L.斯科特(G.L.Scott)和D.K.巴兰斯(D.K.Balance)批评这本杂志收录了“令人费解的或者普通观鸟人没多大兴趣的文章”：“观鸟是一项和高尔夫或者网球一样的爱好；周末打高尔夫的人并不指望翻开体育杂志看到一篇论文……论述高尔夫球在热气流中的运动。”

在别的地方有人对观鸟的态度则更加随意。1951年，随着幽默作家史蒂芬·波特的流行作品《先发制人者的技能》（*Lifemanship*）问世，布鲁斯·坎贝尔（Bruce Campbell）写了一篇恶搞文章发表在英国皇家鸟类保护协会的《鸟类笔记》（*Birds*

Notes）上，题为《观鸟者的技能》（*Birdsmanship*）。他制定了复杂游戏的规则，要同任何一个专业型观鸟人玩一场胜人一筹的游戏。这需要尽可能穿得邋遢，扛着最破旧的双筒望远镜。他还建议如何惹恼计数猎鸟者和严肃的鸟类学者：

> 找到你潜在对手的路数，对一切你认为值得的事情反其道而行之。
>
> 这样，如果他是一位公认的计数猎鸟者，你必须采用科学的策略，"毕竟，只有普通的鸟儿才能算，不是吗？"接着，不断通过让他们注意欧亚鸲或者家麻雀来拖住观鸟的队伍……如果观察了5分钟，欧亚鸲草草地啄了一下羽毛，你低语道"啊，这个动作有意图！"记下大量的笔记，然后，通常是对着空气说道，"我必须写信告诉廷伯根"。在"廷伯根"前的轻微犹豫应该清楚地表明在你真正的伙伴中你会说"尼科"。
>
> 另一方面，如果你的对手是一位严肃的鸟类学者……你喊道"坦率地说，我今天是为了赚钱才来猎鸟的，这次就放过这些麻雀吧，老伙计，过来看看真正的鸟儿！发现目标！"……你应该尽量使参加活动人相信，你的对手是一个生活在象牙塔中的内向扫兴的人。

有趣的是，同一时期内竟然产生出两个对观鸟看法如此相左的学派：坎贝尔无法过于严肃地对待观鸟；而哈特利则认为观鸟应该是艰苦的、有教益的和克己的——即使伤害了你，也是对你有好处的。可能这样的描述让他们的个性显得过分简单了：据说哈特利和任何观鸟者一样喜欢观鸟，而布鲁斯·坎贝尔实际上对野外调查非常认真。不过，这场争论反映了一种潜在的张力：即战后一个时期那种一丝不苟、自我牺牲的精神和接下来十年中出现的更轻松、更自在的生活方式之间的矛盾。

虽然出于自身爱好的观鸟兴趣在不断增加，但是仍然有人对"筑巢"感兴趣——寻找鸟巢却不取鸟蛋。"观察者手册"系列之一《鸟蛋》（*Birds' Eggs*）的热销反映了这一点。该书出版于1954年，最终售出150万册——甚至超过了同系列书籍《野花》（*Wild Flowers*）的销量。出版商认识到这有可能是在鼓励一种非法行为，他们显然受到了良心的谴责，因此在1969年的版本印上了这样一则警告："这本书秉承如下期望……观鸟人可以心满意足地在自然环境中研究鸟蛋和鸟巢——同时使其保持原样。"

早在1953年就已经很明显，找寻鸟巢的兴趣正在消退，詹姆斯·弗格森-利斯在《英国鸟类大全》中评论布鲁斯·坎贝尔的《寻找鸟巢》时写道：

> 在这样的一个时代，如此多的鸟类学者总是在观察沿海湿地和污水处理场，那些认真寻找鸟巢的人多半不是从事某种鸟的专门研究，就是属于有幸减少的鸟蛋采集者。作者本人显然能够从发现任何鸟巢中获得极大的快乐，即便是除了发现它之外一无所获。我们能够读到他写的书是多么令人激动的一件事情啊。

在回答这个问题"为什么要寻找鸟巢"时，布鲁斯·坎贝尔指出，六十几年前，唯一的目标就是采集收藏鸟蛋。他还指出了另外四个这样做的理由：摄影、环志、记录案例或者是观察幼鸟习性；所有这些都和新的观鸟方法相契合。另一个动机是填写英国鸟类学信托基金会的鸟巢记录计划，这是1939年朱利安·赫胥黎和詹姆斯·费舍尔启动的“孵化与雏鸟养育调查”（Hatching and Fledging Enquiry）计划。20世纪50年代，该计划迅速推广开来，以至于1972年布鲁斯·坎贝尔和詹姆斯·弗格森–利斯出版了他们的口袋书《鸟巢野外指南》（*Field Guide to Birds' Nest*）。20世纪末，这个计划拥有超过100万项记录，成为重要的历史数据库，帮助科学家们在其他研究中测算全球变暖的影响。

但是，尽管坎贝尔做出了努力，然而动身前去寻找鸟巢的人却越来越少，因为这项实践不幸地和采集鸟蛋的无赖行为联系在了一起。当1954年12月1日议会最终通过了《鸟类保护法》（*Protection of Birds Act*）后，寻找鸟巢就更加令人难以接受了。新的法令全力保护所有的野生鸟类以及鸟巢和鸟蛋；仅有很少的例外，如对农业有害的鸟类，以及狩猎季节的野禽。违法者罚款最高5英镑，特殊犯罪行为罚款25英镑，最高处以3个月监禁。

最终，《鸟类保护法》成为英国鸟类保护的重要举措。但它的确有个漏洞：这项法令一度继续允许学校里的男孩子们收集鸟蛋，这确实是教会他们野外生活技能时意想不到的副产品。在1998年的《BBC野生动物》杂志上，比尔·奥迪撰文建议“这项不敢说出名字的爱好”是他终生痴迷于鸟类的一个动力：“坦率地说，如果我不曾做一个捡鸟蛋的人，我非常怀疑我会成为一个观鸟人。而且——这一点其实更有争议——正是捡鸟蛋的经历让我学会了各种技巧和技术。我真的学到了很多很多。当然，这并不是在辩护，但的确是个事实。”

但是鸟蛋收集也有它的弊病，奥迪10岁那年试图在他的鸟蛋收藏中增加三颗野雉蛋时发现了这一点。他不知道，鸟蛋已经变坏了，无法“吹”出里面的东西。“真是个挑战”，他在自传《去观鸟》（*Gone Birding*）中回忆道：“里面腐烂发臭的东西变稠了，为了抽空蛋壳，我不得不半吹半吸。最终我成功了。我把第三颗蛋放在另外两个蛋旁边，仔细清洗了水槽——然后我吐了。”

作为一种厌恶疗法，他恶心的经历大获成功，推动他走向了高端的观鸟、作家和电视节目主持人的事业：“那个味道永远伴随着我……但是，坏事也引来了好事，我再也没有捡过一颗鸟蛋！我甚至销毁了‘证据’，把我的收藏都扔了。”

不过，真正的鸟蛋窃贼仍然是一个严重的问题。1954年，消失了大约半个世纪后，鹗最终回到了苏格兰的巢穴。在哥腾湖（Loch Garten）的筑巢地点，来自英国皇家鸟类保护协会的志愿者全天候地监视，尽管如此，1958年6月，一位鸟蛋采集者策划了一出大胆的夜袭，取到了鸟蛋。

作为回应，英国皇家鸟类保护协会做出了一个富有远见的决定，这会对作为英国大众活动的观鸟的发展产生重要影响：他们决定将护蛋失败之事公之于众，以保护鸟儿。因此，他们设法把筑巢点附近的地方变成鸟类自然保护区。然后，他们采取了一个更为果敢的举措：邀请公众中的协会成员前来观看鹗筑巢。

这些措施立即取得了成功：1959年春夏，1.4万名参观者来到这里，造成了交通拥堵，英国皇家鸟类保护协会为此树起了路标，它们至今还立在那里。根据社会历史学家大卫·艾伦所说，这种盛况很快引发了这样的评论，说鸟类保护现在是“一件保护鸟儿不受其观赏者伤害的事情”。实际上，去看鹗本身就是一次远足：和参观一座历史纪念碑或者海边一日游没什么大的区别。

参观者成千上万，因此需要很多志愿者来保障鸟儿的安全。2002年英国皇家鸟类保护协会的《鸟类》杂志上，迈克·埃弗雷特（Mike Everett）（最近刚从工作了约40年的社会新闻办公室退休）回忆起20世纪60年代早期，他受邀前去开展鹗志愿者的督导计划：

> 那时可不像今天这样，没有专门建起的住处和热水浴。基本上每个人都住在帆布帐篷里面，条件相当简陋，那片地方就像一个军事组织一样，大家过得如同军人一般。
>
> 总是有一群来自社会各界的有趣人士来帮忙我们，有退休的公务人员，也有马克思的追随者，所以，你可以想见，在不当班的时候，政治辩论的层面是多么有意思。

埃弗雷特还记得最初公布鹗的巢穴的重要决定，尤其是考虑到1958年那些取鸟蛋的侵巢者："现在我们觉得这没什么了不起，但在那些日子里，允许公众和国家最珍稀的繁殖鸟类保持亲密关系，这是以前从未有过的。这是彻彻底底的革命，而且结果证明是取得了巨大成功的。"

事实当然是：2002年，参观者总计最终超过了200万，同时，鹗成功地迁移到苏格兰，最近开始在英格兰繁殖。英国皇家鸟类保护协会的会员从20世纪60年代早期的仅仅2万人增加到今天的100多万人，埃弗雷特相信，这大部分是鹗的功劳："没有哪一个鸟类王朝能在40年间引起人们如此多的喜爱、如此丰富的感情和如此浓厚的兴趣……因此，鹗的发展归功于我们人类，而人类欠鹗的情也一样多。无论从哪个角度来说，这都意味着一种真正的伙伴关系。"

如果没有在质量和光学效果上均取得可观进步的双筒望远

镜和其他望远镜的辅助，众多新的观鸟人将无法看到——更不用说识别——他们观看的鸟儿。

二战后，双筒望远镜一直在改进，这由于同盟国和轴心国观测、鉴别军舰和飞机的需要。德国制造商蔡司开辟先河，开发了在镜头上涂抹氟化物的工艺，大大减少了不必要的反射，增强了仪器的聚光性。这家公司在整个20世纪50年代一直在市场占有领先优势，尽管其间有来自英国的知名公司罗斯，以及后来的日本制造商如尼康和宾得的挑战。

许多老的观鸟人仍然记得传自他们的父亲或者叔叔那里的以前陆军或海军用过的笨重的双筒望远镜，鼓励着他们发扬这个新的爱好。也有人在生日或者圣诞节得到了全新的望远镜，如1954年13岁的比尔·奥迪得到的巴尔和斯特劳德8×32倍望远镜：

> 我不确定在得到这个望远镜之前我是否真正拥有双筒望远镜，如果有的话，一定是以前的观剧镜或者玉米脆盒子里赠送的塑料玩具……那个圣诞节，我兴奋地翻看着枕套，里面装满了男孩子的年报、游戏和拼图，我毫不领情地把它们全部扔到一边，急切地希望发现我的“大礼物”……爸爸突然让步了，指给我藏在沙发背后的棕色纸包裹。在里面是一副“真正的”双筒望远镜。我太高兴了，马上就把它挂在脖子上，跳上自行车出去逛了一天，让爸爸自己一个人安安静静地享用了他的圣诞晚餐。

学生观鸟者伊恩·柯林斯（Ian Collins）回忆起骑车到斯泰恩斯水库去观鸟，同行的朋友有一副从漫画杂志《鹰》那里得到的望远镜，但是柯林斯自己不得不用一战时的“双筒望远镜”。另一个人，罗杰·诺尔曼记得1950年他在最后一学年时第一次去三明治湾（Sandwich Bay）。他栩栩如生地描绘了当时典型的学生观鸟者的现实经历：

> 我走了四英里到了最近的火车站，坐火车去三明治湾。从那里，我步行去了斯顿拉和佩格韦尔湾。除了附近高尔夫场地上的看守员，一整天都没有看到一个人。我来之前已经借了一位校友父亲的观剧镜——2.5的放大倍数。正如他们所说，我“欣喜若狂”了。我猜想，今天的年轻人会厌恶地把观剧镜扔到就近的湖里。

同年，他最终得到了一副目镜眼杯边缘破损的6×24的二手双筒望远镜，一直用到1959年，陪伴他完成了在中东的兵役。

以最不寻常的方式获得一副像样的望远镜的人可能要数克里斯·米德（Chris Mead）了。他后来成为英国鸟类学信托基金会非常有影响的人物。20世纪90年代，他接受BBC电台《档案时间》（*The Archive Hour*）栏目采访时说：“我的第一副双筒望远镜是我父亲给我的，他曾经是布莱顿的杂货商，因为有人参加赛马会，钱输光了，他们非常需要食物，所以就来杂货店用双筒望远镜换吃的！”

米德还记得当时的新手观鸟人感到多么的孤单：“大约过了6个月我才遇到了别的观鸟人——实际上，我认为我几乎是独一无二的……直到我上了剑桥，遇到了其他的观鸟人，于是我花了很多时间观鸟，结果没能拿到数学学位！”

数学方面的失利换来了鸟类学上的收获。米德终生致力于鸟类学实践，一直到2003年1月去世，享年62岁。围绕着英国鸟类学信托基金会，先是在赫特弗德郡，后来在诺福克，克里斯·米德以一贯的热情投入到鸟类环志的事业中——40多年里，他在英国或远征国外给超过40万只共350种鸟戴上了鸟环。他还是英国鸟类学信托基金会《候鸟图谱》（*Migration Atlas*）的背后推动人，该书在他逝世之前面世，频频出现在电台和电视上，推广观鸟。他最好的墓志铭是他众多著作中的最后一部《全国鸟类状况》（*The State of the Nation's Bird*），这是对整个20世纪英国鸟类生活变化的全面分析。

尽管当克里斯·米德开始观鸟的时候，质量较好的双筒望远镜已经普及，但望远镜的设计仍处于起步阶段，马克斯·尼克尔森在一本观鸟人指南中指出：

> 望远镜制造商似乎坚持认为，对纳尔逊来说足够好的，对他们也足够好……在鸟类学者聚会上，大家都试着用望远镜，看一眼这情形就明白了……迟早，要么是望远镜要么是观鸟人会被彻底改进。前者会变得更好用。

20世纪70年代早期第一个“三脚架和镜头”的组合问世以前，英国观鸟人不得不依赖通常由黄铜制成的老式活镜筒。尽管光学方面表现良好，但是得就近找树、墙或者岩石来支撑，这样才能固定仪器。找不到这些的时候，你得躺下来，双腿交叉，用你的膝盖保持望远镜的平衡！战前一代观鸟人中伟大的斯顿·戈登（Seton Gordon）一生大多用的是一架带着三个抽筒的小小的猎鹿望远镜。“20世纪70年代，他已步入高龄”，詹姆斯·弗格森-利斯记得“他还能将望远镜把得坚如磐石，纹丝不动！”

20世纪50年代书籍出版业繁荣兴旺：新的印制技术使得鸟类书籍和野外指南首次用上了准确的彩色插图。到底是对新的野生生物的热情导致了出版业的繁荣，抑或相反，就不得而知了。但是相比以前，人们购买博物学书籍的数量大大增加了，特别是那些激发了野外调查研究的书籍。

战后博物学书籍出版业的革命是由威廉·柯林斯公司(Willian Collins & Co)倡导的，得到了詹姆斯·费舍尔不懈的推动。回到1942年6月，当隆美尔在托布鲁克庆祝他对第八军的胜利时，有四个人在伦敦的苏荷区（Soho）一家法国餐厅相聚。他们是费舍尔、朱利安·赫胥黎、彩绘专家沃尔夫冈·弗格斯（Wolfgang Foges，他逃亡英国以躲避希特勒政权），以及出版公司的负责人比利·柯林斯（Billy Collins）。当时，用柯林斯的话来说，“这个国家的命运处于最危急的状况中”，他们四个人商讨出了一个大胆的出版新计划——“让人们的思想远离这场大屠杀的东西”。

1945年，紧随着盟军的胜利，“新博物学家”系列中的第一本横空出世了。书名很简单，就叫《蝴蝶》，作者是个有点古怪的牛津大学动物学教授E.B.福特（E.B.Ford）。这不是一本野外指南，而是对已知的蝴蝶生物学知识做了精彩的总结。一系列题材广泛的其他博物学主题的书——从《英式游戏》（*British Game*）到《伦敦博物志》(*London's Natural History*),从《野花》(*Wild Flowers*)到《乡村教区》（*A County Parish*）——在随后几年接二连三地出版，到20世纪50年代中期这个系列已经出版了30多种书。

“新博物学家”丛书一举成功，良好的文字功底和科学精确性相结合，使其立即声名大振，每本书都有上万册的销量。它们提供了一个由野外进入博物研究新领域的入口，而不是蹲在实验室或教室里，鼓励人们走出去用新眼光看待自然世界。该系列丛书在装帧上配以彩色插图和照片，封面吸人眼球，在书架上十分显眼。在20世纪60年代中期彩色电视问世前，有二十年时间里这些书一直是普通的野生生物爱好者得以舒舒服服地坐在椅子上过一把奇光异彩的自然界瘾的唯一方式。

马克斯·尼克尔森在“新博物学家”丛书中的著作《鸟与人》（*Birds and Men*）于1951年出版。他毫不怀疑这套丛书会大获成功：“人们被战争掠走了家人和爱好，剩下的只有对书籍的极度饥渴。‘新博物学家’丛书文笔流畅，主题精挑细选。它们从众多的图书中脱颖而出——我觉得它们现在仍然非常与众不同。”

该丛书中最多产的作家是艾瑞克·西姆斯（Eric Simms），他一人就写了四本。像大多数“新博物学家”丛书的作者一样，他把自己描绘为一名“很有天赋的外行”，尽管这个称号相对于他通过成百上千的BBC电台和电视节目以及他的众多专著和文章来推广博物学的成就而言并不公平。作为皇家空军轰炸机指挥部的前飞行员，西姆斯也记得该丛书首批书籍对被战争折磨得疲惫不堪的一代人产生的影响：“战争接近尾声时，人们跟我一样，需要一个彻底的转变——稳定、舒适和一个隐遁之所。这些书写得很好，从不看轻读者，值得反复品读，正是我们所需要的。”

“新博物学家”丛书引人入胜，但是它们并不能帮助人们鉴别野外的鸟类和其他野生生物。因此，就需要一类新书。但是，战后第一本野外指南直到1952年才出现。《英国鸟类口袋指南》（*The Pocket Guide to British Birds*）是二战前夕（见第9章）理查德·菲特和理查德·理查德森在特林水库会面的最终成果。

理查德森是一名全靠自学成才的艺术家，极其有天分。在位于克莱的女房东的厨房里，他用一只普通的颜料盒完成了大部分插图。“他很少带笔记本或铅笔去野外，”理查德·菲特解释道，“但是当一只特别的鸟儿出现时，他会一丝不苟地用深邃的蓝眼睛近距离观察。回到家里一小时左右，他就可以画出来，连羽毛和体态的细节也不放过，是一幅极好的画。”

菲特还记得，理查德森在哪里都能作画：“他甚至不用桌子——他只需要一张凳子，他还可以在膝盖上作画！他有着不可思议的天赋，能随心所欲地作出栩栩如生的画。”

理查德森被不亚于彼得·斯科特这样的权威专家表扬过。后者在指南的前言中说，“显然，一个技术高超的画鸟新人已经步入这个领域了”。然而，他卓越的艺术作品却被低劣的印刷质量拖了后腿，这些图片像是褪了色，显得平淡无奇。另一个问题是内容的编排。彼得森指南采用的是“有系统”的顺序（如，把相关的鸟类编排在一起），与此不同，菲特依照两个人为准则在鸟类分类上迈出了革命性的一步：栖息地和尺寸。尽管这样吸引了新手，但是更有经验的观鸟人并不赞同，他们认为这是潜在的误导。在《英国鸟类》杂志的一篇书评中，詹姆斯·弗格森-利斯尖锐地批评道：

> 这是一本令人失望的书。有独创性、有雄心……但是仔细查看，就会发现它并没有完成最初的诺言——试图最大限度地简化，但却以复杂化而收场……这些批评肯定不会让读者以为这本书远非英国迄今为止同类书中的旷世之作，而是让人思考它理应写得有多好。

糟糕的评论并没有降低销量，相反，《口袋指南》卖出了10万多册，一直到20世纪90年代都还在书店里出售，当时已经长销达40多年。

双角犀鸟

得以改变观鸟现状的书在两年以后，也就是1954年出现在英国。像菲特和理查德森的书一样，《英国和欧洲鸟类野外指南》（*A Field Guide to the Birds of Britain and Europe*）是另一场相遇的成果，这次相遇发生在宾夕法尼亚的老鹰山。1949年，艺术家兼作家罗杰·托瑞·彼得森在那里遇到了英国鸟类学者盖伊·芒特福特，他们约定合作编写彼得森知名的《鸟类野外指南》的欧洲版。

芒特福特出生于1905年，从孩童时代开始一直对观鸟有兴趣，20世纪20年代，当时他还年轻，来到巴黎，就职于通用汽车公司做销售，此时他的热情才真正迸发了出来。在巴黎，他在自己的花园里观察凤头山雀和锡嘴雀，学会了环志，甚至坐着一辆老式克莱斯勒敞篷车旅行到传说中的卡马格（Camargue）。第二次世界大战开始时他返回英国，应征加入皇家骑乘炮兵，仅仅在三年内就晋升为陆军中校。他在欧洲、非洲、太平洋和亚洲服过役，吃过双角犀鸟——“味道还过得去！”他广博的鸟类学经历使得他成为新的野外指南文本撰写者最显而易见的候选人。

小组第三位成员是P.A.D.何洛姆（P.A.D.Hollom）：英国鸟类学上伟大的无名英雄之一。20世纪30年代，非常谦逊的菲尔·何洛姆帮助马克斯·尼克尔森开展其创始的调查工作。战时他在英国皇家空军当飞行员，之后承担了精编工作，把长达五卷的《英国鸟类手册》浓缩为一卷。1952年出版的《英国鸟类大众手册》（*The Popular Handbook of British Birds*）是一个精简本，可读性强，价格合理，满腔热忱的观鸟新生代也买得起，而大部头书每卷5先令的价格让他们望而却步。《英国鸟类大众手册》很快成为最具权威的参考书，在三分之一个世纪后的1988年还出了新版，第五版。何洛姆以其深厚的知识底蕴和深刻的理解力成为这个团队理想的第三位成员。

五年之后这本指南修成正果——在这段时间里，作者和艺术家走遍了整个欧洲，积累了对500多种鸟的野外经验。1952年10月的一段行程中，罗杰·彼得森参观了柴郡的希尔岛（Hilbre Island），同行的还有埃里克·霍斯金和那时封爵的艾伦布鲁克子爵。

在野外研究了一整天蛎鹬之后，到了晚上彼得森的一根筋又犯了。慢慢地，像过去一样，话题转移到了战争上。霍斯金回忆道，艾伦布鲁克栩栩如生地描述了他亲历过的在克里姆林宫谈判最让人紧张的一幕：

> 我们着迷了。艾伦布鲁克栩栩如生地描述了英国代表团飞回家乡前的那一晚。他、丘吉尔和斯大林，以及一名陪同翻译，一起坐在一张桌旁，品着伏特加，突然，斯大林朝丘吉尔挥了挥拳头，信誓旦旦地要求知道英国什么时候开战。
>
> 丘吉尔的反应是爆炸性的。他一拳打在桌子上，发表了一番慷慨激昂的演讲，抨击了斯大林。斯大林聆听了一两分钟，然后，满脸堆笑，起身打断了丘吉尔的翻译，自己说道，"我不知道你在说什么，但看在上帝的份上，我喜欢你的激情！"
>
> 我们其余的人还在等着艾伦布鲁克继续讲，我碰巧瞥了罗杰一眼，他眼神呆滞无光……当艾伦布鲁克的精彩故事讲完时，出现了短暂的停顿，罗杰说——"你知道，我猜这些蛎鹬大多数吃软体动物"。

这样的一根筋显然会取得成功：《英国和欧洲鸟类野外指南》比同类图书超前很多。彼得森的特点包括，标出了鸟类区别性野外特征的指示物，简略的分布地图，和一个简明清晰的文本；同时还有引起国际读者关注的新特征，沿用了鸟类的荷兰语、法语、德语和瑞典语的本地名称。1997年，在其首次出版43年之后，这本书仍然畅销；被译为13种不同的语言，总销量已成功跨越了100万册的非凡里程碑。

对战后年轻一代英国观鸟人而言，新的《指南》是天赐之物。伊恩·柯林斯（Ian Collins）形象地回忆起1954年的一天，当时，他兜里有10先令6便士这么一大笔钱（大约相当于今天的

10英镑），他骑车到泰晤士河畔金斯顿去取他的新《指南》。在那之前，柯林斯一直在使用一本埃里克·菲奇·达尔格利什（Eric Fitch Dalglish）所写的不出名的小书《给那只鸟取个名》（*Name That Bird*）。这本书利用了一种“解答式”的旧式鉴别体系，在这种体系内，为了判断和鉴别鸟类，读者不得不回答一系列的问题。对伊恩·柯林斯而言，同样对他那一代的许多人而言，《给那只鸟取个名》是何等的不能满足他们。难怪，他很快就把宝贵的新版彼得森指南带到了学校，在那里，他的同学们满怀羡慕地聚在一起如饥似渴地阅读。

新的野外指南最终打开了英国观鸟人的视野，使其有可能越过那些海岸去观看异国风情的鸟儿。同时，随着欧洲摆脱了二战时期的社会经济动荡，出国旅游也变得更便捷了。战后，1945年工党政府成立了两家国有航空公司，BEA（英国欧洲航空，British European Airways）和BOAC（英国海外航空，The British Overseas Airways Corporation）。1952年，第一家喷气式“哈维兰彗星型”客机进入商业运营，大大减少了旅行时间，首次让洲际旅游成为可能。

以前，英国观鸟人也曾到国外看鸟，但主要是为大英帝国服务或者是在战时。现在，人们开始经常冒险横穿英吉利海峡，去法国、低地国家和奥地利等地方观鸟。1961年，英国皇家鸟类保护协会的杂志《鸟类笔记》详细登载了一篇这类的考察经历。作者菲利普·布朗（Philip Brown）是当时英国皇家鸟类保护协会的秘书。他描述了1960年夏天起起落落的九日游，驾车又乘坐飞机从肯特的莱德机场经由加来抵达荷兰。在他们的旅途中，三位同行的人一共记录了139种鸟，包括许多回家后根本看不到的鸟，比如短趾旋木雀、凤头百灵和中斑啄木鸟。

新的环境让他们沉浸在喜悦之中，比如阿姆斯特尔啤酒、脆脆的（却不油腻的）薯条、牛肉味十足的牛排——和战后难吃的英国饭菜截然不同的东西。不好的一面是，汽车（估计是一种英国模型车）常常抛锚，需要时不时地下来推它才能继续前进。

其他人的欧洲观鸟经历风格迥异。欧洲观鸟最后的终点站是西班牙南部的科托·多尼亚纳（Coto Donana），塞维利亚南部和西部的一大片沼泽地，简直就是鸟的天堂。商人兼野外指南作者盖伊·芒特福特自20世纪30年代早期，就对参观多尼亚纳的景象着了迷。当时他已经读过了阿贝尔·查普曼（Abel Chapman）的《野性的西班牙》（*Wild Spain*），它讲述了一次去该地区的涉猎之旅，首次发表于19世纪晚期。

1952年，芒特福特最终同罗杰·彼得森一起实现了他的雄心。正是在观鸟休息的短暂间隙去参观科多巴著名的教堂和清真寺的时候，他也目睹了彼得森对鸟的执着：

> 这场面真是中世纪美景杰出的一幕。我们参观了千年古教堂，它是华丽的摩尔式、拜占庭和经典的科林斯建筑的奇特综合……我们回到外面，凝视着古老教堂的尖顶。罗杰和我们一起朝上看，默不作声。最后，他发表了断言。
>
> “那座塔里黄爪隼正在筑巢”，他说道。

这次初步的调查参观之后，芒特福特用他最出色的组织技巧策划了两次前往科托·多尼亚纳的重要考察。参与者的名单读起来像是20世纪鸟类学的“名人录”。埃里克·霍斯金、詹姆斯·弗格森–利斯和詹姆斯·费舍尔参加了1956年的考察；菲利普·何洛姆、马克斯·尼克尔森和朱利安·赫胥黎爵士参加了1957年的考察。芒特福特还得到了一位年轻的西班牙鸟类学家的帮助，他就是安东尼奥·巴尔韦德（Antonio Valverde），众所周知的“Tono（东诺）”，他经常用他“开朗乐观的学生式幽默”逗乐全场。另外一个知名人物是艾伦布鲁克子爵。

詹姆斯·弗格森－利斯回忆起他们一起探索未知领地的感受。尽管出生于意大利，他也仅仅是在成年之后出过几次国，到过荷兰，短期去过西班牙，所以，当盖伊·芒特福特邀请他成为第一届多尼亚纳团队最年轻的成员时，对他来说这是一个不容错过的好机会。然而，语言障碍成了个问题。当他们骑马周游的时候，东诺·巴尔韦德英语水平有限，他就会请弗格森－利斯测试他的英语，说出鸟和其他野生生物的英文名称，“最经典一次是，当我问他，是什么在发出蛙的声音，他想了想，然后回答道：‘成年的蝌蚪’！后来，他的英语确实进步了……”

多尼亚纳的探险经历载入了芒特福特的旅游三部曲《荒野的写照》（*Portrait of a Wilderness*），出版于1958年。这部书的主体部分以轻快的笔法描述了探险中跌宕起伏的故事，介绍了这个地区引人入胜的鸟类知识，还有一些逸闻趣事。当然，构成这本书之基础的是一个人的发现之旅：

> 我哀伤地起身，敲了敲烟斗。夜色迅速降临在沼泽地上，树木在天幕衬托下都成了黑影。我沿着宁静的小径慢慢往回走。明天，我会乘坐20世纪的涡轮螺旋桨飞机返回英格兰，回到那个喧嚣嘈杂的伦敦，那个有着霓虹灯、电话机和没完没了钟声的地方，那个充斥着吵闹声和汽油味的地方，那个有报纸、周期性危机和议论氢弹的地方。明天，我留在马丁那佐

> 小径上的足迹将被淤泥渐渐覆盖。在几日内或者几周内，我们探险的痕迹将会消失不见……我们所看过的大多数鸟儿将很快飞离，冬季，来自北方领地的大量飞鸟将涌入科托，取而代之……四季更替，但是我们所钟爱的荒野科托·多尼亚纳，将经年一直萦绕于梦中，它的幽静和美丽，上帝，请让它保持纯洁无瑕吧。

在多尼亚纳探险之后，芒特福特又组织了好几次深度旅行：前往多瑙河三角洲，写进了《河流的写照》（*Portrait of a River, 1962*）中；去往约旦，写入《沙漠的写照》（*Portrait of a Desert, 1965*）；后来去了巴基斯坦（在埃里克·霍斯金的自传《以眼还鸟》中有描写）。这些书在扩充我们对那些地区繁殖鸟类的知识上必不可少，但是，书中对那些难忘的野外时光的记载，也让读者看到了在国外观鸟的乐趣。

盖伊·芒特福特于2003年4月逝世，享年97岁。他的好友兼同代人马克斯·尼科尔森也于同月去世。和尼科尔森一样，他被誉为20世纪真正的鸟类学巨匠，为拓宽英国观鸟人的视野立下了汗马功劳。

1955年，一本别样的书激发了英美公众的想象力。《美洲荒野》（*Wild America*）讲述了两个人于1953年春夏之交，历时100天，环北美大陆旅行了3万英里的故事。作者可以说是20世纪最伟大、最全面的两位观鸟人：詹姆斯·费舍尔和罗杰·托瑞·彼得森。

两个人周游了大陆，如同现代版堂·吉诃德和桑丘·潘沙一般，几乎经历了跟他们一样多的考验和苦难。一个是古板的中上层英国人，炫耀着衬衫领带；一个是来自纽约州的懒散有闲的艺术家，穿着开领衫，反差那么大，必定要闹出些文化冲突。此外，费舍尔当时是第一次观看北美的鸟，而彼得森已经是美国最有经验和游历甚广的“鸟人”之一了。

在他的开场白中，彼得森阐释了他们同游的动机：

> 我已经走遍了欧洲的大部分荒野，尤其是和我的同伴一起游历了英国的荒野……因此，我愈发希望带他逛逛我自己的大陆作为回报。
>
> “如果你来到美洲，”我提议道，“我会在纽芬兰和你碰头，然后带你去逛整个大陆……你将更为完整地看到典型的美洲荒野的景象，这是任何其他英国人都没有见过的，也只有极少数北美人看到过。”

全书开篇就显示出这件事情有多么的不容易，费舍尔抵达北美大陆的行程被大雾耽搁，他乘坐的航班从纽芬兰的甘德（彼得森等候他的地方）改飞到约300英里外的斯蒂芬维尔空军基地。费舍尔也抱怨航空旅行乏味无趣，与海上旅行截然相反：

> 横跨大西洋的旅行如今已经退化为一系列快捷但毫无情致可言的室内等候，扬声器里传来礼貌的女声，这一切再也无法矫正回去了。大西洋之旅本身是这样的一段时光：喝咖啡、看光泽感十足的杂志，喝咖啡、和邻座聊天，喝咖啡、吃精致饭盒里的食物，喝咖啡、睡觉和喝咖啡。

无论如何，他的确从飞机上掠了一眼鹈鹕——他的崭新世界里的第一只鸟儿。事情很快有了起色，等到他们抵达得克萨斯的时候，已经迟了差不多一个月，他们加快进展："鸟–鸟–鸟！今天卢瑟·高曼（Luther Goldman）和罗杰带我看了更多的鸟儿，从来没有哪天见到过这么多的鸟。"

在野外最漫长的一天结束之时，他们最终观测到了132种鸟——其中30种对费舍尔而言是"新种"（lifers）[1]。正如彼得森指出，费舍尔每次看到一种新的鸟儿，他都会嚷起来，用一种可怕的双关语喊出"猎鸟计数"（tally-hunting）和"发现目标"（Tally ho）！

在三个月内，费舍尔和彼得森从纽芬兰沿着东海岸来到佛罗里达；横穿得克萨斯、新墨西哥和亚利桑那州；然后沿着西海岸到了西雅图；最后飞往阿拉斯加进行了一次难忘之旅，看到了普里比洛夫群岛上成群的海鸟。

表面上看来，他们的目的是打破盖伊·爱默生（Guy Emerson）1939年创下的观北美497种鸟的纪录。他们轻而易举就做到了，费舍尔甚至溜出安克雷奇的旅馆，又多观察了5种鸟，从而偷偷超出同伴一截。但是，他的成功也是短暂的：他回到英格兰后，彼得森继续观测，当年一共观测了572种鸟。

年底，费舍尔观测的鸟类数目已经超过之前的两倍了，但是他的"世界名录"仍然不到一千种，这个总数在今天即使是观鸟新手出国三四次也就能达到了。但是，他们的成就远远超过了单纯的"猎鸟计数"，费舍尔和彼得森是去寻找好几种现在已经灭绝或者濒临灭绝的鸟类。其中包括佛罗里达的卡纳维拉尔角（后来成为美国空间项目发射基地）的滨海灰雀；同样在佛罗里达，对象牙

① lifer，在观鸟中指某个观鸟人一生中目击的鸟种名单，在这里指费舍尔看到了30种之前没有见过的鸟类。——译者注

啄木鸟最后的栖息地之一的探索却劳而无功；以及寻找加州神鹫之旅——北美最强壮的珍稀猛禽。

费舍尔对这段经历的描述是一种对观鸟中的戏剧性及兴奋感的典型的热切追忆。花了一天工夫却没能找到这种神奇的鸟儿之后，他们打算回家：

> 最终我们不得不放弃。大家遗憾地走到车旁边。
>
> “为什么那么着急？”西德尼·佩顿镇静的声音从他的双筒望远镜后面传过来。我们沿着望远镜的倾角，看到了天空中的一个小点。这个小点就是一只加州神鹫，它正朝我们飞来。
>
> 它直直地飞过。我无法估计它的高度，但是我们好好地观赏了一番……整整五分钟，我们注视着它10英尺的巨大身躯，它的初级飞羽像手指一样伸展开。它缓缓拍动几下翅膀，仿佛拥有这个世界上的所有时间，赶上一阵新的上升热气流，然后向东南急速飞去，直到消失成了一个小点，慢慢不见。
>
> “简直不可思议！”我边说边在清单上打钩。
>
> “真是一只神奇的鸟，”罗杰评论道。“一流的展示。”
>
> “不虚此行，的确如此。”
>
> 真的是值得一看，值得不远万里来此一看。

《美洲荒野》出版于20世纪50年代中叶，当时，对大多数英国观鸟人而言，洲际旅行的难度看起来就如同去一趟月球。这本书取得巨大的成功也是情理之中的事情。罗杰·彼得森的探险电影在伦敦皇家节日音乐厅上映，场场爆满，后来在电视上播出也吸引了成百万的观众。

在这本书的最后，费舍尔讲述了他受到美国有史以来最伟大的政治家接见的场景；此人曾经两次，分别在1952年和1956年差一点就入主白宫成为总统：

> 稍后一些时间，赫伯特·阿加带了一位尊贵的访客来到俱乐部——他刚经历了一场艰苦的竞选，正用周游全世界来放松自我，这让罗杰和我的旅行相形见绌，更像一场野餐会。我被引荐给这位伟人。我感到很自豪，并不觉得比他的旅行差多少，我告诉他我在这个国家刚走了两三万英里。
>
> "天哪，"阿德莱·史蒂文森说道，"你在竞选什么？"

20世纪50年代末，观鸟领域发生了翻天覆地的变化。一车车的人每年都在哥腾湖瞻仰鹗，同时，作为参观效应之一，他们加入了英国皇家鸟类保护协会。战后一代的在校男生都已经成长起来，他们通过参观全国各地的鸟类观测站，为我们增添了很多鸟类知识。诸如彼得森、芒特福特和何洛姆的野外指南以及"新博物学家"丛书等使得普通观鸟人的知识水平和技能得到大幅提升。颇有影响力的人如詹姆斯·费舍尔和盖伊·芒特福特已经开始开拓更广阔的世界，探索观鸟的新地点。

在所有这些活动中，有一件事几乎无人关注：一位伟大的观鸟人去世了，享年80岁。乔克·沃波尔-邦德，最后一位伟大的维多利亚时代的人，后无来者；他之后，在英国一个以采集鸟蛋、找寻鸟巢作为鸟类学动机的时代就此结束。

丰富多彩的60年代将要到来。

附 言

黑斯廷斯珍稀鸟类事件

在我们最终走出旧时代之前，还要讲一个故事：众所周知的“黑斯廷斯珍稀鸟类事件”。尽管这一重大事件发生在约一个世纪前，但是，直到20世纪60年代真相才得以披露。

A259号公路沿着苏塞克斯海岸从贝克斯希尔通向黑斯廷斯，圣伦纳德海边的度假胜地。就是在这些最不可能的地方隐藏着有史以来鸟类学最大的冒牌大枭。如今，锡尔切斯特路15号是一个男女皆宜的理发店；但是从1845年到1943年约100年来，它一直是一个标本商店。

如今标本的需求并不太多。但是，20世纪伊始，这项贸易还是非常繁荣兴旺、有利可图。当时国内几乎没有一家沙龙或者公共酒吧不在吧台上饰以动物标本的。标本工艺的必需品就是鸟儿：是大还是小，鲜亮还是晦暗，熟悉还是——特别——稀有。

珍稀鸟类的价值相当于黑便士邮票或狄更斯作品的第一版，正因为如此，那些由于迁徙路线错误或大自然的反复无常而抵达英国海岸的流浪鸟儿，最受买家的追捧。在英伦诸岛上采集的真正珍稀鸟类的一个标本就值几个几尼[②]，当时农场工人周平均工资才勉强2英镑。圣杯（象牙喙啄木鸟）在“英国首现”——一个英国之前从未记载过的物种——可以卖到55英镑（如今价值数千英镑）。

② 英国的旧金币，值1镑1先令。——译者注

因此，当锡尔切斯特路15号的标本商乔治·布里斯托（George Bristow）因为能够采获如此珍贵的品种而声名鹊起的时候，富有的收藏家争先恐后地叩开他的大门就不足为奇了。相应地，他也以此为荣。从1892年到1930年大约40年间，布里斯托的小店铺陈列过一批令人难以置信的珍稀鸟类，它们在剥皮、内填和装裱后被出售，用来给周边的乡间别墅装饰客厅。

然而，当时哈利·威瑟比所领导的鸟类学机构开始逐步怀疑布里斯托珍稀鸟类的来源。布里斯托宣称他们是通过猎场看守人和蔬菜种植者那里转手"得到"的，有时候通过了中间人。尽管鸟类保护法案尚未正式施行，但是射杀珍稀鸟类也会令人反感。因此布里斯托仔细隐藏不让人发现他的标本来源。为了鉴定鸟类，他通常会请来当地名声清白、诚实可靠的鸟类学家帮忙，如N.F.泰斯赫斯特（N.F.Ticehurst）或者M.J.尼科尔（M.J.Nicoll）。

即便如此，威瑟比和其他人还是有疑虑。布里斯托记录的鸟类的绝对数字——以及极其珍稀的物种的高占比，包括好几个对英国而言是首次记录的物种——看起来是令人难以置信的。但是布里斯托看上去很诚实，泰斯赫斯特和尼科尔以往也非常清白，很难有证据指出他们有过失之处。尽管如此，当威瑟比给当地一位鸟类学家写信，讲述在英国首次发现的另外一个珍稀鸟类时（1915年5月20日"在圣伦纳德附近"见到了一只草绿篱莺），他在信中表达了自己的疑惑：

> 我认为这将是另一种新的英国鸟儿，在这种情况下，也许我最好把它送给哈特尔特来验证一下……你见过它活着时

> 的样子吗？我很高兴您作了一些记录，我真心希望您能够继续。最重要的是人们应该完全不受干扰地对活鸟进行检查。你知道F.林塞把Lusciniola melanopogon送给我做鉴定的事情吗？——当然是填充后的标本。我猜，我们将不得不接受它，那只Totanus brevipes也是如此。你见过活的黑百灵鸟？我无法理解，为什么所有这些在韦斯特菲尔德见到的珍稀鸟类看起来都那么可疑？

在此处，需要做一些解释。“Lusciniola melanopogon”指的是须苇莺，是一种欧洲南部物种，只在英国出现过几次。“Totanus brevipes”是灰尾漂鹬，是一种亚洲涉禽，近代只观测到两次。但是真正令人难以置信的记录是那些对在英国从未见到的鸟的一系列观测，如对黑百灵的记录，包括在两个不相关的场合下都有四只在一起的记录。

布里斯托很快对日渐增多的指责做出了回应。1916年，他写信给威瑟比：“一段时间以来，种种迹象表明，现在你和其他的鸟类学者对我得到的珍稀鸟类的真实性持有怀疑，我的回复是否定的，而且无须任何理由。”

无论这些言辞是否可以当作默认的口供，毫无疑问的是，这番通信之后，威瑟比试图严格控制官方对记录的鉴定和认可程序，鸟的标本数目开始减少，到1930年几乎没有了。1947年乔治·布里斯托去世，享年84岁，收藏填充鸟标本的风尚迅速消逝，动物标本工艺本身的前程也岌岌可危。

然而，这还不是故事的最终结局。在20世纪50年代末60年代初，随着新的鸟类书籍的问世，书中是否应该收录黑斯廷斯的记录成了热议的话题。1960年，P.A.D.何洛姆（柯林斯版《野外指南》[*Field Guide*] 的作者之一) 将黑斯廷斯的记录从《英国珍稀鸟类大众手册》(*The Popular Handbook of Rarer British Birds*) 中删去，引起了人们的争议。

当时最受尊敬的鸟类学者之一大卫·班纳曼，持有不同的观点。1961年，在他不朽的巨著《英伦诸岛上的鸟》(*The Birds of the British Isles*) 第九卷的序言中，他为这个记录的公正性进行了辩护：

> 在我看来，除非有可靠证据证明这些记录是不真实的，否则再度提起这件颇具争议的事情则是犯了最为严重的错误。当然，我们应该相信《英国鸟类》杂志和《手册》内完善的鉴定方法和无可置疑的完整性，因为它们的编者是以谨慎而著称的。当今这代鸟类学者可能会试图抹黑那些他们出生前发生的事情，因此这些编者更有发言权。
>
> 鉴于以上原因，我一开始就考虑在《英伦诸岛上的鸟》中收录黑斯廷斯/罗姆尼湿地1900—1916年间的记录，并会继续这么做。我们必须牢牢记住，在1900—1916年间，这个地区捕获的鸟，有些是迈克尔·尼科尔本人射杀和记录的，如今要否认这一点，简直难以想象。

仅仅一年以后，难以想象的事情就发生了。1962年8月出版的《英国鸟类》杂志彻底和“黑斯廷斯珍稀鸟类”反目。总共542个鸟类标本，关于约100种鸟的43条目击记录，包括不少于16种在国内其他地方从未出现的鸟，全部从“鸟类名录”中被删除。

这项调查是《英国鸟类》杂志德高望重的编辑马克斯·尼克尔森和詹姆斯·弗格森－利斯的工作成果。正如尼克尔森后来承认的那样，他们的手段有一点不同寻常。他们没有指名道姓地指控欺诈过失，而是用统计数据来说明一切。J.A.尼尔德（J.A.Nelder）是一位专业的数学家，又具备良好的鸟类知识，他们请他来验证整个统计的真实性，结论是如此大量的珍稀鸟类目击记录在这么短暂的时间内出现在一个局部地区基本是不可能的。

《英国鸟类》杂志的报告，马上引起了反响，丑闻事件成为次日报纸的头条。与英国历史上最著名的皮尔当人骗局仅仅几英里之遥，这片地区引起了人们的注意。前一个骗局，声称发现了人与猿之间的"缺环"（missing link），十多年前才曝光。如今，黑斯廷斯珍稀鸟类事件和皮尔当人事件相提并论，是对英国科学机构的又一次致命打击。

许多人认为，《英国鸟类》编辑们的决策是对的。欺瞒与不实永远不可饶恕，真相最终会大白于天下。社论标题是："澄清真相"，道出了其中的一切。

在观鸟人中，对这一披露的即时反应有愧疚不安的，也有松一口气的。至少目前事情公开了：英国鸟类学的家丑终于清理出去了。但是，接下来的是反唇相讥。有人反诘，当地著名的鸟类学者，如N.F.泰斯赫斯特等都会被愚弄这么久？毕竟，实际上他亲自检测了鸟儿们的尸体，似乎当时他一点也没有生疑。

最迫切的问题是：这个骗局是如何发生的？事出何因？谁是始作俑者？"为什么"比较容易回答：差不多都是为了经济利益。"谁"是骗局背后的黑手呢？嫌疑无例外地指向了标本商乔治·布里斯托，如此多的标本都是他的店铺经手的。有人暗示，布里斯托把外国标本当作英国捕猎的真品销售，获利颇丰。

但是，即使事实如此，并且布里斯托就是在运作这样一个秘密计划，根本的问题依然存在：他是如何做到的？尼克尔森和弗格森–利斯提示说冷冻新技术已经足够先进，足以把标本深度冷冻后通过冷藏船从地中海和中东送到英国。一旦上岸，走私的鸟会被剥皮装裱。然后，人们看到的就是另一只不知被哪个蔬菜种植者顺手杀掉的动物，这位园丁眼神敏锐、枪法精准，估计是在肯特高地或者苏塞克斯低洼地区的某个偏僻小村庄捕获它的。

随后，有证据浮出水面，揭示这一推论很可能是正确的。1970年，《英国鸟类》杂志发表了一封来自罗伯特·库姆斯（Robert Coombes）的信。他回忆道，1939年他在利物浦上船，见到了年长的乘务员帕克曼先生。谈话间，帕克曼揭露了一个惊人的秘密：

> "一战前"，作为一项爱好也是副业，他在中途停靠的港口收集各种鸟然后用他的船冷藏运回英国……他说抵达一个英国港口的时候，他总是把这些鸟移交给他兄弟，让其"在黑斯廷斯"出手。他提到"标本商布里斯托"是这些鸟的终点站……

尽管有人质疑当时冷藏条件的可靠性，但是科学家自那时起已经认定即使采用当时相当落后的技术，运输冷冻鲜杀鸟皮也是可行的。1995年，BBC开放大学电台的两档节目考证了这一事件，采访了剑桥制冷技术公司的技术总监罗伯特·希普(Robert Heap)：

> 船上使用的机器冷藏，和长期以来所用的自然冰的方法不同，始于1879年，用于运输冷冻的牛羊肉。在1900年以前，至少有356艘带有机器冷藏装备的贸易船只往来于世界各地的海域。

另一位科学家也确认，以这样的方式来运输，标本上不会看出什么明显腐坏的地方。

同时，尽管大多数鸟类学者和观鸟人支持《英国鸟类》杂志的编辑，但是仍存在着一个值得关注的异议。詹姆斯·哈里森博士（Dr James Harrison）拥有断定黑斯廷斯珍稀鸟类事件的良好资质。他在黑斯廷斯长大，是两卷本不朽之作《肯特的鸟》（*Birds of Kent*）的作者，同时也是社会栋梁，还是国内最好的鸟类标本收藏之一的拥有者。无须惊讶，他的藏品绝大部分来自于标本商乔治·布里斯托。如今，用比喻手法来说，哈里森朝《英国鸟类》的作者们开了火，批评所谓的欺诈拖延许久才得以昭示天下："我认为，应该适当采取这种行动的时机早就过去了，并且，对于该报告的知识性和正确性的看法……一定会有分歧。"

6年后，1968年，哈里森自行出版了他关于此主题的书《布里斯托和黑斯廷斯珍稀鸟类事件》（*Bristow and the Hastings Rarities Affair*）。他英勇捍卫布里斯托，寻找尼尔德数据分析中的漏洞，提到珍稀鸟类随后在黑斯廷斯出现，然后指出布里斯托本人"在作者看来，从来不像在赚大钱的样子！"然而最终，他的申辩愈发微弱，就像一位律师为一个当场被抓捕的罪犯绝望地极力辩护一样。

但是，在这个案例的某个方面，他提出了一些重要的问题。一个人在一个安静的海边小镇，大肆行骗这么多年，竟然都没有被查处，这是如何可能的？若说这位乡下店主有合约、有金融头脑、有组织能力来策划如此庞大的运作，这实在令人难以置信。

在马克斯·尼克尔森逝世之前，有人问他是否怀疑黑斯廷斯珍稀鸟类事件幕后另有其人。他暗示他和弗格森－利斯当时是有所怀疑，但是查无实据，他们也不想指名道姓。詹姆斯·弗格森－

利斯如今是牵涉曝光事件的唯一健在者，但他还是缄口不语。

如果着眼于证据，即使在事发后约一个世纪之久，有一个名字还是无法抹去。不是诺尔曼·泰斯赫斯特，1969年，96岁高龄的他将要不久于人世，仍然不承认那场骗局。也不是詹姆斯·哈里森，他一直维护他的朋友乔治·布里斯托的清白，毫不顾忌截然相反的事实，只是出于忠心耿耿和力求公正。事实上，这个可能位于整个计划背后的人，他的名字一度被用来作为证实记录真实性的证据。我们只需要回顾一下大卫·班纳曼愤愤不平的断言："我们必须牢牢记住，在1900—1916年间，这个地区捕获的鸟，有些是迈克尔·尼科尔本人射杀和记录的，如今要否认这一点，简直难以想象。"

那么，谁是迈克尔·尼科尔？根据刊登在《英国鸟类》杂志上的讣告（由诺尔曼·泰斯赫斯特执笔），他是：

> ……一位有趣的同伴，既是野外博物学家，又是博物馆工作者，他以对这两方面的热情、学识和技能在当时的鸟类学者中享有很高的地位，同时，他的仁慈大度、率真秉性和坚强个性令他身后的无数朋友非常怀念。

这是溢美之词，但是我们确定，尼科尔收藏的标本至少有一个是不实的。据说1905年9月9日他在苏塞克斯东部的佩特平地射杀了一只白顶鹏。后来，标本（同尼科尔的其他藏品一道）被布莱顿市戴克街的布思博物馆购入，如今还和其他黑斯廷斯珍稀鸟类一同藏于此馆。这个博物馆目录中的一封信显示，鸟的外皮一直"毫无差错地用东方人的方式"良好保存着，信中还下了令人称奇的断言："这块外皮一直是东方博物学家收藏的，不是欧洲人，仅仅这一事实就足以让我们认识到，在这个案例中，甚至尼科尔先生的担保也不足为信。"

《英国鸟类》杂志的讣告揭示了容许尼科尔为自己获取标本的人脉关系。1902—1906 年间，尼科尔乘坐英国贵族克劳福德的游艇出海三次，周游全世界并收集各种鸟。1908 年他在《博物学家三次航海记》(*Three Voyages of a Naturalist*) 中讲述了他的旅行。与此同时，1906 年，他被任命为埃及吉萨动物园主管助理，泰斯赫斯特如是说：

> ……除了常规的假期外，他把余下的时间几乎都投入到了与他意气相投的事业中，这项事业有大把的机会去发展他视为毕生志业的科学……他全力投入创建了有代表性的埃及鸟类收藏……

1923年，尼科尔在病中返回了英格兰，他在肯特安了家，离黑斯廷斯只有几步之遥，这个地方本身也出现过好几起毁誉的记录。两年之后的1925年10月，他逝世了，享年45岁。他被安葬在一座小山坡上，从那里可以俯瞰到那片他曾经为了收藏而射杀众多鸟儿的湿地。

无须太多想象就能猜出，当周游世界的时候，或者晚些时候，在收集他的埃及鸟类藏品时，尼科尔可能已经认识到，把其中一些标本作为英国真品转手，会获利不菲。当然不乏富有的收藏家，其中有些人可能一向对标本的来源睁一只眼闭一只眼，但是其他的人当然大概率就要上当了。布里斯托可能只是顺便做做中间人：他本质上还是一个诚实的人，他应该是合法地从各位随性不爱留名的猎手那里得到了各种鸟。

或许，我们将永远也不会知道黑斯廷斯珍稀鸟类事件的整个真相。如今，离此事发生已经一个世纪，距离最终曝光也有40余年了，这件事似乎与今天也没有多少关联。但除了重新撰写鸟类记录书籍的需求，在这些书中，真品几乎无疑是同赝品一起已被否决掉了。它还对珍稀鸟类记录所依赖的信任链条有着长远的影响，对其提出了一个这样的问题：类似的坑蒙拐骗在其他地方是不是都存在过？

最重要的是，这揭示了英国20世纪早期的道德准则。黑斯廷斯珍稀鸟类事件可以欺世盗名近40年却没有人真正怀疑和揭发，在最终曝光前又持续了30年，这一事实向我们揭示了当时的社会本质。和自由舒适的20世纪60年代形成尖锐对比的是，当时是一个人们知道自己的位置而循规蹈矩的社会，是一个遵从规则的典范社会，并且最关键的是，它是一个言而有信的社会。在这样的氛围下，那些欺世盗名之辈得以如此长久地行骗于世可能也就不足为奇了。

他们不可能永远逍遥法外。在骗局最终曝光的时候，不仅社会已经发生了变革，而且观鸟也随之发生了变化。二战之后数年，人们的参与意识迅速提升，旅游热潮兴起，野外指南推广使用，这都有利于营造职业化和严谨的氛围。1958年珍稀鸟类委员会（the Rarities Committee）成立，严格审查了英国每一个珍稀鸟类的观测，黑斯廷斯记录这样的异常观测就再也遮掩不住了。尽管揭下事实真相的面纱是令人痛苦的，但是如果“英国鸟类名录”和珍稀鸟类记录要想在今后拥有良好的信誉，这么做则是完全有必要的。

第12章　驾车观鸟：20世纪60年代和70年代

如果你还记得60年代，那你肯定没有在那个时代真正生活过!

——俗语（有人说引自蒂莫西·利里[Timothy Leary]和大卫·克罗斯比[David Crosby]）

当人们联想到20世纪60年代的时候，他们会记得些什么？嗯，可能会同那句名言恰好相反，他们会记得所有的一切。这个动荡年代的经典画面广为流传，以至于它们在大多数人的意识中已根深蒂固了，无论是生活在当时的人还是晚些时候出生的人。对大多数人而言，他们永远是“多姿多彩的60年代人”：披头士乐队和滚石乐队；肯尼迪遇刺以及登月事件；大卫·贝利和崔姬；《那一周本来如此》（BBC在1964—1965年间推出的脱口秀节目）和普罗富莫事件；“权力归花儿”（20世纪60年代末美国兴起的反文化运动）和“爱的自由”。

但隐藏于表面之下的是，20世纪60年代看起来并非如此简单。即便是今日，历史学家还在争论，这个革命即将爆发的时代的持久影响力：这是一场最终导致社会永久变革的革命，尽管可能并不是它的领导者最初设想的那样。

历史学家亚瑟·马维克（Arthur Marwick）写了关于20世纪60年代研究的开创性著作。他对这个年代的持久影响做出评价时，心怀矛盾：“对某些人而言，这是一个黄金年代，对另一些人而言，这是一个道德、权威和规范的旧体系瓦解的时代……”

无法否认的是，同枯燥乏味、平淡无奇的20世纪50年代相比，主要的社会变革确实发生了。马维克将20世纪60年代性行为中的理想主义、背叛和变化同之前十年的“僵化的社会等级；女人对男人、孩子对家长的从属关系；性压抑……对权威的绝对服从……以及那种充斥着无聊和陈词滥调的流行文化”相比对。他总结道：“60年代发生的一切都产生了深远影响：60年代的文化革新实际上为这个世纪剩余时代持久的文化价值和社会行为奠定了基础。”

人们在物质方面也富足起来了——尤其是同他们的父辈相比，后者经历过二战时的物质匮乏。经济持续增长，失业率降低，家庭规模减小，人们自由支配的收入增加。人们寿命变长，身体更健康，这要归功于英国国家医疗保健体系。人们也受到了更好的教育，特别是那些通过了升中学甄别考试、进入文法学校的人——有的还升入了大学。他们通常是家中第一代进入大学的人。工作时间也减少了，使得人们有更多时间享受闲暇，同时也有更多的精力关注环境和自然，因此户外消遣如观鸟等活动也兴盛起来了。

但是草根百姓的生活究竟是怎样的？实际上，对于那些处于由流行明星、时尚达人和自诩为社会变革之子组成的圈子之外的人而言，英国的生活没有多大变化。人们继续追求各种各样的趣味消遣——少数人选择观鸟活动来打发闲暇，但人数越来越多。

如同每一个生活在那个年代的人一样，毫无疑问，观鸟人也受到了周遭发生的重大社会文化变革的影响。不过，可能他们生活中最戏剧性的变化更多地来自于更大的自由度和机动性，而这又是更便捷的私人出行和更高的生活水准带来的，而不是来自于社会文化变革更加深奥的一面。除此之外，嬉皮士“内向探索、激发热情、脱离体制”(tune in, turn on, drop out)的精神与成为严谨观鸟人所需要的自律有序的生活方式是极不相容的。

尽管媒体继续呈现“性爱、毒品和摇滚”的一面，但现实却是更平淡的，特别是大量的年轻人还是待在家里，和父母住在一起。

如今，蒂姆·克利夫斯(Tim Cleeves)是一位德高望重的观鸟人，长年在英国皇家鸟类保护协会从事环保工作，他的主要功绩是发现了在英国出现过的可以称得上是最珍贵的鸟：1998年诺森伯兰郡德鲁里奇湾（Druridge Bay）发现的细嘴杓鹬。

读小学时，克利夫斯和一名同学寻找搜集受伤的鸟儿和动物，把它们养在花园棚下，直到它们康复或者死去。他的同伴很快就对鸟儿失去了兴趣，加入了校园足球队。但是在1962年，蒂姆11岁的时候，他在家乡哈纳姆（布里斯托尔附近）的一个书报亭橱窗中，注意到布里斯托尔博物学家协会初级组的一则广告。一两周后，他换乘两辆公共汽车，辗转入城，参加了有生以来的首次会议：

> 一个看上去怪怪的家伙在谈论植物，我没什么印象。初级组有三位成员：一位胖胖的家伙，他来自特里姆的韦斯特伯里，扮演戴立克（英国BBC科幻电视剧《神秘博士》中的外星种族）倒有几分相似。一位看上去温文尔雅的早期摩登派乔纳森·萨维利，还有我。每个人看起来都十分优雅，在上流社会的学校上学，在学校里他们要做家庭作业（不管那是什么！），并且每周六都要定期集会，而这个会十分煎熬。

尽管开始不大顺利，蒂姆不久就成了这个协会的活跃分子，他坐长途车到远处旅行，去过波特兰半岛、新森林地区和埃克斯河口湾。他印象最深刻的倒不是这些鸟儿，却是和其他的初级会员在长途车背后干的荒唐事。他们鬼鬼祟祟地上车下车，把协会财务主管弄糊涂了，以至于找了他们两次车票的零钱，然后他们用这笔不义之财买糖果和香烟。

到了十几岁时，这群长大了的布里斯托尔学生观鸟爱好者已经开始了自己的旅行，他们每周日在公交车站碰头，前往丘谷湖（Chew Valley Lake），这是当地鸟儿的聚居地。值得注意的是，尽管他们年纪不大，但是他们得到许可，无须父母陪伴可以去任何地方。当然他们也与年长的观鸟人同行——主要是年龄大点的男士——搭他们的便车，相互做伴。难以想象如今少年的父母能同样做到如此宽容。

黑翅长脚鹬

这可能是一个纯真的年代，但是观鸟仍然会把少年们引入歧途。1965年5月，蒂姆·克利夫斯收到了一封明信片。寄自另外一位本地观鸟人伯纳德·金（Bernard King），他说，丘（Chew）这个地方发现了两只黑翅长脚鹬。放学后，蒂姆和朋友彼得·罗斯科（绰号“罗斯科皇帝”，取自当时著名的电台音乐节目主持人）乘坐375路公交车从布里斯托尔到了丘·斯托克，估计鸟儿可能会在那里。

不幸的是，他们成了不实信息的牺牲品——观鸟人称之为“不良情报”——最终，他们不得不步行跋涉到湖的另一边，足足有3英里。好消息是鹬仍然在此处“现身”，他们得以短短地远观了一下。坏消息是，当时是周一晚上9点；他们还在离家至少10英里之外；而且，按照惯常的男生伎俩，他们都告诉父母自己在另一个同伴的家里。更糟糕的是，回布里斯托尔的最后一班车几分钟前已经离开了。

但是，救星就在旁边。一辆有几分像沃克斯豪尔登峰牌的汽车停在路边的停车带上。车窗满是雾气，车身有节奏地前后摇摆，罗斯科皇帝并没被吓倒，他小心翼翼地敲了敲窗。车窗摇了下来，蒂姆是这么描述车里的人的，“一个飞车青年，系着波洛领带，身穿白色有褶边的衬衫、皮外套和牛仔靴”。这一幕对这些年轻的观鸟人来说，是真相大白的时刻：“我以为他要揍我们，但当罗斯科问他去不去布里斯托尔，他说‘去——上后座’”。他开车很野——毫无疑问，是为了给他的姑娘（“bird”）留下深刻的印象——我们及时到家了，父母正准备报警！”

对今天这代人来说，一辆沃克斯豪尔登峰牌的汽车可能不是自由的象征；但是对于那些生长在20世纪60年代的人而言，私家车的猛增给生活带来的改变最大，超过任何东西。自驾游在这一时期剧增，1952年到1960年翻了一番，1960年到1974年又翻了一番，代价是当时的铁路系统缩水，线路关闭。随着1959年英国第一条全程高速路（M1）通车，公路网发展迅速，从1963年的不到200英里，发展到1971年的约1000英里，总里程差不多是今天的一半。

就算是没有车的人，也能从中得到好处。可以跟朋友、同事或者不放心的父亲借车。人们找观鸟同伴搭车：那些有车一族突然成了香饽饽。那些底层的人，从父母、朋友或观鸟伙伴那里借不到车，还有最后一招，搭顺风车。

如今，搭顺风车很招人怀疑，实际上已经销声匿迹了，但是，在纯真的20世纪60年代，情形完全不同。搭顺风车是日常生活之举，尽管有的司机可能不大愿意搭上一群随身携带着双筒望远镜的邋遢之士，但是许多人还是很有公益精神的，都会停车，至少站在路边跷起大拇指常常是值得的。在20世纪70年代末80年代初有一段时间，英国观鸟人都乐于把“搭顺风车”当成一种生活方式。

常听成长于20世纪六七十年代的观鸟人说，如今一代的年轻人获得信息实在太容易了。如果他们需要珍稀鸟类的信息，他们可以用寻呼机、付费电话或者因特网。如果他们需要阅读最新的新闻和评论，他们可以在当地报刊亭买杂志或者订阅送至家中。同时，如果他们想见见观鸟同行，如今拥有这一爱好的人也有很多，且各种年龄和背景的都有，他们没有必要到远处去找寻。

回到所谓的多姿多彩的60年代，实际上观鸟新手的境遇根本不像上面所说。你可能拥有一副破旧的双筒望远镜，或许还有一两本鸟类书籍——通常是《鸟类观察者手册》(*The Observer's Book of Birds*)，彼得森的《野外指南》，以及后来的《英国鸟类读者文摘》(*The Reader's Digest Book of British Birds*)。你当然没有读过任何鸟类杂志，因为《英国鸟类》是仅有的一本严肃杂志，而且售价不菲。说到机会，除非是一些重大的机缘巧合正好有另外的观鸟人跟你同校，否则你可能根本碰不到什么人能够分享你的激动之情。

马克·科克尔(Mark Cocker)的早期经历就很有代表性，他生长在德比郡的一个小城镇。他在《观鸟人：一个部落的故事》(*Birders: Tales of a Tribe*)开篇讲述了他的早年生活，即一段从20世纪60年代末到现如今的详尽、有趣并且经常很感人的鸟类文化探索：

> 观鸟对我而言，是对自由的争取。我还记得，每晚出发之前，脱下校服然后换上旧衣服，感觉就像从一个拘束的身份中蜕变出来，奔向德比郡乡下自由的广袤天地。
>
> 快乐的第二个来源，是狩猎的机会。孩童时代的我最爱玩的总是战争游戏，举着塑料枪或木棍在灌木林里爬，偷袭敌人，以智取胜。我坚信，在12岁的年纪，观鸟能够延续8岁儿童的乐趣，同时又不会显得太可笑……

尽管他认为自己并没有显得“太过可笑”，但是，他有时却因为参与这样一个非常不酷的活动而倍感尴尬：

> 当人们听说我对鸟感兴趣时，通常会做出如此反应——“哦，两条腿的东西，但愿如此！”……那种不断遇到的粗俗

短耳鸮

的含沙射影使得我谨慎地隐藏自己的观鸟兴趣。我尤其害怕其他两条腿的东西会发现这一点，所以经常做噩梦，梦到一大群女孩轻蔑地站成一圈，嘲笑这个穿夹克拿双筒望远镜的傻瓜。我不知道我为什么会有那个特别的童年幻想。在那个年龄，我并不认识任何女孩。

在很长一段时间里，年幼的马克·科克尔以为观鸟只是一种孩童时代的个人爱好——仅仅因为喜欢就去做而已。后来，在12岁的时候，他发现其他的人也喜欢观鸟。1972年的春天，他加入了巴克斯顿野外俱乐部，和他们一同乘坐长途汽车出游，远至兰开夏郡的莱顿沼泽（Leighton Moss），在那里他平生第一次看到了麻鸦（Bittern）。但是在那段时期的沼泽之旅他印象最深刻的一次是，偶然遇到了一群短耳鸮：

在那一刻前，如同每一位年轻而热切的观鸟人一样，我常细细研读鸟类书籍和图片来弥补实际经验的不足。但是，在金西奇沼泽，我可能是第一次意识到鲜活的生命完全超越了想象。短耳鸮进入了我的生活，在那些时候，当它锐利的双眸将我吞没的时候，我也进入了短耳鸮的生活。我们完美地融合了。

20世纪六七十年代，地方鸟类俱乐部和博物学协会活动达到了高峰期，这成为年轻观鸟人如蒂姆·克利夫斯和马克·科克尔等人的生活中重要的一部分。它们大多数是在第二次世界大战前后建立的，当时团队精神可能处于鼎盛期。1958年，为庆祝伦敦博物学会成立100周年，马克斯·尼克尔森在《英国鸟类》杂志上所写的文章指出地方俱乐部兴起背后的原因：

> 地方的博物学会和鸟类俱乐部在当代世界的角色十分重要。随着城市与郊区的结合越来越紧密，越来越多的人脱离了与土地的紧密联系，而正是地方性组织最有利于培养人们对乡下事物的兴趣。

五年以后，1963年，理查德·菲特发现户外田野集会“可能是向观鸟初学者传授鸟类知识的最佳场所……”，他还预言随着这个爱好的推广，鸟类俱乐部的资金也会增长。

这一定是一个非常激动人心的时刻，成队的汽车和长途巴士每个周日早晨出发，运送各年龄段的观鸟爱好者去英国的观鸟热门旅游区，如克莱和丘，明斯米尔和马丁·米尔（Martin Mere），法利·布里格（Filey Brigg）和弗兰伯勒角（Flamborough Head）。不到半个世纪，尽管鸟类和观鸟上的兴趣仍在迅速增加，但许多地方性的俱乐部和协会都开始挣扎求生，因为越来越少的人愿意外出、参加室内会议，或是提交年度会费。

还存在更多的担忧，俱乐部承受着成员年龄结构老化和新鲜血液匮乏的双重压力；并且，一度人人都比以往更为忙碌，没有多少人愿意或者有能力担任常常吃力不讨好（也没酬劳）的俱乐部财务主管或是会员秘书。

要知道为什么并不难。私家车如今是标配，没什么稀罕的。同时大多数人更喜欢自己出行的灵活性，胜过搭乘别人的车或是乘坐长途巴士。今天，父母也不愿意让他们十几岁的孩子在无人监管下擅自外出，尤其是和一群成年人一起外出，这就是说，青少年会员也减少了。除此之外，对大多数年轻人而言，和一车的“老年人”乘坐长途巴士出游，一点儿也不酷。

20世纪60年代鸟类俱乐部的兴起，还有一个现实的原因：资深会员知道去哪里寻找鸟儿。如今，英伦诸岛（实际上世界上大多数地区）的每个地方都有寻鸟指南，人们几乎忘记了，直到1967年，探索一个新的观鸟点的唯一方法就是偶遇，或者是有经验的观鸟人来指点。

有一个例子能够很好地证明这一点。今天在布罗姆斯格罗夫和德罗伊特威奇之间的阿普顿·沃伦（Upton Warren）自然保护区，是这个国家最著名的内陆观鸟圣地之一。但是回到60年代早期，附近地区之外的人对这里几乎一无所知，即使比尔·奥迪这样的热心观鸟爱好者也不知道。尽管他就在几英里之外的地方长大，1961年他年满20岁的时候，才发现了阿普顿·沃伦，他是在一家成立多年的西米德兰鸟类俱乐部的年度报告中偶然发现的。

曾经，他和一位朋友最终去了阿普顿·沃伦，几年宝贵的时光里，这个地方基本是属于他们的，直到后来该地名气增大，吸引了四面八方的观鸟人。在他的自传《去观鸟》（*Gone Birding*）中，奥迪追忆了20世纪60年代早期到70年代晚期发生的变化，以及他再次带着一群年轻观鸟人拜谒此地时的百感交集：

> 我承认，十五年前当我得知我有可能参与把阿普顿绘制在地图上的工作时，我感到相当自豪……另一方面，我不得不承认，我也有点伤感。我对阿普顿60年代早期的样子记忆犹新……没有天然的小径、观鸟的隐匿处或者公告栏，几乎也没有其他的观鸟人。坦白地说，那是我更喜欢回忆的样子。一方理想的天地。

阿普顿·沃伦越来越热门，部分是因为一位来自苏塞克斯郡的年轻人约翰·古德斯（John Gooders）。他写了一本书，1967年面世，题目很简单——《去哪里观鸟》（*Where to Watch Birds*）。这本精炼的小书介绍了英格兰、苏格兰和威尔士，从锡利群岛到设得兰群岛之间多达500多处观鸟胜地。和所有伟大的想法一样，这看起来很简单，以至于以前没有人想到这一点真是令人不可思议。实际上，有人想到了，却是在大西洋彼岸，奥林·S.佩廷吉尔（Olin S.Pettingill）在1951年出版了《密西西比以东的观鸟指南》（*Guide to Bird Finding East of the Mississippi*）。又一次，与野外指南和光学技术的进展一样，看来英国人比他们的美国远亲落后了近十年。

《去哪里观鸟》的创意源自另外一位年轻的观鸟人，布鲁斯·科尔曼。他一直经营着一家不错的照相馆（见第15章）。科尔曼有一次去美国出差，偶然看到了佩廷吉尔的指南，决定整理一份类似的英国观鸟地指南。他一回来就联系了出版商安德烈·多伊奇（Adre Deutsh）以及古德斯本人："约翰是撰写《去哪里观鸟》一书的最佳人选，他富有热情、精力充沛，能高效地胜任研究任务。"

那之后不久，在1967年，这本书面世了，简介由伟大的罗杰·托瑞·彼得森撰写：

> 观鸟、找鸟、看鸟、玩鸟或赏鸟——随你怎么叫——已经发展到了成熟期，超越了识别指导阶段，步入了入门时代……这本书难能可贵，不仅仅提升了英国观鸟的广度和深度（绝少有迷鸟、孤鸟能逃脱观测！），而且还能给环保人士保护重要的野生生物地区不受破坏和毁灭助上一臂之力。

宣传鸟类“热门地区”的做法在美国已经收到很好的成效，宾夕法尼亚州的老鹰山越来越热门，这就使环保人士得以保护其免遭狩猎和开发。在前言中，约翰·古德斯重申了这个论断，强调说，在诸如钓鱼和驾船等休闲活动增加的同时，观鸟人需要提高警惕，保护这些重要的地方。

在《英国鸟类》杂志的评论中，D.I.M.华莱士(D.I.M. Wallace)赞扬了古德斯“非凡的精确度”；尽管事实上有时候信息有点太过笼统而派不上用场。另外一个问题是，许多观鸟人，特别是无甚主见的年轻人，把这本书等同于圣经，期望能看到书中提到的每一只鸟。当他们遍寻无果时，往往就会很失望。

尽管如此，这本指南极其畅销，影响了整整一代观鸟人去开发观鸟的新地方。鸟类开始成为消费产品：正如人们购买《美食指南》来挑选值得信赖的餐厅一样，观鸟人购买《去哪里观鸟》——以及后来的许多类似书籍——都为了能更便捷地看到“好”的鸟。

并不是每个人都认为寻鸟指南是一个好点子。老看林人也时常抱怨，这样的书不仅创造了一种太过“专业”的消遣方式，而且还可能引起人们对稀有繁殖鸟类不必要的注意，最终可能会打扰到它们。作者和评论者都驳斥了这个担心。古德斯指出：“那些购买这本书以期找到珍稀繁殖鸟类的人是在浪费钱财。”“对于那些希望像这本指南那样的书永远不要写出来的人来说”，华莱士补充说明道：“古德斯先生在他的手稿获得当地和国家机构批准的时候，就已经提出了这样的告诫，可视作他对这一问题的部分回答，余下的……必须来自有责任心的观鸟人根据自身追求的需要来约束自己的自由。”

实际上，正如布鲁斯·科尔曼所回忆的，今日鸟类学的建制与这本书的出版完全是相悖的。幸运的是，英国皇家鸟类保护协会会长彼得·康德尔（Peter Conder）的看法更有启发性，还给予了官方支持。

回顾过去的时候，布鲁斯·科尔曼把这本书对世人的遗赠视为观鸟民主化进程的开始：

> 《去哪里观鸟》开启了观鸟的新篇章：如今你能够计划去更远的地方，期冀看到你想看到的东西，而不是依赖当地联系人或者小道消息。它帮助你迅速抵达正确的地点，为你提供受限区域的具体信息，或者，如果那个地方需要许可，它还能减少非法入侵的发生。

观鸟地点指南的作者们面临的问题——你能够透露和不能透露的——还一直存在着。无论如何，事实上，每位观鸟人至少都有一本地点指南，对大多数人而言，在一个越来越忙碌、时间尤其宝贵的世界里，要规划观鸟旅程，这是唯一明智的方式。

至20世纪60年代后期，观鸟视野逐渐开阔起来。1966年彼得森、芒特福特和何洛姆的《野外指南》出版了第二版，继续开拓欧洲大陆的观鸟点。但是，对英国国内产生最全面影响的，还是另外一部著作，布鲁斯·科尔曼的《世界上的鸟》（*Birds of the World*）。

《世界上的鸟》是这一时期出版的众多周刊性的“分辑出版的丛书”之一。从1969年至1971年逐卷出版，最终汇成一册，每期3先令6便士——大概相当于今日的3英镑。但按照当时的标准，这是一部了不起的著作：里面配有不少彩图，各式各样专业人士撰写了清晰明了、可信易懂的文字。这部书开拓了许多英国观鸟人的眼界，让他们接触到了一些根本没有想到会存在的鸟类，更不用说还有机会能真正出门。

《世界上的鸟》如同许多其他的选题计划一样，是布鲁斯·科尔曼带一位朋友外出吃午饭时产生的。阿兰·史密斯（Alan Smith）当时刚被IPC杂志挖去负责一系列分辑出版的丛书。某天一大早他把布鲁斯·科尔曼叫过来问其有何主意。到下午三点多，吃过午饭，喝了一两瓶红酒，意见就达成了。

这个选题计划需要一位主编，科尔曼和史密斯无须舍近求远。尽管《去哪里观鸟》销量不菲，但约翰·古德斯仍然继续做他的教师。在酒馆里把酒讨论了一阵后，他做出了重大决定，不再教书，接受了这份邀请。

公众对《世界上的鸟》产生了兴趣，部分是因为英国众多观鸟人享受到了20世纪60年代假日旅游热潮的好处，出国旅游的人数比以往都多。其中就有劳伦斯·霍洛威（Lawrence Holloway），他从孩童时代就迷上了观鸟。在经营多种小生意之余，他决定同一位朋友前往奥地利东部的新锡德尔湖（Lake Neusiedl）观鸟度假。他们选择了组团旅行，尽管从观鸟角度来说是成功的，但是，在其他方面就远不如人意了，正如霍洛威回忆道，“真不幸，这次度假规划得不好。事实上，有时候我们都觉得步履蹒跚。”

一回到英国，霍洛威就开始四处找寻有薪水的工作，参加金宝汤业公司的面试，应聘百科全书销售的职位。同时，1964年秋，在去往苏塞克斯的帕格姆港观鸟途中，他无意中碰到了他的度假同伴：

“你现在在做什么？”他问道。我的大意是说我正在“度假”，到处瞧瞧有什么值得做的事情。“你为什么不组织观鸟度假呢？”他问道。我们都思考片刻，然后放声大笑。以我们奥地利之旅的经验，来应对所有因为缺少组织者的前瞻眼光带来的杂乱无章和步履蹒跚，投身这样的一个冒险，这个主意看起来的确很荒谬。

但是，种子已经播下。1965年春，他还在找工作时，经营观鸟旅行的念头又一次进入了他的头脑。他对父亲说了这个想法，父亲热情支持，甚至为这个大有前途的新企业想出了一个名字。由此，英国首家，也是历史最久的观鸟旅游公司“鸟之旅”诞生了。

1966年，在他们第一个旅游全季，“鸟之旅”率观光客重回新锡德尔湖，还去了法国的卡马格，瑞典南部的法尔斯特布（Falsterbo），以及英国好几个地方，包括奥克尼群岛、设得兰群岛和法尔恩群岛。旅费价格从50英镑到90英镑不等，全程包接送、膳食和住宿——相当于今天的1000英镑至1800英镑。尽管不比当时主流的度假套餐便宜，但对于日渐增多的富足的中产阶级观鸟客户，还是物有所值的。

在公司成立初期，霍洛威在他苏塞克斯的家里管理着这家一个人的公司，后来搬到了奇切斯特一家私宅里。这是一个缓慢但稳健的开始，他这样说道：

当然，这个项目十分有限。如果野心太大，将会酿成大错。因为在第一个旅游季，是一群70岁的老人跟我签订了协议。他们真是勇气可嘉。毕竟，当时人们的钱财并无甚保障。谁知道我是谁，有可能卷款而逃呢！

霍洛威清楚地记得1966年4月前往卡马格的第一次旅行。

> 我们住在阿尔的德拉宝斯特酒店，每天绕着隆河三角洲游览。红鹳、白兀鹫以及当地修道院屋顶上的领岩鹨，真是奇妙。在那些日子里，人们乘坐火车穿行欧洲（没有航空条件），而我所犯的唯一错误就是当我们去巴黎观光时，把行李寄存在了火车南站（Gare du Sud）。当我们返程联系回阿尔的夜班火车时，我们的行李了无踪影——已经提前发出去了。这就是给你办事的效率——在当今的英国你能够想象到这一点吗？！让我松了一口气的是，当我们次晨抵达阿尔的时候，行李都还在，堆在候车室，等着我们收捡送往酒店。

在后来几年时间里，“鸟之旅”越来越壮大，最初是得益于该领域中没什么竞争对手，后来是有了回头客的忠实支持。这个项目继续拓展线路，延伸到加拿大落基山脉、印度、特立尼达和多巴哥，以及更多的“人迹罕至”的地方，如莫桑比克和埃塞俄比亚。如今，这家公司每年仍然运营着75条旅游线路，参观地点覆盖整个七大洲。

对于劳伦斯·霍洛威自身而言，朋友随口说的一句话彻底改变了他的一生。他不仅仅周游了世界，拥有了成功的旅游事业，而且，他聘用来办公室帮忙的年轻女子后来也成了他的妻子：“安似乎认为，获得一家旅游公司的某个职位就能够打开遥远国度的国门！事实上，她唯一的一次旅游就是跟我去温哥华和落基山脉，那还是在1974年的事了！那年10月我们的儿子艾德里安出生了，这让她很长一段时间内再无法外出旅游了。”

尽管“鸟之旅”获得了早期成功，但对大多数英国人来说，出国旅游还是遥不可及的。因此，许多人选择主要在家附近观鸟，参加常规的鸟类调研活动。这其中包括最雄心勃勃的首部非凡的国家工程《繁殖鸟类地图》（*Atlas of Breeding Birds*），就是在1968年至1972年五个繁殖季节中，由1万到1.5万名业余观察者具体实施完成的。

在这段日子里，专注的野外考察工作者造访了英国和爱尔兰38.62万平方公里的每一寸土地，调查了那里发现的每一个繁殖鸟类。最后的记录结果——超过28.5万个种类——已经得到查实、分析，并标注在地图上，显示出每种繁殖鸟类的分布。覆盖的广度远远超过了《地图》调研组的预估。詹姆斯·弗格森－利斯在1976年问世的调研成果前言中写道：

> 在乐天派和狂热派一方与悲观派和保守派之间似乎存在着不可协调的观点分歧，后者相信，这样的项目由于覆盖范围不够，注定会失败。甚至乐天派也说，因为观鸟人分布不匀，而且偏远的地方缺少观鸟人，预想中最好的覆盖范围是，英格兰有90%，威尔士有50%，而苏格兰只有25%；悲观派估计得更低一些。此外，几乎每个人都认为爱尔兰的覆盖范围会特别低，预计那个国家在本次调研中将没什么进展。我们的认识是多么无知啊。

如此杰出的项目也许只能在英国和爱尔兰修成正果，因为这两个国家拥有专业科学家和观鸟业余爱好者开展合作的悠久传统。正如1963年马克斯·尼克尔森所写：

今日英国鸟类学最显著的特征之一，就是源源不断的活力，从观鸟到系统性的识别，从调查到一系列的定论，从定论到实践，实践同时又揭示了新的疑惑和问题，从而再次需要观鸟人展开调查，重新启动这一观察研究过程。这个趋势极其强劲，足以把观鸟人悉数卷入，而他们从未想到自己的爱好会成为一个科研任务。

如果有人想知道为什么需要这样的调查，我们只需要从单单一代人的视角来回顾，看看英国和爱尔兰的鸟类生活在这些年里发生了多么大的变化。大多数确凿的数据帮助证明了物种的减少，比如，云雀和家麻雀，这些数据都来自于这类调研——当然是由科学家组织的，但最后也是观鸟爱好者具体实践的。即使在《地图》第一次调研的时候，就已经很明确，鸟类种群和分布范围没有以前预计的那样稳定，例如，人们记忆犹新的斑鸠的快速移居。

在英国和北美，人们的观鸟经历中有许多类似的地方。但是，在历史上某一段时间，两个国家在规模上的绝对悬殊的确造成了很大的差异。在《观鸟人》(*Birders*) 中，马克·科克尔讲述了20世纪70年代英国推车儿（狂热的观鸟爱好者）史诗般的搭便车旅游的几个故事：“那个时候，如果你想象空中有某种控制模块，能以此在英国的公路系统中监控观鸟人的行动，那么，屏幕上就会呈现出紊乱的波动信号，每个信号代表着年轻的推车儿搭便车在国内穿来穿去……”

1976年，16岁的科克尔和他的同伴“托格”前往名胜地克莱的东岸，途中在林肯郡的一家客栈留宿：

我们卷起袖管，喝酒玩飞镖，庆祝当天取得的种种进展。我们喝着天然的、令人满足的和苦中带甜的淡啤酒，其中混合着酸橙和廉价烟的味道。25年以后，我无法真正回味起那晚的感觉，但是想起那一天，有一种滋味仍然十分清晰，那是自由的味道，铁定没错。

但是，无论他如何努力，两位小伙子在东安格利亚B级公路招手搭车的场景还是完全比不上他们的美国同伴肯恩·考夫曼（Kenn Kaufman）的经历那般迷人。1970年，16岁的考夫曼做出了一个重大的决定，从中学辍学——尽管他成绩不错，还担任了学生会主席。为了追寻自己的美国梦，他出发开始寻找鸟儿：

8月末的一天，对我而言具有特别的代表意义。不是那天我做了什么不寻常的事情：和往常一样，我是在观鸟中度过的。那一日之所以有意义，是因为我知道，家乡那边和我同龄的孩子们即将开学。

他们在堪萨斯州威奇托的南方高中大厅里听着储物柜发出的叮当声。我在亚利桑那州发现了一处无名山坡，阳光洒到松林间，墨西哥鸣禽在高枝上飞来穿去。我的老同学们继续他们的教育之路，毫无疑问，正如我走在自己的路上一样，只是如今踏上的是一条无人为我画出路标的道路……我的冒险之旅已经开始。

1997年，超过四分之一个世纪以后，已到中年的考夫曼在《王霸鹟之路》（*Kingbird Highway*）中讲述了他年轻时的观鸟故事。这本书一度激起了一种强烈的怀旧情绪，当时，一位年轻人怀揣50美金迈出堪萨斯州的家门，竟能支撑一个月：

> 我所有的旅程都是搭便车。我从未在汽车旅馆睡过觉——真的没有；无论天气如何恶劣，我都在外露宿。我尽量每天只在食物上花一美金。进了商店，我会买几罐蔬菜汤、玉米粥，都是快过期的打折商品。后来，我发现干猫粮还勉强可以吃；背包里塞一盒小猫粮，就能吃上好几天。

最初考夫曼只是简单地随意观鸟，不介意便车搭到哪里。但1972年开始，在费舍尔和彼得森的《美洲荒野》（请参见第11章）的鼓舞下，他决定"玩票大的"——斯图尔特·基思（Stuart Keith）在一个日历年就记录了美国和加拿大的598种鸟，但他作为一位英国移民，在15年前的1956年未能突破600大关。因此，正如运动员四分钟跑一英里的速度，或是受测飞行员突破音障一样，这个纪录有着象征性的地位。

于是，1972年1月，17岁的考夫曼收拾起行囊，前往南部的得克萨斯海岸，开始了打破一年观鸟600种的纪录的探索之旅。他只坚持了一个月，就听说了一则惊人的消息，这个纪录在一年前即1971年不仅被打破了，而且是被粉碎了。更糟的是，新纪录的保持者和考夫曼年龄相仿；这就是来自宾夕法尼亚州的大学生泰德·帕克（Ted Parker），他的纪录是惊人的626种。

提到观鸟历史和发展，就不能不提到西奥多·A.帕克三世（Theodore A.Parker III），全世界的观鸟人和他的朋友们耳熟能详的是"泰德"这个名字。在他四十年的人生历程中，他是世界公认的南美鸟类专家，那块神奇的大陆上栖息了全世界将近五分之二的鸟类。

罗杰·托瑞·彼得森曾经描述帕克拥有“我所见过的最灵的耳朵……算得上是凤毛麟角”，而且据说，仅仅凭借声音他就能够识别四千种鸟。甚至在20世纪70年代早期，帕克就展示出了足以成为观鸟界一流人才的精力、技巧和重要能力。

尽管帕克取得了“重要的观鸟年纪录”，而考夫曼面对这位博学多才的观鸟人时愈发感到自卑，但是两位年轻人成了至交。1973年帕克亲自鼓励考夫曼去打破自己的纪录。于是，新年来临时，考夫曼再一次踏上探索之旅。他研究的第一只鸟是火冠戴菊鸟，那只鸟战战兢兢地飞过亚利桑那州的小木屋卧室窗前。他起身，穿衣，出门步入茫茫的雪天一色中——这一忙，就是12个月。

《王霸鹟之路》整本书都是关于发现之旅：不仅仅是美洲的鸟，还有一位年轻人领悟到的生活的起起落落。今天看来，这本书就像是来自一个逝去的纯真年代，当时，尽管偶尔会搭上醉酒司机的车，但相对于今天而言，美洲要安全友好得多。

一年下来，考夫曼走了6.9万英里，观测了671种鸟；比泰德·帕克1971年的记录多出45种。然而，他当年势均力敌的竞争对手弗洛依德·默多克（Floyd Murdoch）打败了他，因为尽管总数上少了两条记录，但是，在晦涩的规则下，美国鸟类学家协会（American Ornithologists'Union）认定他比考夫曼看到的鸟的种类更多。

不过，考夫曼的确打破了一个纪录：他这一路上，总花费不超过1000美金——他每花一块钱比以往任何人看到的鸟都多。他最终抵达了得克萨斯的弗里波特，在那里，当他参加当地的圣诞节鸟类统计时，一场暴风雨把他冲到了城镇的码头，几乎淹死。当地海鲜餐厅的侍者好心地给他做了包扎，然后他又径直回到了码头。

在书的结尾，他记述了这段让人着魔的不寻常的经历：

> 如今，已经过去了许多年，当我再次回忆起那段往事，尽管已经远去，我仍然能记得那位年轻人站在那个码头上的情景。至少当我的日子好起来后，我还能记得我跟他站在一起的情形：可能这次经历给我的震动很大，但是，我仍然有信心认为，光明就在前方，鸟儿会离我更近，天黑之前我们最终能够清清楚楚地观察到一切。

肯恩·考夫曼持之以恒，最终成为北美大陆最令人景仰的观鸟人之一，他写了好几本书，其中有彼得森指南系列中的一本。1993年8月3日，泰德·帕克和他的同伴阿尔文·金特里（Alwgn Gentry）乘坐的轻型飞机在厄瓜多尔撞上了一座山坡，两人不幸身亡。这是环境保护和观鸟事业的巨大损失：据说他们当时已经掌握了三分之二的南美鸟类知识，尚未公之于众。"泰德·帕克从未想过停止前进的步伐，"在《王霸鹟之路》感人的献词中，考夫曼悼念了他的老朋友："他像一辆失控的列车，只是他是沿着自己计划的轨道在行驶，而且他清楚地知道，行进的方向在哪里。"

但是这种自由——事事都有可能的感觉——在大西洋彼岸大多数年轻人的头脑中并不是至高无上的。1973年，即1967年的"爱之夏"之后仅仅6年，英国就从任何事情、一切事情貌似皆有可能的盲目乐观，进入到石油危机的阴霾：汽油配给、能源缩减，一周只上三天班。如果说60年代是狂欢的聚会，那么70年代就是聚会后的次日清晨——随之而来的剧烈的宿醉。

在英国，20世纪70年代早期不是一个很好的成长时机，尤

黑顶林莺

其是如果你的兴趣爱好跟大多数人相比是特立独行的，比如观鸟。同20世纪60年代形成反差的是，循规蹈矩和不容异己是英国年轻一代的口号。他们具有一致的团队忠诚性，任何看起来有悖惯例的行为，无论是衣着还是习惯，都被排斥在外。如果你的确是用观鸟这种非常不时尚的活动来打发业余时间，那么你当然是不愿意承认这个爱好的，正如观鸟人尼尔·麦基洛普（Neil McKillop）回忆道：

> 当我离开学校（或者应该说是辍学）的时候，有很多事情在分散我对观鸟的注意力。当时（20世纪70年代早期），性、毒品和摇滚乐的诱惑力大得多，旧护照上面的照片就是极好的见证，我是一个彻彻底底的周末嬉皮士。因此，我给大家说的最后一件事情是，我喜欢观鸟——好吧，它只是，不酷！

无可置疑，能称之为酷毙了的是音乐。音乐比其他任何东西都更全面地诠释了20世纪70年代的年轻一代：如果你们爱好同样的音乐，那么你们就是同类；否则就不是。还有什么比弹琴论调更亲切自然的呢？但是对麦基洛普和另外一位当地小伙子菲尔·哈雷尔（Phil Hurrell）而言，这足以证明是一段意义深远的经历。当时，麦基洛普在他的家乡沃特福德的一家唱片商店上班，而哈雷尔是一位常客。

一天，麦基洛普放了一张罗伊·哈珀（Roy Harper）的唱片，叫作《鸫》，封底是槲鸫巢穴的照片，唱片套上还印有关于《鸟类观察报告》一书的说明。他无意中对哈雷尔提起了这个，还说起了另外一首歌曲，里面录制了黑顶林莺的欢唱。

菲尔好奇地看着我，然后低声咕哝道："那么，你对鸟有兴趣吗？"

那一刻，我结识了一位爱好者同伴——虽然是一位私下的好友。我承认了我的爱好，剩下的就是历史事实了。我俩走遍了英国，四处考察鸟类——至少，在菲尔认定他需要看一些更不同寻常的东西，并且转向世界寻鸟之旅之前，一直都是这样！

在20世纪70年代早期那些黑暗的日子里，任何一位年轻有志的观鸟人都必定认为他们将在隐瞒中度过整个一生，他们害怕承认自己对观鸟的热忱，因为害怕遭到同龄人的奚落。但总的来说，社会上逐渐开始出现了一种更宽容的氛围。

对于20世纪70年代后期日渐成熟的这一代观鸟人而言，有一个短暂辉煌却又可以随心所欲的时期。在接下来的十年里，观鸟活动经历了一波非同一般的激增，主要由这些婴儿潮时期出生的人所引领。最终，经历过诸多冒险、入错门径及走入死胡同之后，他们帮助创立了今天我们所熟知的观鸟世界。

第13章 飞行观鸟：观鸟如何做到全球化

法尔恩群岛和巴斯岩岛，包括旅游、膳食和住宿。7日，一共51英镑10先令。

——鸟之旅目录（1966年）

从智利出发，您将飞至道森-兰伯特冰川，同繁殖的帝企鹅一起，在它们的冰川王国共度15日时光，只需15169英镑。

——野翼旅行社（Wild Wings）目录（2003年4月）

在1978年初秋，两位朋友从萨里郡的郊区出发开始了“嬉皮之路”，这是一段史诗般的旅程，横跨大陆，从英国到尼泊尔，途经欧洲、土耳其、伊朗、巴基斯坦、阿富汗和印度，跋涉了5000多英里。

奈杰尔·里德曼（Nigel Redman）和克里斯·墨菲（Chris Murphy）同其他成千上万的年轻人并没什么不同，都还受着20世纪60年代的“内向探索、激发热情、脱离体制”社会风尚的影响。他们决定放弃日常工作，前去东方找寻希望。25岁的里德曼一直在一家出版社做会计，仍然和父母同住在萨里的上班族聚居区。年轻好几岁的克里斯·墨菲出生在利物浦，但他是爱尔兰后裔。

这两个年轻人是他们那个时代的典型代表：背景普通但怀揣超凡的梦想。当他们开始为期10个月的亚洲冒险之旅时，只有一件事情让他们跟其余那些留着长发、穿着随意的人们区别开来。行囊里面除了路线地图、水壶和换洗内裤，就是一副双筒望远镜了。

对于同样是跨国旅行中最引人入胜的一部分，奈杰尔和克里斯的计划是尽可能看到更多的鸟类。他们的确做到了。在伊斯坦布尔看到第一只新鸟黑鹳之后，他们观看了大概1000种鸟，其中大多数是“新种”。

他们不是第一个开启观鸟度假的人：12年前，1966年，理查德·波特走进当地车站，要求买一张去伊斯坦布尔的单程票：“售票员眼皮都没眨一下，只是收了我18英镑10先令。我就搭上了东方快车。”

里德曼和墨菲的旅行方式可没这么奢侈。他们开始是搭便车到了多佛，然后坐船到奥斯坦德，接着又搭便车穿越欧洲前往土耳其，他们在那里待了一个月，欣赏到了猛禽飞越博斯普鲁斯海峡的壮观场景。但是冒险的诱惑力依然很大，因此他们每人支付了60美金乘坐“嬉皮士大巴”，一路风尘，经过阿富汗到了印度。

对于两位来自英格兰谈吐文雅的中产阶层男孩子而言，这趟大巴的确是一场文化冲击——尽管还算得上是比较舒适的。里德曼如此回忆道：

> 大巴上有35个人，分别来自10个国家，还有一条狗！那真是一段绝妙的时光——乐趣无穷，精诚合作。夜晚来临的时候，我们停留在小城镇，大多数人都在那里找到了便宜的旅馆，但是克里斯和我每晚都睡在大巴上，就为了省钱。一位亚美尼亚籍美国人自封为厨师，在车里用一口大平底锅和一个野营煤气炉做了好几顿美味佳肴——有几次就在我们的行进途中！车里大声播放着摇滚乐，我尤其记得老鹰乐队的《加州旅馆》这首歌。人们在车里晾衣服，车里总是尘土弥漫，你都无法从后排看到前排。

在那些无拘无束的日子里，即便是他们的观鸟兴趣也不会显得有多异类：“多数人对我和克里斯是观鸟人感到很有兴趣，经常问我们，更常见的鸟是什么。甚至允许我们临时停车去看有价值的鸟儿。同时，在边境检查站，我们告诉海关我们大家都是观鸟人——尽管我们中间只放着两对箱子！”

与当时的时代精神相契合的是，一位斯堪的纳维亚女性乘客和巴士上的多数乘客“打情骂俏”，尽管正如里德曼惆怅地回忆道，“看起来她并不喜欢观鸟人”。

在德黑兰，巴士停下来休息了三天，两位小伙子看望了里德曼在当地的一位老朋友，他在那里生活和工作。有段日子是动荡不安的——局势日益紧张，当局实施夜间宵禁，天天有暴乱，仅仅六周之后，旧政权最终被推翻，伊朗国王背井离乡。

巴士一到阿富汗边境，因为能（合法）得到大麻，车内全体乘客都兴奋起来了。然后，墨菲患了很严重的痢疾，短时间内他们无法正常观鸟了。巴士抵达喀布尔后不久，两个小伙子离开了同行的乘客。他们的签证在阿富汗可以停留一个月，这一个月是一定要待足时间的。最为有趣的是他们看到了这个国家特有的鸟类品种——阿富汗雪雀——并且看到了当地特色的运动项目：马背叼羊，勇士们骑马抢夺被斩首的小羊。

他们乘坐巴士和出租车又进行了一段史诗般的旅行，并且在贾拉拉巴德被短期拘留，罪名是观鸟时距离一个军营太近。在1978年年底，两人最终抵达印度。在接下来几个月里，他们在这一地区认真地展开了观鸟，包括参观了著名的北印度婆罗多布尔湿地保护区，尼泊尔的加德满都谷地和奇特旺国家公园，走遍了泰国，然后又折回尼泊尔。

旅途中充满了跌宕起伏。糟心的事就有墨菲的钱带被割开，里面的钱全部被偷走；里德曼在枕着自己的靴子睡觉的时候，靴子也被偷了；“德里痢疾”还时不时折磨着他们。但是这些都没有打消他们观鸟的念头：“我算了下我们每月大概有一到两天会受到德里痢疾的折磨，但这并没有阻止我们出去观鸟。有一次在阿富汗，我（因腹泻）虚弱到无法走路，但我仍然坚持去了野外，以免漏掉什么。”

在泰国海滩里德曼被一群狗追赶，其中有一只咬伤了他，这是他最糟糕的一段回忆：

> 我担心会得狂犬病，就去看医生，他告诉我没什么可担心的。我又找了一位医生，这位医生说应该注射狂犬病疫苗。他给我安排了注射。他写了一封信，在泰国这个地方，我得每天带上信去免费打针。整整十四天，我每天都得给腹部注射（一大支疫苗！）。所以为了不影响我观鸟，我常常是中午去打针，这样我就能在早晨和傍晚看鸟了。

除了这些不舒服和挫折，里德曼对这趟旅途记忆最深的是同行旅客的友情（他们在德里的一家书店遇到了来自英国的四人观鸟团，并一同度过了接下来的三个月），当地人对他们热情有加。现在回头看，很难相信两位衣衫不整、身无分文的年轻人能够得到如此的善待。

比如，有人向他们介绍了廓尔喀军营里的英国陆军少校，但是当他们到那里的时候，发现这位军官已调任别处了。所幸卫兵联络了他的继任者：

> 看来这位军官对鸟有点兴趣（也对克里斯打的高尔夫有兴趣），由于他们的孩子刚刚返回英国的学校，他们邀请我们跟他们待了几天。那几天简直是在天堂！我们和军官一起在森林里观鸟，克里斯和他一起打高尔夫。他们的冰柜给我们免费使用，里面有冰啤酒，他们甚至还开了一个超赞的花园派对，我们作为贵客应邀前往！

当地的鸟类学者也慷慨提供知识和联络信息。里德曼写信给了泰国的环保先锋人士汶颂·勒卡高尔（Boonsong Lekagul），他不仅带他们去观鸟，还给了他们自己的名片，背面以泰语草书了几句话：

> 他告诉我们，在各自然保护区，把这张名片给公园工作人员看，他们就会关照我们。我们确实受到了款待！在曼谷以外的地方，食宿全包，常常吃饭免费，在一个自然保护区我们还借到了一辆小摩托车！

在路上奔波了将近一年，最终钱花光了，他们也非常想家。那时陆路已经封闭，他们就乘坐了廉价的苏联民用航空飞机，经由巴格达、在莫斯科停留了两日，抵达阿姆斯特丹。1979年7月，在背井离乡颠沛流离10个月后，他们终于回到了英国本土。

奈杰尔·里德曼在尼泊尔的时候，收到了一封父亲转来的信。这是马克·比曼（Mark Beaman）写的，他是一位年轻的观鸟人，住在兰开夏郡，打算成立自己的观鸟旅游公司，想要开发偏僻的线路，他迫切需要优质观鸟地点的信息：

> 我回来的时候，遇到了马克，于是他请我一起合作，为新的旅游公司鸟类探索（Birdquest）共同带团前往摩洛哥。当年（1982）我又带了一次团，1983年我走了两次这条线路。从1984年开始，我全职带团。当时，我的亚洲观鸟经验是相对罕见的，这对我担任观鸟团导游很有好处。我没有停滞不前！

他当然没有停滞不前。自从那时开始，他当了85条旅游线路

的导游，游览了整个七大洲的70个国家。包括少数私人旅游团和其余的附带观鸟的商务旅游在内，他已经走过了约100条国外观鸟之旅线路——看到了约4500种不同的鸟——大概占了世界鸟类总数的一半。很难再找到更好的例子来说明对鸟类的热忱是如何改变了一个人的生活的，而在二十出头的时候，他是注定要做一辈子会计的。

虽然奈杰尔·里德曼和克里斯·墨菲的横越大路之旅在总里程和旅行所达到的范围上都不同寻常，但对那个时期的观鸟人来说，出国旅行也没什么大不了的。社会中发生的翻天覆地的变化首次为不同阶层的人们提供了出国旅行的机会。

一直以来，出国旅行对于普通英国人来说都是遥不可及的，但在20世纪60年代和70年代，出国旅行开始流行起来。这可能是20世纪工作模式改变而引发的一个结果，即工作时长渐趋缩减，一周五个工作日成为惯例。20世纪初，假期也还很少见，而到1945年，1000万人享受到了每年两周的带薪休假。到20世纪80年代末，两周的带薪年假已经成为普遍标准，99%的全职工人每年至少享有四周的带薪假期。

随着空余时间的增加，人们口袋里票子也日渐增多——最终转化为众所周知的“可支配收入”。直到二战时，只有所谓的“有闲阶层”才能出国度假。而到1983年，每年都能出国度假的人口超过1800万（到1994年，这个数值几乎翻了一倍，3400多万——超过英国总人口的一半）。

当然，观鸟人也得到了出国旅行的机会。许多观鸟人将观鸟活动与家庭度假相结合，因为大部分热门的度假胜地——比如马略卡岛、阿尔加维、希腊小岛——都是观鸟圣地。《鸟类世界》

(*World of Birds*)——20世纪70年代初的一本杂志——收录了很多文章，比如S.G.佩里（S.G.Perry）的这篇文章，描述希腊罗德岛上的一次家庭度假：

> 家庭度假对于鸟类学家来说无疑是一次挑战——即需要平衡观光、海滩活动和观鸟三者的关系。
>
> 我们对鸟类生活的第一印象从我们所住旅店的阳台开始。刚下飞机，又累又热，我们喝冰凉酷爽的啤酒解暑，烈日炎炎中，岸边的旅游船懒散地停着。雨燕和家麻雀满天飞，一些灰斑鸠在屋顶和港口盘旋，偶尔几只银鸥掠过头顶。全是在英国看过的鸟类。
>
> 古老官殿城墙边的蜥蜴、炎热的天气以及别样的植物又提醒着我们——我们身处异国他乡。

不过大家很快就适应了这里，度假中，作者欣赏到了岛上种种异国奇观。不过，他观测到的“还不到60种鸟类”的数量远远没达到如今的观鸟人的预期，就算是拖家带口也太少了。但是，如果真的想选择好异国之旅的目的地，好好观察鸟类的生活，就必须要做好更正规的准备：参加有组织的观鸟之旅。继20世纪60年代鸟之旅取得早期成功之后，几家观鸟度假公司陆续成立。

20世纪80年代初，观鸟旅游业的蓬勃发展远远超出了早期创业者对其最疯狂的幻想。1982年10月，《英国鸟类》第一辑“鸟类学旅行指南”出版，专门描述了七家旅游公司在六大洲的旅游目的地。虽然旅游公司报价不菲，但是他们底气十足地声称其组织的观鸟之旅的收获远远超出个人旅行，因为全程由对当地鸟类知识有着丰富经验的导游陪同，可以使你观察到的鸟类物种数量翻倍。

出国之旅不但刷新了观鸟人的鸟类记录，而且让他们开始认识到英国人典型的狭隘主义：比如在英语鸟类名称的使用方面。直到英国人开始出国探险，他们才意识到将一个物种简称为“燕”“鹭”或“鹏”可能会产生歧义和混淆——尤其是当来自同一科的几个物种同时出现时。因而，出国之旅兴起后，一些鸟类名称前被冠以描述性形容词，比如“穗鹏”（Northern Wheatear)和“家燕”(Barn Swallow)。即使在今天的“全球观鸟村”，英国人还是在使用“diver”（潜鸟）和“skua”（贼鸥），而美国人更喜欢使用“loon”（潜鸟）和“jaeger”（贼鸥）。

出国旅行带来的另一个结果就是“大不列颠”鸟类的概念开始变得更为宽泛。威瑟比著名的《观鸟手册》被另一部新的手册代替之后，所涵盖的内容就不仅仅是大不列颠或者欧洲的鸟类，而是一个全新的动物地理学领域，被称为“西方古北区”。《西方古北区鸟类手册——欧洲、中东、北非》（*The Handbook of the Birds of Europe, the Middle East, and North Africa: the Birds of the Western Palearctic,* 简称BWP）第一辑最终于1977年出版。

和其他伟大的项目一样，《西方古北区鸟类手册》的问世充满了艰辛坎坷，第一辑的出版远比计划的要晚。休·艾略特(Hugh Elliott）在《英国鸟类》杂志中对《西方古北区鸟类手册》有着这样的评述：

> 《西方古北区鸟类手册》第一辑出版后，这项事业的规模和范围最终得到了充分的赏识……
>
> 这本书就像其前辈那样，将整个区域鸟类的最新知识全部涵盖在内，几乎不可能不广受欢迎。《西方古北区鸟类手册》直到21世纪都会被鸟类学家作为主要的参考书籍。

但也不是所有人都对这本书赞不绝口。批评者们对色板标准的不一致以及费解的文章内容颇有微词。为了将科学上已知的所有内容囊括进来，编者们写的《西方古北区鸟类手册》远比《观鸟手册》晦涩难懂。这个难题也近乎无解：这本书需要涵盖的知识范围极广，再加上需要涉及的地域范围也大大增加（因此鸟的种类也随之增加），这就意味着这本书不可能像《观鸟手册》那样通俗明了。

在《西方古北区鸟类手册》第一卷出版二十年后，也就是20世纪90年代末，其最后一卷第九卷最终被印刷出版。但不久后，一整套的手册价格跌至200英镑——低于建议零售价的1/4。现在看来，《西方古北区鸟类手册》可以说生不逢时，因它正好诞生于科技和通信革命之前，这时此类百科全书的需求量骤减。几本大部头的书所涵盖的信息只需要存储在一张光盘上就可以了，和之前的《观鸟手册》不同，《西方古北区鸟类手册》关于鸟类的专业信息现在几乎都可以随处找到。

若不是另外一套昂贵、沉重和多卷的丛书——1992年《西方古北区鸟类手册》系列将近完结时才启动——取得了巨大的商业和评论上的成功，以上评价可能是公允的。

《西方古北区鸟类手册》出现十五年后，另一个项目启动了。《世界鸟类手册》（*Handbook of the Birds of the World*, 简称 HBW）也许是博物出版界最了不起的巨作：最后第十六卷出版时，大约在 2010 年，世界上大约 1 万种鸟类都被囊括在这套书内。[①]

20世纪90年代初，当这个项目出现在新闻报道中时，大部

① 该手册原计划出版 16 卷，最后一卷即第十六卷于 2011 年问世。2013 年手册的编委会又将编书过程中发现和命名的鸟类新种增补进来，并增加世界鸟类检索，专列一卷出版。——译者注

分观鸟人持怀疑态度。很多人都觉得如果要涵盖世界上大约1万种鸟类（相比之下，《西方古北区鸟类手册》只涵盖了不到1000种鸟类），这本书要么显得十分肤浅，要么十分累赘，或者两者兼有。但他们觉得要真正捧腹大笑的是，他们得知出版这套书的出版社：巴塞罗那一家不知名的出版社，猞猁出版公司（Lynx Edicions），是由两个加泰罗尼亚人和一个苏格兰人经营的。

十年之后，我们目睹了这些怀疑者们错得有多么离谱：《世界鸟类手册》大获成功。这本书的出版历程可以说是一个充满了努力和梦想的传奇故事。20世纪80年代早期，何塞普·德尔·奥约（Josep del Hoyo），一位来自加泰罗尼亚的乡村医生，向朋友霍尔迪·萨迦塔尔（Jordi Sargatal）诉说了他的想法：出版一本涵盖世界上所有鸟类的书。萨迦塔尔的回答简短明了：他告诉奥约，他肯定是疯了。这个想法被暂时搁置，但是五年后，在一次去荷兰的观雁之旅中，何塞普在朋友萨迦塔尔的耳边叨叨了一天一夜，最终说服了他的朋友和他一起实现这个疯狂的想法，于是这个伟大的项目开始起步了。

因为没有资金来启动这个项目，所以这两个人去找了另一个朋友拉蒙·马斯考特（Ramon Mascort），一个律师兼企业家。马斯考特承诺给他们提供资金支持。他们又找了一个苏格兰人安迪·艾略特（Andy Elliott）——鸟类学家兼语言学专家——这个项目才正式开工。《世界鸟类手册》的出版并非一帆风顺，也是困难重重。编者们很快就发现，关于世界鸟类物种的可靠资料甚少，所以他们成为这个领域的先锋，到世界各地旅行，挖掘新的资料。

这个项目的成功其实非常简单，靠的就是专业精神。书中几乎没什么错误；文笔甚好；内容可靠，妙趣横生；插图（尤其是照片）精美。更为重要的是，《世界鸟类手册》关注到了鸟类的困境，并且为挽救濒临灭绝的鸟类物种做出了贡献。正如何塞普·奥约在《BBC野生动物杂志》的一次采访中所评价的那样：

西班牙有句俗语：你不会爱上你一无所知的东西。如果某种鸟类没有留下任何图片或文字给世人就已经灭绝了，你根本不会在乎。但是，一旦你发现了它的美丽和惊艳，你就会愿意去关注它。我们希望人们可以了解到这些鸟类所处的困境，并且行动起来挽救濒临灭绝的鸟类。

《世界鸟类手册》的出版以及其他不计其数的鸟类鉴定和发现指南，意味着探索边远地区的观鸟人比早期的全球旅行准备得更加充分。尽管如此，他们在异国旅行的途中仍然面临着各种风险、障碍、甚至是生命危险，尤其是——大多数人都如此——他们会进入鲜有人涉足的地区。

观鸟人满怀热情去探索未知的鸟类，游历了很多偏僻的地区，他们总是比普通的背包客承受着更大的风险。而你可能对观鸟人存有以下两种完全错误的看法：一、观鸟人是通过望远镜来观察这个世界，因而他们不会有什么危险可言；二、观鸟人不过是拥有不惜任何代价想得到鸟类的狂热痴迷罢了。

有时观鸟人恰恰会遭遇不幸——在错误的时间出现在了错误的地点。1976年5月，鸟类学家斯蒂芬妮·泰勒（Stephanie Tyler）和她的丈夫、孩子被北埃塞俄比亚的叛军俘获，并且当了八个月的人质。然而，她很好地利用了这段时间来观察鸟类的行为——之后她将自己的观察记录出版成书。她唯一的遗憾就是她的望远镜被叛军没收了。

几年之后，20世纪80年代早期，在土耳其观鸟的两个英国人在靠近希腊边界的军事区域附近被捕。这样的事情时有发生，在这些国家，人们不懂得什么是以观鸟为乐，因此在这些国家旅行对观鸟人来说存在一定的风险。观鸟人也不是唯一的受害者：2001年秋天，一群来自英国的航空爱好者在希腊被捕，以间谍活动的罪名受审，他们自己强烈否认这一指控。

和在国外的观鸟人一样，这些航空爱好者弄不明白，为什么他们看来极为寻常的事情，其他文化中的人们却无法理解。正如新闻记者伊恩·杰克（Ian Jack）在《卫报》上所言：

> 在希腊，如果成年人——通常是“成年”男性，“成年”是指身体上成熟而不是心智上成熟——去遥远的国度旅行只为去目睹一种罕见的飞机，然后记录他们的所见所闻，这种行为是极其不正常的，而当人们看到这种不正常的行为时，就会认为他们很可疑并且极有可能正在实施犯罪。

正是因为没能认识到他们的行为可能会被曲解，1991年两个英国观鸟青年惨死在秘鲁。提摩西·安德鲁斯（Timothy Andrews）和迈克尔·恩特威斯尔(Micheal Entwistle)曾得到警告说他们可能会进入世界上最残忍的游击组织“光明之路”(Sendero Luminoso或Shining Path）的辖区，但他们还是坐渡轮穿过河流去寻找油鸱（Oilbird,一种罕见的夜行鸟类）。

他们被游击组织当作毒品执法局（Drug Enforcement Administration）的特工，其中一个在试图逃避追捕时被枪杀，而另一个则在被捕两天后被残忍枪毙。几年以后，蒂姆·考利(Tim Cowley)也险些遭遇同样的厄运，他被哥伦比亚的一个游击组织幽禁了近四个月，最后被警方的反绑架组织营救。蒂姆·考利得到的待遇还不错，看守甚至允许他使用望远镜。在此期间，他记录了88种鸟类，包括29种新种和6种这个区域的新来鸟类。同时，他对蜂鸟的喂食方式也做了详细的记录，但不幸的是，在他戏剧性的获救过程中，材料全都丢失了。

而有些人不循规蹈矩，偏要寻求危险，比如乔纳森·埃文·马斯洛（Jonathan Evan Maslow）。1983年7月，一个美国作家和他的摄影师同伴一起去危地马拉旅行，那时，危地马拉是世界上最危险的地方之一，腐败和游击战猖獗，任何旅行者——尤其是手持相机的两个美国人——一旦踏上这片土地就意味着步入了险境。他们此行目的是观察危地马拉的国鸟，一种罕见而美丽的凤尾绿咬鹃。

这两人不但活了下来，而且看到了他们梦寐以求的鸟儿。1986年他们出版了一本“政治鸟类学散文”，题目十分耐人寻味：《生命之鸟与死亡之鸟》。题目中“生”与“死”的并列形成了强烈的对比：生命之鸟绿咬鹃无可挽回的迅速湮灭衰竭与死亡之鸟“秃鹫”或美洲黑兀鹫同期的迅速繁殖。其中有个有趣而感人的桥段，马斯洛和一个叫拉顿·米奇（西班牙语对米老鼠的称呼）的小男孩的对话：

马斯洛问：“你有秃鹫的精彩照片吗？”

“多得很。”

“这里的秃鹫比以前多了很多。”

“是吗？你认为是什么原因？”

小男孩说：“我不知道，但是我觉得秃鹫在我们国家活得不错。它吃尸体，而我们这里的尸体总是在增多。”

对于另外的一些观鸟人，危险可能会毫无征兆地降临。来自利兹的艾伦·特纳（Alan Turner）在澳大利亚沙漠中徒步跋涉寻找一种珍稀鸟类的时候中暑而亡。1984年12月，四人观鸟小组中三个来自英国中部地区的死于冈比亚（the Gambia），他们的船撞上沙洲后侧翻了。而幸存者在翻过去的船底上坐了六小时才获救。两个月后，另一个知名观鸟人也在印度被老虎咬死。

大卫·亨特（David Hunt）的自传（于死后出版）《一个锡利群岛观鸟人的自白》（*Confessions of a Scilly Birdman*），书名就很好地概括了他自己，事实证明这个书名绝非虚妄之言，自从20世纪60年代中期第一次来到锡利群岛，他就将自己定义为"身处险境的人"，他给当地人和游客展示鸟类的照片并做导游。彼得·格兰特（Peter Grant）在《英国鸟类》的讣告中评论道："在锡利群岛，大卫·亨特可能更多是为观鸟人所熟知。"

大卫·亨特的朋友在其身后给他的评价是"大大咧咧"：一个直言不讳且无法忍受愚弄的人。他不但是一位很好的野外观鸟人，也是一位经验丰富的旅游领队。同其他许多以观鸟为生的人一样，他也有着传奇的往事。年轻时他最终选择举家迁往到锡利群岛，之前他曾在伦敦的德里汤姆斯百货商店的屋顶当园丁助手，而在这之前还做了一段时间的爵士音乐家。盘点过去，可以说他总是在错误的时间出现在正确的地方。比如，他在20世纪60年代初组建了自己的乐队"戴夫亨特节奏布鲁斯乐队"，而那时正值甲壳虫乐队如日中天。

实际上，他在摇滚史上也小有成就。首先是雷·戴维斯（Ray Davies，奇想乐队的天才，英伦摇滚之父），然后是查理·沃茨（Charlie Watts，不久之后成了滚石乐队的鼓手），都曾在他的乐队中演出过。在1962年到1963年的严冬，他终于决定结束这一切了，将乐队在里士满的现场演出机会让给了一个新成立的乐队，这个乐队的演奏方式被爵士乐迷所嫌恶。新乐队的主唱虽然与大卫·亨特的音乐品味不同，但是亨特却对他赞赏有加，这支乐队的主唱米克·贾格尔（Michael Philip）长相怪异，而这支乐队就是滚石乐队。

几十年后，1985年2月，经过无数次印度旅行的磨砺，大卫·亨特成了经验丰富的观鸟旅游团领队。一天早上，当他带队参观科比特国家公园时，他告诉同行的游客继续往前走，回到巴士上，自己却离开了队伍，几分钟后，众人听到一声惨叫。大家搜寻一阵，发现了他的尸体，已经被老虎咬断了脖子。

比尔·奥迪在他的《寻鸟》（*Follow That Bird!*）一书中描述了大卫·亨特的临终时刻。大家都认为大卫·亨特早已发现老虎的踪迹，他离开队伍显然是为了追寻一只罕见的鸟。但其实他是希望能够发现——并拍摄到——一只野生老虎。

> 大卫·亨特的尸体被找到时，他的相机也在旁边，之后照片冲印出来……第一张是珠斑鸺鹠站在枝头的特写……然后大卫肯定是觉察到了身后的动静，或者只是感觉到身后有东西。他蜷着转身，看到一只老虎向他走来。下一张照片就是这只老虎，在镜头的右边行走，再下一张老虎就到了镜头的左边了，接着它就正对镜头了，然后往前移动了点，眼神直直地盯着镜头，接下来的几张照片，老虎靠得更近了，最后一张照片中，老虎的头充斥了整个镜头，凶神恶煞，张着血盆大口。如果大卫·亨特当时是在不停地按快门，整个过程应该就只发生在10秒之间。蜷缩在摄像机后通过镜头观察景物，尤其是使用长焦镜头，你感觉不到目标物体离你到底有多近，而且那时候你也顾不上那么多了。你所

有的注意力都集中在镜头中的画面上，战地记者称之为“相机盲区”，这会招致灭顶之灾。

毫无疑问，悲剧一直在重演：就像那两个无视秘鲁村民警告而踏入敌人领域的年轻观鸟人；就像在澳大利亚灌木丛中死于脱水的利兹人；就像那些死里逃生的观鸟人，他们还能够去回想自己的虎口脱险，想象着可能会有什么后果。大部分人就如同大卫·亨特那样——在追拍自己的猎物时却无视危险靠近——只是在一点上有很大的不同：他们都侥幸逃生了。

但也不是所有的出国观鸟经历都这么沉痛。观鸟月刊中充满了观鸟人的奇异之旅，发现了大量的新物种。如今的观鸟旅游公司已形成了完整的产业链，可以提供世界各地的观鸟之旅。举几个观鸟旅行产品的例子：鸟类探索公司的马达加斯加、缅甸、南极洲之旅；黑尾塍鹬公司的纳米比亚、不丹、北极拉普兰之旅；太阳鸟公司的巴布亚新几内亚、埃塞俄比亚、多米尼加共和国之旅。有一家叫“野翼”的旅游公司甚至提供去外太空的旅行线路，虽然价格高达1300万英镑，但是旅行过程并不是那么的理想。

言归正传，位于贝德福德郡的太阳鸟旅游公司在异国观鸟之旅中有两个创举。20世纪80年代，这家公司提供了一系列低价的异国观鸟套餐，这些目的地国家都是不错的观鸟胜地，如以色列的埃拉特、印度的果阿邦甚至是（稍微延伸下包价旅游的概念！）中国的北戴河。这些异国旅行介于有组织的观鸟旅行和个人观鸟旅行之间，参与者既可以享受专业指导，又可以进行自由探索。

还有一个是“鸟与……”的项目，这个项目充分认识到并不是所有观鸟人的同伴都同样痴迷于观鸟，而且即使是观鸟者本人也可能想领略一个国家的其他方面。因此，太阳鸟旅游公司在埃及和印度设有“鸟与历史”的旅游项目；在澳大利亚、芬兰和匈牙利设有“鸟与音乐”的旅游项目；在北西班牙设有“鸟与蝴蝶”的旅游项目。他们的想法是，观鸟人也可能暂停观鸟，参观一下金字塔、泰姬陵或者聆听布拉格的歌剧，但其实这个想法在当时是一次赌博，不过确实赌对了，正如他们的宣传册中阐述的：

> 大部分观鸟人的兴趣不止于观鸟……在观鸟途中，若是看到色彩艳丽的蝴蝶或者不同寻常的哺乳动物，大部分人都会驻足观赏。有些人会将鸟的美与艺术或音乐等同起来，而对于另一些人，观鸟地有趣的历史会激起他们对整个环境的欣赏之情，也许会让他们从略微不同的视角来看待鸟类，把鸟儿看作是历史的见证者。

这些旅行多半是由布莱恩·布兰德（Bryan Bland）做向导，他不仅钟爱鸟儿和观鸟，而且对文化的方方面面都有着广泛的兴趣，这在观鸟人中算是凤毛麟角。他留着浓密的胡子，通常穿着短裤和艺术家的工作服——不管天气如何——十分惹眼。但如果以貌取人你就大错特错了：他是最杰出的野外观鸟人之一，同时每年的英国之旅中，他总是乐颠颠地带领一群美国观鸟人参观英国的珍稀鸟类、历史遗迹和古玩。

同时，他还是优秀的演说家和讲故事高手：一次，他在英国鸟类信托基金会（BTO）做演讲，谈到辨别错误带来的风险时，他讲了一个自己的故事，还用上卡通图像来演示。那是在一次摩洛哥旅行的途中，他将远处的一个物体误认为是两只打架的狗，然后又看成是骑着自行车的阿拉伯人，最后才看清那是一只求偶的波斑鸨。

布莱恩·布兰德思想深邃、与众不同，他认为观鸟并不是生活中唯一重要的事：尽管在英国他看到的鸟类比任何人的都多，20世纪60年代有五年时间，他将自己的观鸟范围限定在离萨里的家半径为五英里的区域内。他认识到，虽然鸟类是他生命的重要组成部分，但其他很多事情也同样重要。他曾说："没有虎斑地鸫我也能好好地活了49年，但是没有莫扎特的音乐，我不知道能不能熬过一个月。"

波斑鸨

但也不是所有的观鸟人都能在生活中做到如此完美的平衡。近些年，出现了一批新新观鸟人，被称为“世界鸟类清单记录者”（world listers），他们的目标是尽自己所能看完世界上的鸟。其中一些是经验丰富的观鸟人，拥有丰富的国外旅行经验，常在旅游团中担任导游。但还有一些人就是些有钱的业余爱好者，通常被蔑称为“纨绔子弟”，因为他们对观鸟领域的专业知识根本一无所知。

这些头脑简单的观鸟人（有些是女人）花钱雇上专业导游，是为了在某个特定的地方看到每一种珍稀又热门的鸟类。他们出手阔绰——有时甚至耗资几千美元就为了看一种罕见的鸟。而对于那些总是为了生计充当艺术家或者旅游团领队，从而维持他们的观鸟旅行的导游来说，这些“世界鸟类清单记录者”为他们提供了到偏远地区旅行的机会，同时又向他们提供了高额的报酬。

鸟类艺术家克莱夫·拜尔斯（Clive Byers）每年都会带领一些有钱的美国观鸟人到秘鲁的丛林去搜寻罕见的鸟类。他将这些有钱人的观鸟需求比作毒瘾发作：“他们就是想要看新的鸟类——如果几小时过去了却连根鸟毛都没看到的话，他们就会全身难受！而看到鸟之后，他们就会很兴奋——不过就那么一会儿。几个小时后，兴奋劲过去了，他们就需要寻找新的刺激了。”

有时克莱夫·拜尔斯也会扪心自问，他到底要不要继续这份工作，尽管这份工作的报酬不菲，但它会把观鸟变成为了个人在清单上打钩的刻板追求，而无暇顾及其他事物。那么，一个十分挑剔又极其富有的客户为享受克莱夫的专业知识花费了多少呢？“不值一提！”

世界鸟类清单的历史源远流长，在“世界推鸟”（worldtwitch）

的网站上，美国观鸟人约翰·沃尔（John Wall）提到，第一个出国旅行去看某种鸟的观鸟人（而不是只是想看更多的鸟类）可以追溯到20世纪50年代早期。一个不知名的观鸟人到墨西哥西北部的高地旅行，为了去看帝啄木鸟——现在当然是几近灭绝了。克莱夫·拜尔斯也曾有过类似的壮举，1978年12月，他和朋友到危地马拉的阿蒂特兰湖去观看同样有名的巨鷉鷉。约十年后，这个物种也灭绝了。

据约翰·沃尔所说，第一个想要看尽世间所有鸟类的人是斯图尔特·基思，他于1931年出生于赫特福德郡，在第二次世界大战末期，当拿着从妹妹那里借来的单筒望远镜观察花园的鸟类时，他开始对观鸟产生了兴趣。20世纪50年代早期，在朝鲜战场服兵役给了他观看更多异国鸟类的机会，从此他就沉迷于观鸟不可自拔。1955年从牛津大学毕业后，他来到美国旅游，第二年，他和他的兄弟安东尼成功地打破了费舍尔和彼得森一年中看到的鸟类物种数量的记录。

斯图尔特·基思回到伦敦发展的计划被搁置了——一开始只是暂时的，后来彻底放弃——最后定居于纽约，他在美国自然历史博物馆的鸟类学部门工作，后来创立了美国观鸟协会，并担任其第一任主席。他最伟大的成就莫过于和希拉里·弗赖伊（Hilary Fry）以及埃米尔·厄本（Emil Urban）合作完成了七卷之多的鸟类学丛书《非洲鸟类》（*The Birds of Africa*），该丛书在2002年最终完成，几个月后他就去世了。

20世纪60年代，得益于几次非洲之旅的收获，他开始正式编纂世界鸟类清单。1973年，他成为第一个编纂了一半鸟类物种的人——大约是4300种，当时认为鸟类物种总数是8600个。他当时的有力竞争对手是彼得·奥尔登（Petex Alden），一个美国观鸟旅游团导游，他记录了约3850种鸟类。但是，虽然斯图尔特·基思一直致力于在全世界探寻新的鸟类，他还是将更多的精力投入到作为职业鸟类学家的事业，他一生共记录了约6500种鸟，去世后，他的世界鸟类清单由其他几位“世界鸟类清单记录者”接手。和一些鸟类狂热爱好者不同，他同时也乐于享受生活中的其他乐趣，如弹钢琴、艺术鉴赏以及和朋友聊天。

斯图尔特·基思临终前还在做着他毕生最钟爱的事情——在一个新的国家观察鸟类。他来到太平洋密克罗尼西亚群岛，打算观察几种新的鸟。在他去世的前一天，他看到了人生中最后一个新种——特岛鸡鸠。

斯图尔特·基思的人生足迹——从小时候坐在绿茵地上看鸟到人生旅途最后一次的异国观鸟——因观鸟而走遍全球。20世纪六七十年代，很少有英美的观鸟人为了寻鸟而踏出国门；即便出国，也是去一些比较安全的国家，比如法国、西班牙、哥斯达黎加或者加勒比海地区。二十五年前，当奈杰尔·里德曼和克里斯·墨菲开始他们伟大的冒险之旅时，他们开创了崭新的旅行模式——不管身体不适还是行动不便，观鸟都是第一要务。

而今，一位观鸟人若想在他的世界鸟类清单中增加几个亚洲物种，他只需报名参加一趟印度果阿邦或者中国北戴河的旅行，为期两周，费用大约1000英镑。甚至苏联也开放了：20世纪70年代末，马克·比曼（Mark Beaman）回忆说他们不得不忍受无聊透顶的集体农庄之旅，他们试图说服他们的官方导游停下来找鸟儿。今天，他的鸟类探索公司组织定期的观鸟之旅，如到哈萨克斯坦、乌苏里兰和库页岛——这些地方曾是最野心勃勃的观鸟人也难以想象到的。

随着旅行越来越便利，世界也在不断地缩小，因而观鸟人到世界各地观鸟的机会也成倍地增加了。不过，“世界鸟类清单记录者”为了探索那两三种他们“需要”的物种而忽略了身边的其他鸟类，这难道就比不顾痢疾和野狗的危险而去观鸟的那两个家伙更快乐吗？我深表质疑。

第14章　推鸟溯源：观鸟如何令人着迷

推车儿（名词）。指观鸟人，其主要目的是收集对珍稀鸟类的观察。

——《牛津英语词典》

2001年2月，在英国独立电视台（ITV）一档名为《谁想成为百万富翁》的智力竞赛节目中，主持人克里斯·塔兰特(Chris Tarrant) 问了这样一个问题：

> 以下哪个词常用来表示观鸟人（birdwatcher）？
>
> a.观察研究珍稀鸟类的人（Twitcher）；b.海关检查员(Jerker)；c.眨眼睛的人(Blinker)；d.跳高运动员(Jumper)

答题者不确定该选哪个答案，因此使用了三条求助热线之一——求助现场观众。背景音乐渲染出紧张气氛，现场观众抓耳挠腮、眉头紧皱，之后纷纷在电子小键盘上按下选项。观众投票答案揭晓了，让人吃惊的是，93%的人都回答正确，这说明，这点观鸟常识众所周知，需要的时候就派上了用场。

然而，这也引出了一个长期存在的问题：现在媒体和大众通常将推车儿 (twitcher) 作为观鸟人 (birdwatcher) 的同义词来使用，而往往忽略了其实际意义。实际上，《牛津英语词典》对推车儿的定义很具体：花大量空闲时间长途跋涉去看珍稀鸟类的人。

他们这样做的原因可能有：狩猎的本能；竞争的热望；每"收集"到一个物种带来的那种满足感；探索新奇事物的好奇感；想要"集齐一整套鸟类"的愿望（实际上是无法实现的，因为总会有新的珍稀鸟类出现）。美国观鸟人伦纳德·内森（Leonard Nathan）在他诙谐风趣的个人回忆录《一个左撇子观鸟人的日记》(*Diary of a Left-handed Birdwatcher*)中提到，这个问题还涉及一个精神层面。有一次没能见到朱红霸鹟（一种源自墨西哥的珍稀迷鸟），他认真考量了人们想要去看这种鸟的动因：

> 我对丹说，它一定是我最想看的鸟类。当然他已经见过很多次了，但还是想再看一眼，尤其是在它不常出现的地方。
>
> "为什么要在它不常出现的地方？"我问。
>
> "可能因为你觉得这样观察更好。在本没有这种鸟的地方意外地发现它，或许更让人兴奋，有点初次见面重现的感觉。"

2000年3月《泰晤士报》的一篇文章中，英国推车儿鲁伯特·凯耶（Rupert Kaye）用一种更存在主义的理由来解释为什么有了女友、有了公司，他还在追寻珍稀鸟类的影踪："从四岁开始，我就沉迷于珍稀鸟类。开始，我是渴望看到某种鸟儿，后来，我听说附近存在着一只这样的神秘物种。但最终，我猜想，从根本上，你是在为一种不合理的现象寻找合理的答案。"

人们推鸟还有一些社会原因。在推鸟之旅来回途中，人与人之间缔结了长存的友情——不难想象，四五个人挤在一辆小型家庭轿车里；驱车几个小时（通常是彻夜）来到一个遥远的地方；一起期待、一起亢奋、分享最终的成功或失败；最后一起回家，并缔结下共同爱好的纽带。

看到（甚或错过）一种珍稀鸟类促使人们之间建立起一种同志般的友谊，有时候推鸟的氛围更像一种温和的体育运动，跟普通意义上与观鸟有关的行为都不同。事实上，推鸟的人形成自己的群落，他们对观鸟的感觉和情感可能与普通人截然不同，这种感情与尼克·霍恩比（Nick Hornby）在其代表作《狂热》（*Fever Pitch*）中所描述的球迷对阿森纳足球俱乐部的着迷非常相似。

但无论他们是古怪反常之人，还是存在主义者，表现出悲伤还是疯狂，抑或是单纯沉溺于一种极端化了的正常爱好，他们都继续在英国各地辛辛苦苦地搜寻珍稀鸟类。那么推鸟这种活动是从什么时候开始的，又是怎样开始的呢？

第二次世界大战前，为数不多的搜寻珍稀鸟类的人被称为“锦标主义者”（pot-hunters）或“记录主义者”（tally-hunters）。到20世纪50年代，称呼改成了“打钩主义者”（tick-hunter）或“打钩者”（ticker）。大约在这个时候，一群来自苏塞克斯的年轻人开始使用“twitcher”（推车儿）这个词。知情人鲍勃·埃米特（Bob Emmett）在写给《英国鸟类》杂志的信中解释了这个词的起源：

> “twitcher”这个词是在20世纪50年代杜撰的，当时是用来叫我们的好朋友霍华德·梅德赫斯特的，他的别名是“孩子”。那时候观鸟主要靠有两个轮的小车完成。约翰·易泽德和女朋友希拉骑一辆兰布列达牌摩托车，而霍华德坐我的“无敌牌”摩托车。到了某个很远的地方之后，霍华德踉踉跄跄地下了车，颤抖着点上一支烟。这样的场景在我们四处奔波的旅途中司空见惯，似乎预示着会有珍稀鸟类出现，而当我们带着一丝焦虑，怀疑是否会有珍稀鸟类出现的时候，这经常就成为一个笑料了，我和约翰会表现出紧张的抽筋儿来迎合霍华德的颤抖。因此我们把去看珍稀鸟类的旅程称为“抽筋儿”……不妨这么说，霍华德·梅德赫斯特基本可以被认作是抽筋儿者（推车儿）的始祖。

但“推鸟”（twitching）表达的概念比这个词本身要久远得

多。有人说这个概念是从维多利亚时代开始的，那时人们不是在列表中勾出观察到的珍稀鸟类，而是射杀、填充并收集鸟类。之后，收集活动渐少，一些意志坚强者开始去很远的热门地区搜寻珍稀鸟类，如费尔岛。即使如此，H.G.亚历山大在他的自传中回忆说，普通的观鸟人根本不可能考虑旅行去看其他人已经发现了的鸟类：

> 1945年以前，发现珍稀鸟类的唯一方法就是自己去寻找。现在这种周末开车出去观看珍稀鸟类，之后在列表中勾出的情况是不可能的。当时有50名鸟类学者在探寻珍稀鸟类踪迹，虽然我怀疑是否是50人；但肯定不会像1970年那样有500到1000人之多。而且多数观鸟人的车都不快。

即便在二战后，变化也不大。1954年，学生弗兰克·汉密尔顿（Frank Hamilton，后来的英国皇家鸟类保护协会苏格兰分会理事长）和基思·麦格雷格尔（Keith Macgregor）在法夫郡发现了细嘴瓣蹼鹬，这是欧洲地区第一次发现这种优雅的北美涉禽，当时只有十个人去看，如果放到现在，可能会有成百上千的人赶过去。

第二年发生的一件事改变了英国观鸟界的面貌，也首次开启了远途观看珍稀鸟类的可能性。

有着像约瑟夫的彩衣一样五颜六色的羽毛，在空中捕食昆虫时表现出向下俯冲的特技，毫无疑问这就是黄喉蜂虎。蜂虎极少在英国出现，它们偶尔在春季飞过位于在地中海地区的繁殖区，来到英国南部。

因此，不难想象，1955年6月12日苏塞克斯观鸟人E.A.帕金顿(E.A.Packington)看到三只这种美丽的鸟儿时是何等激动。按当时的惯例，他写信将这一消息告诉了其他观鸟人，而直到8

月3日，也就是发现蜂虎七周多以后，詹姆斯·弗格森-利斯才得知。那时，在布莱顿附近的采石场已经发现了两个蜂虎正在使用的鸟巢。

这个消息让人难以置信。之前蜂虎只在英国繁殖过一次，是1920年在爱丁堡附近，因此当苏塞克斯发现蜂虎的消息传出之后，立即引起了前所未有的关注。各地的人接踵而至，开始只是一两人结伴，后来成群而来，最后出现了一些专门组织起来的包车旅游团队。皇家鸟类保护协会（RSPB）组织了一个志愿者团队，日夜驻守在鸟巢周围，防止鸟蛋收集者过来，对于这些鸟蛋收集者而言，能得到蜂虎在英国产下的蛋可能是他们最大的荣耀。

珍稀鸟类总是会吸引一两个人不断向自己的目录清单中添加新物种。而蜂虎的不同之处在于它的来访者太多：据估计，在蜂虎逗留的六周内大约有1000多人来过，有时一天就有148人。这六只成鸟和七只雏鸟最后一次被观测到是在9月24日，巧合的是，这次发现它们的人正是最早发现蜂虎的E.A.帕金顿。

人们愿意长途跋涉去看苏塞克斯蜂虎的主要原因是，它们正在繁殖，很可能会在那里停留一段时间。其余大部分珍稀鸟类可能在人们知道其存在之前就消失了，因此观鸟人通常不愿跑远路前去观看，超过12个人的“观众群”都很少见。实际上，即使有珍稀鸟类出现在当地，可能你也是很久之后才会听说它。

所以，1959年12月当斑鸫在哈特尔普尔现身的时候（西伯利亚物种，这是其第二次出现在英国），只有少数观鸟人设法及时得到消息并前往观看，而当时斑鸫在那里总共停留了两个多月。当地观鸟人布莱恩·尤恩（Brian Unwin）听到这一消息的时候甚感遗憾：

我从1957年开始观鸟，我家离哈特尔普尔只有6英里，但直到1960年我才在野外遇到其他观鸟人，并且直到1961年秋天才听说斑鸫来过，那时已是它在英国现身20个月以后了。

1993年的《英国鸟类》杂志中，另一名老观鸟人巴里·奈廷格尔（Barry Nightingale）指出，从他最开始对观测珍稀鸟类产生兴趣以来，情况发生了很大变化："1966年11月，褐弯嘴嘲鸫在多塞特（Dorset）出现，这是本世纪西古北区最早一次也是唯一一次记录。褐弯嘴嘲鸫停留了两个多月，但我还是去晚了。"

出现这类憾事的主要原因是缺少关于珍稀鸟类的信息传递系统，虽然早在1953年詹姆斯·弗格森-利斯就已经在埃里克·西姆斯（Eric Simms）的乡村广播节目中广播珍稀鸟类的"热点新闻"。巴里·奈廷格尔回忆说，"就像驿站马车逐步发展到当今的通信手段一样，我愿意把它们看成是现今人们使用的鸟类信息热线或寻呼机等通信方式的先驱"。

令英国早期观鸟迷遗憾的是，这种方法直到几十年以后才流行开来。

20世纪60年代期间，珍稀鸟类不断出现，人们也会去看，虽然通常只是一两个人结伴，而不是成群结队。但在1970年至1971年的圣诞节和新年期间，发生了翻天覆地的变化，人们在纽卡斯尔附近的泰恩河河口处发现了两只珍稀北极海鸟——白鸥及楔尾鸥。这次，布莱恩·尤恩几乎立刻就得到了消息并马上赶了过去，"之前我见到的观鸟人鲜有超过十个的，这次却一下子聚集了全国各地数百名观鸟人"。

身为记者的布莱恩在《北方回声报》（*Northern Echo*）中报

道了这一事件，并在皇家鸟类保护协会的《鸟类》杂志中回顾了平安夜发现第二只鸟之后的情况：

> 消息很快如洪水泄闸般传开。时值英国假期……这些鸥选择了吸引世人围观的最佳时机。夜半时分，诺森伯兰郡、达勒姆郡及北约克郡的大部分观鸟人都通过“小道消息”得知了珍稀鸟类的出现。圣诞节次日，在东北部常被称为“伦敦打钩人”的先锋人士沿着高速公路蜂拥而至。

接下来的十来天里，观鸟人从早到晚守护在河口两岸。甚至有四名年轻的伦敦人在海滩上驻守了四晚，当时海滩温度很低，还有三英寸的积雪。到1月初这些鸟最后飞走的时候，成百上千的观鸟人都看到了它们。但不是每个人都这么幸运：从埃克塞特开车过来的一队观鸟人就没能看到这两只鸟。随着类似事情的发生，以及当时推鸟的普及，在爱好者中衍生了关于这种新运动方式的全新词汇表达：人们不仅仅是“看”鸟，更被视为一种“成功”，一种与鸟类的“关系”；没有看到鸟的人被认为是“失败的”。后来，20世纪80年代初，比尔·奥迪将这些俚语写入了《比尔·奥迪鸟类小黑书》（*Bill Oddie's Little Black Bird Book*）；而现今，这种语言只是用于判定某个人是否是热爱追寻珍稀鸟类“群体”中的精英人士。

白鸥及楔尾鸥的消息是通过一种非正式的私人联络系统传播的，即“小道消息”。正如我们所知，这种传播途径最初主要是发现珍稀鸟类的人向各种朋友寄送明信片，收到明信片的朋友会权衡是否要去看，因为赶过去的时候这种鸟可能已经飞走了。而到了20世纪60年代末，电话取代英国皇家邮政成为一种更快捷、更有效的信息传播途径。萨福克的观鸟人德里克·穆尔 (Derek Moore) 解释了小道消息的传播方式：

> 周五晚上打一通电话是很必要的。你得与英国大部分地区保持联系。每个观鸟人都有自己的私人小道消息途径。因此，作为萨福克地区的记录员，我（和我的妻子贝丽尔）在周五晚上常常电话缠身，很多时候是陌生人打过来询问最新情况的。

但把接电话的任务交给我不懂鸟的爱人来做也有隐患："每当周五我不在家的时候，我的记事本上总是会记录着一些很有趣的话。可怜的贝丽尔！——她完全给弄糊涂了！在贝纳科瑞'尾巴长长的某种东西'——是鸭子、伯劳、朱雀还是贼鸥？我该如何抉择！"

蒂姆·克利夫斯仍住在布里斯托尔，他面临着另一种难题——他家没有电话：

> 我家还没安装电话的时候，我把邻居的电话号留给了别人。帕尔默女士在街角开了一家小店，她实在不擅长记录关于鸟类的留言。一天夜里我前去看她的记录——"今晚切达-平-弗拉曼特还在那里"。后来才弄懂是一只逃走的智利红鹳出现在切达水库！

人与人之间的联系在每次推鸟行动中都能形成或得到巩固。由于涉及人数不多，即使在20世纪70年代中期，中坚力量也只有一两百人，人们的团队意识很强，正如克利夫斯回忆道，定期会有特别的人物出现：

那时候作为观鸟迷很快乐，因为你参加推鸟行动的时候，同行的人你都认识。我的通讯录记得满满当当：想知道提赛德（英国地名）的消息可以打电话给汤姆·弗朗西斯；想了解中部地区的近况，打电话给埃里克·福迪和他的搭档（也就是人们所知的Eric和Ernie）；诺福克地区的情况可以问问斯宾尼·诺曼。诺曼放弃了在斯坦斯的生活，去了克莱附近威尔塞丘陵上的一个仓库里居住。他抓兔子炖汤，清除掉海滨路上的死河狸鼠，还吸上了毒品——真是逍遥自在！

另一种分享消息的方式是在大家都熟知的热点地方聚会，比如克莱的东岸，或是穿过萨里的斯坦斯水库的那条人行路。观鸟人每个周日都在斯坦斯微风荡漾的长堤上相聚，全年不间断，即使在没什么鸟儿可看的时候也如此。参加这种聚会就像同盖一条舒适的毛毯，观鸟人相互传递信息，及时了解其他地区的情况，即使他们可能并不打算真的去看鸟。

有些人根本就懒于外出。邓杰内斯角鸟类观测站的负责人玛丽·沃勒（Mary Waller）在给《英国鸟类》杂志的一封信中，恳请人们不要总是给观察员打电话问“怎么样了”？这样显得似乎是人们停留在原地等待珍稀鸟类的出现，而不是自己出去探寻它们的踪迹。

1972年新标签“推车儿”一词首次出现在出版物中——杂志《鸟类世界》。它是在一篇题为《记录观鸟》的文章序言中出现的，作者大卫·霍尔曼（David Holman），26岁，珍稀鸟类爱好者。

霍尔曼给自己制定的目标是一年内在英国和爱尔兰观看尽可能多的鸟类，他的这一目标与北美的肯恩·考夫曼的相似（见第

12章)，只不过观察范围没那么大，相对而言更容易做到。尽管如此，他的行为在当时还是很令人钦佩的。仅在1月，他就遍访泰恩赛德、斯林布里奇、多塞特、诺福克及索尔威湾，观看鸟类共计126种。到4月末，观看的鸟类增加到近200种；接着在同年夏天增加到245种（包括王绒鸭、沙雀、细嘴鸥）；到年底，他去了设得兰群岛、锡利群岛及康沃尔（差点错过了他侄女的婚礼），观看种类增加到266种——大概是当时在英国和爱尔兰一年内观看种类最多的。

如今，即使是推鸟新手通常每年也可以达到300种，最高纪录在380种以上，相比而言霍尔曼的观看数量就逊色很多。但是要知道，当时没有电话或寻呼机等通信工具，交通也没那么发达，他就凭着一己之力探寻了那么多鸟类。

其他观鸟人也努力进行着各自的搜寻，但结果不一。1972年《英国鸟类》杂志一改惯常刊发科学论文的口味，转而发表了D.I.M.华莱士对在锡利群岛上度过的一个月令人垂涎欲滴的描述——锡利群岛很快成了秋季观看珍稀鸟类的最佳地点。“1971年10月的圣艾格尼丝是值得纪念的”，他以特有的气魄和热情写下了这样的话：

> 那只鸟飞进了不远处的一片草丛，又跃入我的眼帘，大声鸣叫了几下，之后张开翅膀，飞到了后面的草丛中，在空中画下优美的弧线……又大又深的喙，华丽的眉，其他部位呈黄色或浅黄色，它只可能是巨嘴[柳莺]，锡利群岛同类鸟中的第一个。在这个令人兴奋的时刻，对我而言，美洲小夜鹰显得黯然失色，就像亚洲彻底击败了美洲。

这段话大胆地展现出了作者发现珍稀鸟类时的激动心情。读到这段话的人，有的觉得叙述风趣又充满灵感，有的则震惊于其随意的表达。华莱士从不怕露出破绽，这段叙述包含一些后来被珍稀鸟类委员会废弃的记录，因为它们都是未经验证的。

这后来还引起了一件意料之外的事，那就是第二年华莱士有了一群热爱鸟类的弟子。遗憾的是，1972年秋季是几年来观看这些横跨大西洋的迷鸟时遇到的最糟糕的情形，很多人都没有什么收获，失望而归。

无论英国观鸟者中的保守派如何疑虑，珍稀鸟类探寻已成了一种新的痴迷。“锡利群岛季”很快成了英国新一代观鸟迷眼中的焦点：每年秋季他们都有一个月左右的时间去锡利群岛探寻，最开始只是十几个人，后来发展成上百人。

那里的岛民习惯了来这里享受静谧的海滨假期的彬彬有礼的家庭，当他们看到一大群拿着望远镜的陌生人来到岛上时，一开始被吓坏了。但他们很快开始发现陌生人带来的好处：尤为重要一点的是，旅游季延长了一个月，甚至更长。1997年皇家鸟类保护协会报告《不列颠自然调查》显示，到1990年锡利群岛上每年的旅游业收入为3000万英镑，其中相当一部分来源于观鸟人，报告指出：“一般而言，野生生物、尤其是观鸟的经济价值在于它吸引了旅游旺季之外的参观者。”

到20世纪70年代早期，观鸟人在圣玛丽的美人鱼旅馆成立了一个非正式的总部，每晚他们在那里一边喝啤酒，一边讨论当天发生的事情。R.J.麦诺特（R.J.Mynott）在杂志《鸟类世界》中描述了这一场景：

> 我很快发现美人鱼旅馆有两派持怀疑态度的人，即观鸟

人和“推车儿”，也可以理解成绅士和玩乐的人。观鸟人认为“推车儿”只是一味地注重观鸟的数量（却还是会向“推车儿”询问最新消息），“推车儿”认为观鸟人对鸟类只是浅尝辄止（却还是需要他们对鸟类进行鉴别）……尽管这样，周二的时候，双方的关系明显变得紧张。观鸟人几乎没什么收获，而“推车儿”却看到了很多英国鸟类。前者观看的只有两只火冠鸟、一只燕隼和一只游隼，而后者观看到了大约八只篱莺属鸣鸟，分属四个种类，略举几例，其中有斑胸田鸡、草原百灵、极北柳莺和绿柳莺、沙鵰及蓝喉歌鸲等。

麦诺特还提到了群岛上口头信息交流的速度，那时没有民用波段无线电、寻呼机，也没有现在随处可见的手机。他预测鸟类信息会通过电话传播，但这一预言直到十多年后才实现：

通信状况很好，一次我听说圣艾格尼丝的威哥莱堂出现了一只赭红尾鸲，那时我正在圣玛丽的点沙坝（Bar Point），而消息传到我那儿只用了半个小时。还有一次人们发现一只北极贼鸥正悠闲地从布赖尔岛飞往圣马丁岛，后来这一消息和这只北极贼鸥几乎同时到达奔宁山脉。我想有一天这种通信方法会得到改善——可以通过电话，但到那时我们都要到动物园里观看鸟类了。

到20世纪70年代的时候，推鸟成了英国观鸟界一个根基稳固的组成部分。现在唯一缺少的是一个永久集合地点，后来定在了诺福克北部的村庄克莱，这个村庄长期以来以珍稀鸟类在此出没而闻名。

故事开始于当地一名叫南希·格尔（Nancy Gull）的女士在自己家餐厅开设的咖啡馆。观鸟人很快喜欢上了这里的浓茶、烤豆子以及传说中的面包布丁，而且南希和服务生都手脚麻利。南希还答应可以用她的电话通知珍稀鸟类的消息，不仅可以给诺福克北部打电话，全国各地都没问题。正如马克·科克尔在《观鸟人——一个部落的故事》中回忆的，“南希家（大家都这么叫）是个传奇。所有观鸟人都知道那儿，有一定资历的人大都去过那儿，有一些甚至曾在那里住过，事实上，确实有一两个人在那里住过。即使是没去过的人也时常会和那里的人保持联系”。

那些没去过南希家的人，可能很难想象那个地方神奇的魔力。年轻的观鸟人在这里开始他们关于推鸟神秘规矩的第一课，据科克尔回忆道：

> 房间里最不好的座位就是靠近电话的座位，因为总有电话打进来，有时几秒钟就有一个，坐在那的人要一直回答相同的问题——“你好，请问最近有什么情况吗？”“你好，请问……还在那儿吗？”

电话可能来自诺丁汉郡、北安普敦郡、德文郡或斯特拉思克莱德，询问设得兰群岛或锡利群岛及两者中间地区是否有珍稀鸟类出现。

南希还帮了很大一个忙。大部分推车儿都不是很富裕。一些人甚至露宿户外，便于时刻观察鸟类的踪迹。他们都很庆幸能有这样一个温暖的地方，让他们坐下来休息一两个小时，泡上一壶茶，尽情享用营养又干净的美味，而最重要的是还很便宜。

20世纪70年代末80年代初，英国大部分地区的社区观念日渐消退，南希家成了观鸟人的据点，他们在那里分享各自的故事，感受到一种集体的温暖，或者正如马克·科克尔的描述，他们形成了一个“部落”：“我们一般都按顺序发言，这样每个人都能吃到东西，同时信息也能时时刷新。但我们也必须这样做，因为这是南希家，实际上也是鸟类爱好者之间的一种心照不宣的协定。”

1988年12月南希家的咖啡馆最终停业，全国的电视、报刊都报道了这一消息，这标志着一个非凡时代的结束。而实际上在咖啡馆停业之前，那里的电话就有点丧失价值了。随着新技术的出现，推鸟活动也被推向现代世界。

20世纪80年代末，电信革命发生，英国电信公司的垄断局面被打破。同时随着新技术的到来，新的通信方式也涌现了出来。其中之一便是“附加费用”电话线路。

不难想见，最早的附加费用线路叫作“0898号”（0898为其前缀），始于软色情业。这种电话线路很快就臭名昭著，尤其是因为有新闻报道说一些青少年用家里的电话拨打这个线路，而欠下了巨额的话费。

在这之后，这些情色热线开始用于传播信息，包括最新天气预报、板球赛况及交通信息等。就是在这个时候，诺福克北部一批热心的推车儿提出用附加费用电话线路来传递珍稀鸟类信息。

最早的“观鸟热线”（Birdline）没什么名气，也不属于先进技术：只是放在克莱附近威尔塞丘陵上一个小屋里的留言电话，由看守人罗伊·罗宾逊（Roy Robinson）来接听。很快竞争对手出现了——鸟类信息服务（BIS），不久观鸟热线并入了BIS。BIS是由史蒂夫·甘特莱特（Steve Gantlett）和理查德·米灵顿（Richard Millington）合作创办的，两个人从学生时代就开始一起在汉普郡捕鸟。BIS成立后就成了鸟类信息服务的主导力量。

要想把一条电话线路经营好（无论它是关于板球、天气还是珍稀鸟类），关键是信息要准确。如果信息有误——报错了方向、地点，甚至弄错了鸟的种类，都可能让推车儿白白走上几百英里。由于地理位置和社会地位均处于英国观鸟群体的中心地带，甘特莱特和米灵顿很快成为最负盛名的“准确情报”提供者。观鸟热线的信息在发布前都要经过知名观察员的严格审查确认，因此赢得了客户的信赖。此外，理查德的妻子黑兹尔·米灵顿也对观鸟热线和BIS做出了必不可少的贡献，她通过电话告诉大家哪里出现了珍稀鸟类，她的声音很快为英国推车儿所熟知。

这三个人还想出了一个很好的推广办法：1987年观鸟热线建立后不久，他们创立了一本杂志，就取名为《推鸟》（*Twitching*）。电话线路和杂志（不久更名为《观鸟世界》）都办得很成功，这本杂志更是成了《英国鸟类》的强劲对手，《英国鸟类》在过去八年间垄断了鸟类信息市场，但其内容古板，开始落伍。春秋两季是珍稀鸟类出现的旺季，此时观鸟热线每天都接到上百个电话。

毫无疑问，即时信息的广泛传播可能引发很大的事件。1989年2月就发生了这种情况，观鸟人保罗·多尔蒂(Paul Doherty)住在肯特郡梅德斯通的郊区，一天他去附近寄信，却意外遇到了一只金翅虫森莺，这种迷鸟来自北美，第一次在英国出现。由于这种鸟珍稀且漂亮，当时又少有其他珍稀鸟类出现，再加上地理位置的优势，那个周末就有3000多人赶过去观看。这只鸟最爱停留在当地乐购超市停车场边上的一片灌木丛里，无疑更增加了事情的离奇感，连当时的电视新闻中都报道了这一消息。

之后的十年中，其他几种鸟类信息服务相继出现，包括地区观鸟热线等。这些电话线路有的做得很好，有的最后销声匿迹，但在20世纪90年代中期，大部分观鸟人都曾经拨打过这些电话，询问当地的情况。比尔·奥迪发现了它们的另一种用途：在去诺福克观鸟之前，他会先打电话到东安格利亚，询问主要珍稀鸟类的地点，之后他会避开主流地点，去其他地方进行自己的探索。在日益拥挤的乡村，这一点变得尤为重要。

1990年，英国已处于撒切尔政府长期执政的最后腐朽阶段——这一时期，按照社会评论员迈克尔·布雷斯威尔(Michael Bracewell)的书名就是，《当外表即深度时》(*When Surface was Depth*)。撒切尔主义催生了一种文化，在其中财产几乎占据着偶像般的地位，精巧的科技产品特别成为成功的“雅皮士”的统一标配。正值此时，一种新设备投入市场：个人寻呼机横空出世。

寻呼机最初的设计目的是用于紧急服务中的工作者，如医生和护士，它能使人们无论白天或夜晚、无论身在何方都可以随时发送个人信息。这一时期手机仍极其昂贵，而且像砖头一样笨重，因此便携式寻呼机成为通信方式的真正突破。

新技术产生后往往如此，寻呼机也并非总是用于其最初的设计目的。1991年，诺福克观鸟人迪克·菲尔比(Dick Filby)，珍稀鸟类警报系统的创始人，他想出一个好点子，使用寻呼机直接发送珍稀鸟类的信息。这意味着，推车儿们无须离开现场去找公共电话亭。每天大约一英镑的花费对于热衷观察鸟类的人来说也可以节省数量可观的电话费用。

寻呼机首次推出是在1991年10月，刚开始时遇到了初创时期的困难。许多推鸟的热点地区，如费尔岛和锡利群岛，至少一段时间内不在信号覆盖范围内，而早期的错误信息确实有自己的特色，包括“皇宫的摆轮在乐购”(Palaces' Wobbler at Tescos')，其实应该是黄腰柳莺在特雷斯科（Pallas' Warbler on Tresco）。托尼·马尔说，也有消息报道称在“斯珀恩第31号信箱”（在约克郡）上发现了啄木鸟(a Wryneck at post 31, Spurn)。寻呼机上的信息继续更新，持续几个小时确认鸟的出现，直到发现其真实身份。最后的信息只是：“在31号信箱上的啄木鸟是一块石头(The Wryneck at post 31 is a stone)。”

同时，许多重要的商务会议也被来自推车儿们裤兜中的哔哔声和嗡嗡声打断，尽管他们很快发现可以在需要时将寻呼机模式调为“震动”。

寻呼机的明显优势是，不需要像电话那样连接电话线，这样就能够在一天24小时内接收珍稀鸟类的消息。珍稀鸟类警报系统甚至专门推出了“极棒警报”服务功能，旨在使寻呼时刻畅通，向痴迷的推车儿发出关于“极棒标记”的警报，这都是非常稀有的，也许一生只有一次机会见到的鸟类。虽然原则上可行，但在实践中可能不那么受欢迎，特别是如果信息接收人正坐在座无虚席的剧院或正等待新娘走上红地毯。即使有时可能会对用户造成意想不到的问题，寻呼机肯定会存在下去，正如2000年9月《观鸟》杂志上的一篇文章所指出：

> 爱也好，恨也罢，现在一切都回不去了。绝大多数人的一个控诉就是“观鸟与以前大不相同了，或对于观鸟人而言现在太容易了”，但有多少人愿意去尝试过去那漫无目标的日子？在过去，不是你知道什么，而是你认识谁——除非在一个精英情报网中，否则很有可能当你听说到超级稀有物种时为时已晚。

一旦大群满腔热情的人没有事先提醒却在一个地点聚集观

察珍稀鸟类，那么偶尔会不可避免地发生问题。事实上，冲突从一开始就出现了，如1955年《英国鸟类》杂志的社论所描述的在苏塞克斯蜂虎的发现地点发生的下列事件：

> 越来越多的观鸟人，在各种现代通信设备的帮助下，能够以极快的速度有效地聚集在一些不幸的珍稀鸟类正在繁殖或休息的地方。虽然大多数人非常小心和理性，他们用望远镜在远处观察，尽量不对其造成干扰，但还是有少数人冲进了鸟群，毫无必要地到处骚扰这些珍稀鸟类……

社论还指出，苏塞克斯的蜂虎最终成功繁殖就是皇家鸟类保护协会的团队观察者们对其精心呵护的结果，“制止了时不时极其严重的野蛮入侵”，社论最后警告说：

> 正如所有已快速发展壮大的活动一样，观鸟人尤其处在刺激和疏远其他社会阶层的危险当中，除非他们能够转变态度，考虑一下那些……仍然执着于奇怪传统的非观鸟人群的合法利益……

在随后的十年里，批评声没有消停。1969年，另一篇来自《英国鸟类》的社论指出，民众普遍抱怨的一个问题是，追逐珍稀鸟类的行为“没有科学价值”。作为回应，读者A.F.米切尔为珍稀鸟类追逐者做了如下辩护：

> 难道观鸟不是爱好、兴趣、娱乐吗？我还没听说过能从高尔夫球手或钓鱼爱好者那里学到科学……我是一个计数猎手、

打钩主义者和清单履行者，无须向任何人解释，我也不会勉强迁就、假装惭愧。其他任何人都有自由……利用他所有业余时间观察麻雀如何整理羽毛来增长科学知识，但是我觉得很无聊。像牙科一样，我很高兴有人愿意这样做，但我自己不想做。

无论如何，真正的问题确实发生了。一大群年轻人聚集在一个地方准备一接到信号就行动，这必然会引起当地居民的担忧——特别是农民和私有土地所有者，珍稀鸟类经常出现在他们的土地上。

推鸟传奇中发生的最昭著的事件是，一个人很不幸地被一位愤怒的农民故意浇了一身半干半稀的猪粪。更严重的是，另一个推车儿不听同伴的劝告，进入拉特兰湖（Rutland Water）保护区近距离观察褐翅燕鸥。不可避免地，这一珍稀鸟飞走了，同时闯入者也吓跑了正在筑巢的其他鸟，鸟蛋也不幸被乌鸦顺手牵羊。

另一个广为人知的情况是，推车儿在肯特郡为寻找大鸨而践踏庄稼，滥用当地的猎场看守人，并因惊飞大鸨，导致随后赶到的人无法见到而铸成大错。后来，当地两名观鸟人写信给《英国鸟类》杂志，提出采取一种更为谨慎的方式广播珍稀鸟类的消息，建议任何发现珍稀鸟类的人在发布消息之前应仔细考虑自己的责任。

这暗示出了“隐瞒消息”的丑行，这种行径对珍稀鸟类出现的消息保持缄默，直到它离开为止，这样只有少数当地观鸟人能够看到它。对于推车儿而言这是头等大罪，因为它直接违反了“共享”原则，对于开展推鸟而言这无异于釜底抽薪。

最声名狼藉的隐瞒事件发生在1983年3月，当时来自斯堪的纳维亚的一种珍稀鸟类鬼鸮在约克郡海岸的斯珀恩角（Spurn

Head）被人发现。经过多次讨论，约克郡博物学家信托基金会决定不对外发布消息，因为汹涌的人潮会导致大范围侵入，可能对这一脆弱的地区造成不可挽回的损失。这种观点对于推车儿而言根本没有多少作用，他们认为任何隐瞒行为都是完全无法接受的。

能够帮助推鸟获得些许声望并缓和与当地人之间关系的途径之一，是进行募捐，将善款捐给慈善机构或用作善事。因此，1984年2月，当一只珍稀迷鸟出现在伯克郡郊区的花园时，房东决定公开信息。

这是一只来自西伯利亚的树鹨，在此停留了将近两个月，在这段时间里据估计有三千人赶到布拉克内尔去看它。树鹨离开后，房主戴夫·帕克和玛吉·帕克在《英国鸟类》上对这一经历进行了回顾，为遇到相似情况的人提出了建议：

> 在做任何事之前，认真地考虑如何发布消息，以及该消息对你自己、你的家庭和你的邻居可能会产生的影响……这不仅像是活在金鱼缸中，更像是让别人与你一起生活在金鱼缸中……晚上电话响个不停，真让人身心疲惫……

不过，他们很高兴，因为他们已经赶到了前面："疯了吗？很有可能，但如果你发现能够给这么多人带来欢乐，我想你可能会明白的。"

帕克夫妇为慈善事业筹集到了一大笔钱，但推车儿并非总是如此慷慨。当2002年粉红椋鸟出现在北约克郡花园时，不观鸟的房主很高兴地为推车儿敞开大门，作为报答，他们捐赠了一笔小小的款项用于修建当地的公交车站。不幸的是，数百名游客只捐赠了16.5英镑的小数目，而他们一直都在享用免费的茶水和蛋糕。幸运的是，当鸟类向导（*Bird Guides*）网站上发帖呼吁后，捐款数额随后增加到50多英镑。

推鸟是一个必然会激起强烈情绪的话题：要么支持，要么反对。其中最富激情的一个捍卫者便是诺福克郡的观鸟人马克·戈利（Mark Golley），他在上学期间就开始观鸟，到20岁时，已在英国和爱尔兰观察到了400种不同的鸟类，成为有史以来实现这一里程碑最年轻的人。

当戈利还是德文郡西部农村一个十几岁的男孩时，他就迸发出了这种热情。1981年，在他14岁时，他的父亲给他买了一本《推车儿日记》（*A Twitcher's Diary*），作者是观鸟热线和《观鸟世界》杂志的创始人之一理查德·米灵顿。作者用了一年的时间在英国寻找珍稀鸟类，日记记录了这一令人眼馋的观鸟经历，受此激发，年轻的马克报名参加了青少年鸟类学家俱乐部去诺福克北部的假日活动。他记得，在那里他怀着朝圣的心情造访了南希咖啡店，令他高兴的是碰巧遇到了他心目中的英雄理查德·米灵顿，还吃上了一个面包黄油布丁。

他的青少年鸟类学家俱乐部成员伙伴对这本书同样迷恋，每天晚上熄灯后，他们会拿出《推车儿日记》，测试对方记不记得米灵顿在某日看到的鸟类！甚至到今天，戈利还记得书中所有文章、日期和事件。这是青少年鸟类学家俱乐部成员的黄金时代，二十多年后的今天，他们中有许多人还活跃在同一战线上。

后来，在德文郡时，他经常逃学去观鸟，有一个高年级的男生理查德·克罗斯利时常与之同行。相差5岁的两个男孩之间的友谊，在学生生活不成文的规定中看上去很是怪异；然而，这两个小伙伴在对珍稀鸟类共同的热爱中缔结了非常纯正的友谊。即便如此，在被克罗斯利引入歧途后，戈利记得因旷课去普利茅斯看弗氏鸥，而与自己的父亲（同一所学校的教师）发生了矛盾。他还利用一切可以利用的期中假期到波特兰角和邓杰内斯角参观鸟类观测站。在邓杰内斯，他见到了暮年的彼得·格兰特，彼得·格兰特还带着戈利和他的朋友观鸟旅行——这种善意其他许多年轻的观鸟人也亲历过。

20世纪80年代中期，戈利毕业后，他的主要目标是尽可能观察更多的珍稀鸟类。跟同时代的人一样，他经常踏上漫漫迁徙之途以便实现目标。这其中包括一次经由兰迪岛（去看英国第一只扁嘴海雀），然后抵达设得兰群岛（去看毛腿沙鸡），最后回到诺福克的往返旅行，花费了近400英镑。

戈利的寻鸟之旅并非完全一帆风顺。在去北约克郡法利的推鸟途中，他很快得知观测对象——会唱歌的雄性金眶鹟莺不会出现了。他没有站着哀叹，而是和他的伙伴们拿着一个足球踢起了比赛——好多年长的推车儿对他们露出了失望的表情。幸运的是，金眶鹟莺在第二天就出现了。

他最大的“错失”发生于他在林肯郡直布罗陀角（Gibraltar Point）担任水鸟看守人的时候。在一个星期天，有消息称在考登的一条路上发现了一只蓝颊蜂虎。然而，由于人手短缺，戈利不得不继续工作，痛苦地等待了24小时才去寻找那只鸟，而那只鸟已经飞走了。几天后，他又得到了一次机会：但是因为那只鸟惧怕喷洒农药的飞机，他只能更痛苦地透过浓重的烟雾在远处观察。后来再也没人发现过那只鸟：而且按照推鸟的规则，推车儿不能将“无法记录的观察”（“untickable Views”）录入鸟类的列表之中，所以这只鸟不能算是他发现的。为此他伤心欲绝：“我不怕难为情地承认，我痛哭了一场，感觉心都要碎了。”

一些人可能会觉得这种反应有些过了：但是，就像你最喜欢的球队获得了足总杯的冠军，或者更棒，你为你的周日球队打入了致胜球一样，看到梦寐以求的鸟的快乐是许多推车儿生命的最高追求。就像运动会上胜利的喜悦总是要以先前的付出为代价，因此和鸟的“错过”也是推鸟之乐的一部分。

1993年5月一个潮湿的夜晚，对马克·戈利而言，是他最伟大的时刻。那时他在克莱做看守助理。随着雨水渐小，他决定沿着布莱克尼角边走边寻找为躲避坏天气而栖息的候鸟。当他艰难地踩着鹅卵石快走到尽头的时候，转身朝一小片灌木丛望去，循着一阵声响，他看到了一只小鸟，并立刻就认出那只鸟非同寻常。当那只鸟最终出现在眼前，他简直不敢相信自己的眼睛：那是一只来自北非的漠地林莺，这是它第一次出现在英国的春天里。

就像一个奥运会的短跑选手等待摄影定名次一样，他焦急地等待了20分钟，另一个观察者才赶来，确定了他的判断。因为如果这只鸟飞走了，没被第二个人亲见，他知道，不仅是再也没有人会相信他，就连他的名誉也会受损。所幸的是，有人来了，事实上这只鸟待了好几天，而且数百推车儿都看到了。对于戈利来说，这是他推鸟事业的巅峰时期：“漠地林莺是我在温布利终场前最后一分钟的制胜球——这是我能为英国赢得第一的唯一途径，就像赢得了世界杯的冠军一样！”

这就是球迷和观鸟人之间相似之处的终结点：作为参与者也是观察者，推车儿，尤其是像戈利这样的发现珍稀鸟类的推车儿——既是“球员”，也是“球迷”。

现在，戈利35岁左右了，他能以一个更平静的心态看待年轻时的成败得失，然而他很高兴能全身心地投入到寻鸟的事业当中：

漠地林莺

“我不会想让时光倒退！我毫不后悔！”

戈利还在继续推鸟，尽管因为他在三十来岁的时候就已经看到了大量的英国珍稀鸟类，所以也没有那么多他仍“需要”看的鸟了。他相信推鸟圈已经改变了——不一定变得更好。曼联球员罗伊·基恩（Roy Keane）曾经批评过“对虾三明治帮”如今一统足球圈，据说，这是以伤害花费毕生精力与球队一起度过了鼎盛期和低谷期的球迷为代价的。马克·戈利将这个比喻用于新派的业余推车儿。他们有齐全的随身设备，如寻呼机和昂贵的光学器材，但他们可能缺少终身追寻珍稀鸟类的人的激情和深厚知识。戈利并不是一个别的什么也不沾的推车儿：他在安格利亚电视台担任体育节目制片人，还收藏了很多唱片，并痴迷尼尔·杨（Neil Young）。但他如是说：

体育是我的工作，音乐是我的爱好，而鸟是我的生命。

推鸟作为一项大众参与的运动已有三十多年的历史了，身在其中者都发生了很多非凡的轶事，这不足为奇。其中最具史诗般效应的壮举发生在1980年10月。

史蒂夫·韦伯（Steve Webb）是英国最主要的鸟类清单记录者之一，目前在历史表上排第二，位置仅次于传奇人物罗恩·约翰斯（Ron Johns），他在英国和爱尔兰观看过500多种鸟。所以，1980年10月，从西伯利亚迁徙而来的、罕见的黄眉鹀出现在费尔岛时，显然，他要追随而去。但面临的问题是，他和其他数百位珍稀鸟类爱好者当时身在锡利群岛上。尽管两地路途遥远，他们的资金和精力都有限，但是他和四个同伴决定在英国的国境线以内，发动这次距离最长、在当时也是耗资最多的推鸟活动。

从锡利群岛到设得兰群岛这段接近一千英里的旅程用了超过24个小时，包括从锡利岛到彭赞斯的客船，从彭赞斯到阿伯丁的大众PoLo车，从阿伯丁到设得兰群岛勒威克镇的定期航班，从勒威克到费尔岛的包机，以及最终到达目的地的出租车，他们终于看到了那只鸟。途中，他们问题频发，情绪波动就像坐过山车，包括差点错过航班，飞错机场，去错了观鸟地。

故事的结局还算完满：这个勇猛的（亦可说是疯狂的）推鸟小分队不仅仅看到了那只鹀，还看到了另外两个珍稀品种。他们第二天就回去了，虽然筋疲力尽，但很兴奋地向他们那些半途而废的朋友们分享了这个成功的故事。不久，这个故事便写进了《与英国鸟儿共度的美好时光》（*Best Days with British Birds*）一书，被更多人传颂。

还有一个长途跋涉去观鸟的传奇故事，据说1996年托尼·维

雅士（Tony Vials）花了900多英镑到设得兰群岛看了一只红胸鸻。这段路程包括从他的家乡诺丁汉乘出租车到希思罗机场，然后坐飞机到阿伯丁，当新闻报道称那只鸟并没出现时，他又坐飞机返回伦敦，后来他第二次坐飞机去了阿伯丁并最终在设得兰群岛看到了那只鸟，然后坐飞机返回。

正是这些惊人的壮举构筑出了推鸟界的神话。这些故事大部分是口口相传，除了史蒂夫·韦伯的经历，鲜有其他故事被出版成册。这项工作落到了当代的"博斯韦尔"[①]李·埃文斯(Lee Evans)的手中。他把这些英国传奇人物的成败故事编入了英国精英"400俱乐部"（400 Club）的双月会刊。顾名思义，要想成为这个俱乐部的成员，至少需要在英国看到过400种鸟。

李·埃文斯一个人经营着这个俱乐部，判定、评审和做账。他不仅花了不少时间来研究哪些品种是"稀有的"（带着那些对于逃逸鸟种的疑问，鸟种的合并和拆分，以及不断涌现的新记录，有越来越多的问题需要做出筛选），更具争议的是，俱乐部的哪些成员是有资格做记录的还得他来判定。这使他陷入《数据保护法案》的深渊，并且招致争议，许多推车儿都怀疑他的裁定，包括史蒂夫·韦伯，他把自己的名字从英国精英"400俱乐部"的网站上撤了下来，以抗议这种运营方式。

如果说起典型的推车儿，李·埃文斯并不能算其中的一员。首先，他的外表和衣着使他在人群中很扎眼：他通常穿浅色的西装，头发挑染成金黄色，戴着一只耳环，蹬着一双干干净净的鳄鱼皮鞋——即便是外出观鸟也这副打扮。然后是他痴迷的个性：一种鸟，即使他之前见过很多次，他也必须再次记录下来，如果

① 英国作家塞缪尔·约翰逊的好友，《约翰逊传》这部传记的作者。——译者注

错过不能记录，众所周知，他会沮丧得掉眼泪。

他还有一种不可思议的能力，能为他自己和他的工作做宣传。在过去十年左右的时间里，他在新闻报刊上所占的版面比其他观鸟人的总和还要多。少数只是用怀疑的口吻，而大多却是敌意十足——埃文斯古怪的行为并没给他带来帮助。例如，他曾声称要驾车380万英里寻找鸟类——即在25年里每天行驶400英里！他还很偏执地追着一个年度清单竞争对手，并在自己的网站上诋毁这个人，这使他差点以诽谤罪遭到起诉。他还宣称创纪录地以每小时142.3英里的速度驱车去获得一个观鸟记录，还说自己经历了至少11起重大车祸事故并造成几起死亡。结果是，这让许多参与观鸟活动的人相信，这项消遣活动所呈现出的公众形象已被扭曲。

李·埃文斯扬言在婚礼当日出去推鸟（难怪这段婚姻也没能坚持下来）；他在经历了数次车祸后单眼失明；他一想到会错过一只珍稀的鸟时就会展现出几乎狂躁的悲伤状态——你可能会认为这些都是让人同情的而不是令人羡慕的事。他曾经谈起自己的痴迷："我必须要拥有一切。如果没有的话，我会很痛苦。"当你只要求"不失败"时，生活就不再充满乐趣了。

然而许多观鸟人都持有相当宽容的态度：罗伯·兰伯特（Rob Lambert）是推鸟行为观察家，他评论说："总的来说他很适合从事观鸟。每一个业余爱好都有且需要像他这样的人！"

虽然他的态度和行为很极端，在鸟的陪伴下埃文斯在情感上从来都不孤单。1993年的秋天，一个红胁蓝尾鸲（欧亚鸲的西伯利亚亲缘鸟）出现在多塞特郡，许多推车儿都聚集到此地，他们耐心地排队等待了几个小时后，终于看到了这只鸟，其中一些人流下了激动和欣慰的眼泪，这一事件被广泛报道出来。难怪讽刺性杂志《是鸟非鸟》(*Not BB*)用模仿当代政府为抵制海洛因而开展的信息宣传运动来嘲笑这些推车儿的痴迷：

> 好的，我大多数周末都去观鸟。我能处理好。
> 好的，我想请几天假不去上班。我能处理好。
> 好的，我今年已经毁掉了公司的两辆车。我能搞定。
> 好的，房贷要推迟几天偿还。没有问题。
> 好的，老婆已经带着孩子回娘家了。终于发生了。
> 好的，下周我就要被解雇了。
> 推鸟，毁了你。

得出推鸟活动的逻辑结论，并把它发展为团队运动，所需要的只是时间问题。1980年，时任《乡村生活》杂志助理编辑的大卫·汤姆林森(David Tomlinson)开展了一项活动——乡村生活杯年度观鸟竞赛，这项活动为慈善事业筹得了一大笔善款。

众所周知，观鸟竞赛由来已久：至少可以追溯到20世纪30年代的美国(那会儿被称为“大日子”)，也可以是回溯到1900年第一届圣诞节鸟类统计活动。英国最早记录的“大日子”发生在20世纪50年代初，一群苏格兰观鸟人以101个种类的高分打破了东洛锡安区和贝里克郡的世纪纪录。一个英国观鸟小组接受了苏格兰队的挑战，尽管那天英国皇家鸟类保护协会禁止游客接近明斯米尔鸟类保护区[②]，他们还是在萨福克郡完成了107个种类的数目。

这个纪录保持了几年，直到1957年的五一劳动节，两个名叫

② 该保护区位于萨福克郡海岸，隶属于英国皇家鸟类保护协会，是其最主要的保护区之一。——译者注

大卫·皮尔森（David Pearson）和皮特·史密斯（Peter Simth）的小学生骑着脚踏车，在萨福克郡东部数到了111个种类。两年后，他们又聚到了一起——但这次他们有了一个秘密武器。虽然骑着自行车出发，但他们说服了自己的法语老师在下午和他们会合，更重要的是，她会开着她的车来。大卫·汤姆林森在《观鸟大赛》（*The Big Bird Race*）一书中，对两位年轻观鸟人的说服能力赞许有加：

> 霍廷（Hawtin）老师是如何被雷斯顿学校的两个六年级的学生说服，并加入了这场离奇的活动，至今仍不为人知——为谨慎起见，我没有进一步调查这个秘密。不管怎样，坐上堪称50年代最好的福特护卫者，他们在晚上6点的观看总数达到了118个，到晚上9点20的时候，他们看到了印度石鸻后就结束了这次活动，最终的观看数为120个。

在接下来的几年里，皮尔森和史密斯也从自行车和搭便车发展到拥有了自己的车。1965年5月13日，他们在黎明前整装出发，期间不间断地观鸟直到黄昏后，他们发现了126个品种，刷新了在24小时内观看鸟类的英国纪录。没过多久，他们都去了国外工作，而观鸟竞赛也在英国暂时消失了。

红胁蓝尾鸲

15年后，大卫·汤姆林森引入了一种竞争机制，在两队之间开展比赛，并邀请著名观鸟人比尔·奥迪参加，以吸引电视和报纸的关注。自那以后，观鸟竞赛就成了每年英国观鸟日程表中雷打不动的项目，除了2001年春天，口蹄疫爆发，村庄被隔离，比赛被迫停办。目前的英国纪录保持在159种，是20世纪90年代早期由比尔·奥迪和马克·戈利的团队在诺福克郡创造的。尽管从那以后，也有数字接近这个纪录，但从未持平或超过，而且，如今随着许多农场鸟类和远距离迁徙候鸟种类的大幅减少，可能这个纪录再也达不到了。

在北美，观鸟竞赛甚至走得更远。他们举办了“世界职业棒球大赛”，但这项体育运动几乎仅限于北美大陆，在这种自信下，他们在1984年举办了第一届“世界观鸟大赛”。这是新泽西州的观鸟人彼得·邓恩（Peter Dunne）出的点子，他对成为惯例的“大日子”提出了重要的修正：参赛团队必须找到赞助商为每种观测到的鸟出钱，这个简单而有想象力的主意把世界观鸟大赛变成全球观鸟竞赛日程表中最大的一项筹款活动，并且每年都会为自然保护增加数千美元的资金。

然而，尽管举办观鸟大赛带来了这些显而易见的好处，相应地这些年也招来了不少批评。1982年，《英国鸟类》杂志的一个驻地记者谴责其为“团队推鸟”，而另一个批评家抱怨道：“这种对鸟的粗鲁的追求是出于一种想要胜人一筹的目的，这种滑稽的做法会激起公愤，让‘观鸟人’这个头衔臭名昭著。”

但大多数观鸟人，不管他们是否去推鸟，则以更轻松的态度看待这个问题，正如另一位《英国鸟类》的驻地记者所总结的：“我讨厌死了那些人，他们似乎认为自己是唯一的观鸟天才，而且其他人都得拥护他们的观点。观鸟是一种爱好，而爱好不需要有用处，每个人只需要按照自己的方法乐于其中就行。”

然而，随着现代观鸟的方法越来越狂热，有些人找到了打发时间的替代方式。其中之一就是“定点”，它需要参与者持续在一个地方待（通常是躲藏）24小时，统计在那段时间内他们所看到的或听到的所有鸟的种类。第一次定点观鸟发生在1995年的剑桥郡威肯沼泽(Wicken Fen)，那次彼得·威尔金森(Peter Wilkinson)和阿拉斯泰尔·贝里(Alastair Berry)统计了62种鸟。

1999年5月，包括苏格兰队在内的4组队员参加了第一次完整的定点“观鸟竞赛”。虽然一位苏格兰参赛者在下午三时左右“待烦了”，起身驱车去观看了附近一只罕见的白领姬鹟，但他们还是设法看到了65种鸟，并目击到了一只白鼬以及其他几只哺乳类动物。他们的总数还是完败于在肯特郡皇家鸟类保护协会的北山（Northward Hill）保护区的一个团队，他们仅仅在一个地点就观测到了77种鸟。

与此同时，另一种更加轻松的消遣活动也越来越受欢迎，同样也是为反对狂热的推鸟活动和观鸟竞赛而产生的：本地观鸟。许多观鸟人都有一块离家近便的自己的乐土，他们整年都会定期去查看，并记录下那里的鸟儿。但是直至20世纪90年代早期，本土观鸟才凭其自身力量被承认为一项正当的消遣活动，而不仅仅被当成是你不能外出去看最新发现的珍稀鸟类时退而求其次的事情。

众所周知，本地观鸟有它自身的优势：即使是最常见的物种也可成为某个小地方的珍稀物种——这无须花费时间和金钱，也没有随之而来的挫败感，就能带来推鸟的兴奋感。《观鸟》杂志特别鼓励这种本地观鸟行为，部分是因为该杂志的编辑多米尼克·米切尔（Dominic Mitchell）一直热衷于在他自己的地盘，伦敦东部的沃尔瑟姆斯托沼泽中观鸟。他的专注得到了回报，1994年5月，他发现了一只歌唱的雄性亚高山林莺，这是一只来自南欧的珍稀物种。不出所料的是，这只鸟的存在吸引了许多来自伦敦及外地的推车儿。

拥护者认为，在自己的地方观鸟比其他观鸟形式在本质上更富有“精神价值”：这让人与每日、每月和每季的生活节奏联系在一起。这想想就令人兴奋，尤其是对于那些极其有幸撞见了一只珍稀鸟类的人而言；但这也可能是非常枯燥的，尤其是在一年当中的淡季。与推车儿观鸟相比，这更像是一场单手帆船竞赛而不是伦敦马拉松比赛。事实上，这两种行为并不是相互排斥的：许多推车儿也有自己的地盘，也享受着两种观鸟方式。但是对于英国观鸟人的老前辈伊恩·华莱士来说，以寻呼机为主导的现代推鸟和“适当的”观鸟根本不可同日而语，正如他在BBC第四电台的节目《档案时间》中所说的：

> 现在珍稀品种唾手可得……没有什么比试图全神贯注于海洋监测，而被“哔哔”声打破平静和自信更令人厌恶的；然后一些狂躁的白痴读出了“粉红椋鸟，布赖尔岛”。那么你就会想，好吧，那是发生在三百英里以外的事，我才不会去呢！

对于华莱士来说，甚至在这么多年后，没有什么能比定期蹲点于他的地盘更有乐趣了：“沉醉在巨大的喜悦感中，肾上腺素仍会骤增，它的确不像50年前那样令人震撼，但仍让人兴奋不已！而且即使是一只鸟也没看见，你也绝不会无聊——你还可以想想往事……”

《档案时间》的撰稿者和早期推鸟圈的先驱——克里斯·哈

伯德（Chris Harbard）不加掩饰地追忆了那些美好的日子：

> 在70年代有些美好的事情，那时，有这么一伙人……大家相互认识，基本都是靠口口相传——人们会给他们的朋友打电话，告诉他们有什么新鲜事，提供便车……这是一个更亲密的社会活动。如今它仍然有社会性的一面，但任何人无论何时都可以通过互联网、电话线和寻呼机来获取所有你想知道的外界信息——不知怎么的，我竟有些迷恋曾经的社会。

那么21世纪初推鸟将走向哪里呢？坊间证据显示，这种行为总体是持平的：在今天，大多数观鸟人会偶尔去推鸟，一些人更频繁，另外可能确实有数千人仍是专职的推车儿。因此，当2003年6月英国安格尔西岛发现了第一只黑百灵时，必然有一大群人聚集到此地来欣赏这传奇珍品。

一位敏锐的观鸟人，也是诺丁汉大学的环境史学家——罗伯·兰伯特（Rob Lambert）回忆起沿着A55号公路到北威尔士的长途旅行。他知道他是朝着正确的方向行驶，因为粘满贴纸的汽车的数量越来越多，宣告车里坐的都是热衷观鸟的人。就像一群人走向足球场，他们身披俱乐部的围巾，表明来自同一个"部落"。因此前去观鸟的推车儿也通过类似的行为表明身份：展示汽车贴纸，穿鸟图案的T恤，在脖子上挂着能明确代表正规观鸟人身份的莱卡、施华洛世奇或蔡司双筒望远镜。

推车儿并不总是希望被认出来。第一次发布黑百灵出现时间的新闻是在一个星期日的晚上，这给那些有着朝九晚五工作的推车儿制造了一个道德困境。要么等到下个星期六争取去看鸟，而在此期间它可能已经飞走了；要么他们假装生病，周一请假去看鸟。

对于大多数人来说，后者占据了上风。

重大的推鸟活动通常会引起当地电视台的关注，这次也不例外。然而根据阿德里安·佩奇（Adrian Pitches）在《英国鸟类》杂志上所言，记者给观鸟人群中的每一位受访者都带来了可怕的麻烦，万一这被他们的老板发现了，那么他们的谎言就被揭穿了！

随着推鸟越来越流行，越来越被广泛地接受，其参与者分化成了几个亚群体，每个亚群体都按自己的风格猎奇。因此，虽然"锡利赛季"在每年一度的推鸟行程中仍然是一项重要活动，但每年10月的人数已从峰值1500名游客下降到了不到1000人。这部分是因为随着境外游价格的降低，人们更喜欢去以色列或美国，在那里两个星期的花费和去锡利群岛差不多。新科技也对其有影响：如今许多顶级推车儿待在陆地上，依靠寻呼机就能知道是否有有趣的东西出现；他们知道，开辆车或者搭乘直升机就能抵达鸟儿出没的地方，心里有底，也有安全感。

尽管如此，锡利群岛的景致依然不仅仅是能看到珍稀鸟类那么简单：那里有社会方面的日常记录（鸟类统计），随同放映的幻灯片，鸟类知识问答比赛，鸟类系列产品展销。每周五晚上有观鸟人迪斯科舞会。1999年10月，在那座岛上能看到各色人等踩着The B-52's乐队的《爱的小屋》的节奏蹦蹦跳跳，脖子上还挂着双筒望远镜。那天他们那么兴奋，是因为他们发现了一只蓝矶鸫——这是可以完全归属到"极棒标记"一类的鸟儿。

对锡利赛季也有人持诋毁态度，但毫无疑问的是每年观鸟人的涌入持续为当地的经济做出了贡献。同样，观鸟人不仅在食宿和交通上花销，每年也为当地的救生艇慈善事业捐赠不少。这还促进了社群关系：在经历最初的敌意和怀疑之后，现在游客和当地居民相处得不错，同时，观鸟人和当地岛民的年度足球赛也成了值得参与的流行运动。

推鸟活动中的男性偏见也逐渐得到改变，因每年都有越来越多的女性参与进来——虽然她们通常还是作为男性观鸟迷的伴侣出现。女性更广泛地参与观鸟的标志性事件是发生在2000年10月圣玛丽旧城的一场婚礼。罗伯·兰伯特和金·麦克弗森在同行的观鸟人举着三脚架组成的拱门下走出教堂，婚礼第二天在特雷斯科岛上度过，观看各种各样珍稀的鸟儿。娇羞的新娘最终度过了一个"真正"蜜月——新西兰的观鸟之旅。

推车儿在别的地方发现了让他们的珍稀鸟类探索始终充满激情的新方法。现在，一些人放弃了被其他人观察到的鸟，创建了一个"自查清单"，在这个清单中只有由他们自己发现的鸟。沿用这一准则，珍稀鸟类发现者的记录很难达到300种，但观鸟人这么做也从中得到了更大的满足感。

观鸟活动中的地方主义也在增加：权力下放后，现在许多苏格兰和爱尔兰的观鸟人都有一个独立的地方列表，而不是一统于不列颠联合王国之下——爱尔兰的观鸟人一直是这样做的，这反映了他们更强烈的民族认同感。1998年《苏格兰观鸟》（*Birding Scotland*）期刊首发，印着从流行的苏格兰软饮料健怡苏格兰汽水（Irn-Bru）借用来的广告语："为苏格兰的观鸟人制造"（对照于原来的"由苏格兰钢梁制造"）。虽然每年秋季在费尔岛上的朝圣仍在继续，但苏格兰观鸟人成群结队地跟随伊戈尔·克拉克（Eagle Clarke）的脚步，探索那些未涉足过的苏格兰岛屿，如富拉岛、巴拉岛和科尔岛。这些再次体验早期猎奇者开拓精神的努力取得了惊人的成功，而且参与者得到了从参观更拥挤更知名的热门地方时很难获得的满足感。

英国也紧随其后，越来越多地关注地区和县郡。现在越来越多的杂志都迎合这种趋势，并取了诸如《约克郡观鸟》（*Yorkshire Birding*）之类的名字。本地和地区观鸟热线、寻呼机的地区频道和“伦敦观鸟”（*London's Birding*）等网站也都提供当地最新的观鸟信息。许多来自20世纪七八十年代那些光辉岁月的顶级推车儿甚至反对波及全英的推鸟活动，相反，他们保存着“郡县列表”——大多在他们本地开展观鸟活动，很少出国。或许可以这么说，虽然这次不是出于必要而是他们自己的选择，但世事总是周而复始，一切都回到了原点，回到了20世纪50年代的状况。

似乎是为了证实这一点，在2002年的夏天，也就是距离第一辆满载珍稀鸟类发现者的货车开往苏塞克斯采石场进行冒险过去近半个世纪后，重复的场景又出现了。这次，推车儿驱车沿着A1号公路一路向北，抵达了达勒姆郡的采石场，在那里他们看到了一对正在筑巢的蜂虎，这是继苏塞克斯的蜂虎之后，第一批在英国繁殖的蜂虎。

英国皇家鸟类保护协会再一次组织了全天候的警戒，并发布消息。这一次，这些鸟儿上了几家报纸的头条，包括《每日电讯报》、英国BBC广播电台新闻频道都作了报道，几家网站上也持续更新它们的动态。鸟儿在此停留的三个月期间，总计有1.5万人前来观看。

另一个与50年前所发生的事件有着很大的不同之处的是，这一次，推车儿几分钟内就通过寻呼机得到了消息；而不是几周后通过明信片才得知。

第15章 观鸟收益：观鸟的商业效应

爱好是一个矛盾体，需要付出努力把它变为休闲活动，然后利用闲暇又把它转变为真正的工作。

——史蒂芬·M.盖尔博，《爱好：美国的闲暇与工作文化》

诺福克郡一向都是观鸟的圣地。因此，若发现有许多观鸟人在那儿落脚，也没什么可大惊小怪的。几年前，这些人或是刚刚退休，或是退出世俗的职场竞争，潜心观鸟。可现在，由于信息技术的进步和“复合型职业”的出现，他们已能够在梦想与现实间游刃有余地行走：既能在观鸟之外谋得一份生计，也能居住在本国一些绝佳的观鸟地附近。

我们已经知道，这是一个多元的群体。有的人，比如理查德·波特与托尼·马尔，辞去了国际鸟盟（Birdlife International）职务和公职，在克莱村附近成了邻居。但在传统意义上，他们还没“退休”：波特还深度参与着中东的生态保护工作；而马尔每到冬天，都要花上三四个月带团去南极洲观鸟。

而有的人，他们的观鸟生涯才刚刚起步。马克·戈利，这位突破在全英观鸟达400种大关的年纪最轻的学生推车儿，除了在安格利亚电视台当差，他还是一位业余作家。而《观鸟人：一个部落的故事》的作者马克·科克尔，同样继续着他的自由职业生涯，一边当记者，一边在诺威奇的家中写书。

另一个蹲守诺威奇的观鸟人克莱夫·拜尔斯，作为世界顶级的鸟类艺术家，他还带领世界各地的观鸟者前往南美寻找珍稀鸟类，并以此来维持生计。他的校友，曾经的推鸟搭档迪克·菲尔比，这个想出好点子创建了珍稀鸟类警报系统传呼服务的人，如今如果没有踏上更奇异的观鸟旅程，就会在诺威奇和科罗拉多（Colorado）的两处住宅中休闲度日。

驻守诺威奇的其他观鸟人在家中便能打理自己的全职工作。

霍尔特镇的邓肯·麦克唐纳 (Duncan MacDonald) 出生于南非，他开了一家名为“原野之声”的光碟磁带图书邮购公司。而住在诺斯瑞普斯村 (Northrepps) 海岸边的克里斯·凯特利 (Chris Kightley) 和妻子芭芭拉·凯特利 (Barbara Kightley) 组成夫妻档，在诺斯瑞普斯一个改装过的农舍里创办了英国最成功的观鸟旅行公司之一——“黑尾塍鹬度假公司”。理查德·米林顿和史蒂夫·甘特莱特仍在出版《观鸟世界》(*Birding World*) 杂志。此外，他们还开通了电话资讯服务“观鸟热线”，在他们住的屋子里，可以俯瞰克莱的湿地，追随鸟儿的行踪。

在某些方面，他们干的不一定都是新奇事儿：毕竟，人们开发利用鸟类的商用价值由来已久。在早期文明社会，人们驯养了红原鸡等禽类作为猎禽，养鹅鸭产蛋吃肉。中世纪时，他们又养禽竞技，比如斗鸡和用猎鹰打猎。在整个历史上，人们还常把鸣禽关在笼子里，欣赏它们美丽的羽毛，聆听悠扬的鸟鸣。

不同的是，今天的人们并不是拿鸟儿本身赚钱，而是看着观鸟势头大涨，想挖掘其商业价值。尽管少数人长期以来靠写鸟画鸟也能谋生，但直到二战后的十来年，随着观鸟的风靡，才有人正儿八经想着靠它发家致富。

所幸把商业和观鸟首先结合起来的，恰恰是看到良机、将爱好变成谋生工具的观鸟人自身。该领域领军人物布鲁斯·科尔曼深信这对观鸟发展成为一种流行的休闲活动起到了推动作用：

> 如今，商业观鸟是桩大生意，它能为任何想要发展爱好的人提供良好的服务。有出色的旅游公司让你饱览多种多样的世界物种，有野外和有声向导、视频让你快速了解鸟类鉴赏

黑尾塍鹬

技艺，有高质量的镜头拉近你和鸟儿的距离并将它们抓拍下来。同时，还有杂志、寻呼机让你了解最新动态，获悉全世界珍稀鸟类的去向。

回到上世纪50年代初，当布鲁斯·科尔曼还是个孩子时，那时的职场和如今千差万别。15岁的他离开了米德尔塞克斯的海耶斯（Hayes）中学，去了麦克米伦出版社做勤杂工。他接手的第一个任务便是将博物学书籍的赠阅刊送到科学期刊《自然》的办公室。

杂志社的编辑们不知怎地得知了这个年轻人喜欢鸟的事，就将最新一期的《鸟蛋观察者读本》（*Observer's Book of Birds' Eggs*）多余的样刊送给了他。为表示感谢，这个知书达理的小伙子向他们寄去了一封感谢信，并撰写了书评。令他欣喜的是，编辑们将他的这篇书评刊登了出来，并邀请他参加了他生平第一场鸡尾酒会。

那天，尽管他略显腼腆，但并未阻挡他接近畅销指南《福伊尔斯手册》(*Foyles Handbooks*)的编辑L.P.朗(L.P.Long)。当科尔曼指出市面上还没有观鸟系列读物时，朗立即请求他撰写一部。在接下来的6个月，科尔曼买了一台打字机，学会了打字，并按要求完成了3万字。那时候，一般人是很难拿到研究资料的，布鲁斯费尽九牛二虎之力才拿到《鸟类观察者手册》和科沃德两卷本的《不列颠群岛的鸟及它们的卵》，以及詹姆斯·费舍尔的《观鸟》。他白天在出版社当差，晚上和周末笔耕不辍。他回忆道，"当时能够进入威斯敏斯特公共图书馆简直是上帝的恩赐"。1956年，他的书成功出版，当时他年仅19岁。

作为勤笔耕耘的回报，布鲁斯·科尔曼收到了一张价值100英镑(相当于今天的5000英镑)的支票，这对于一个每周只挣3英镑的小伙子来说也算是一笔小财。在成功的激励下，科尔曼开始接触摄影代理人、畅销自然读物作家弗兰克·莱恩(Frank Lane)，后者日后还将与埃里克·霍斯金合著霍斯金的自传《以眼还鸟》。

除了出谋划策，莱恩还向科尔曼提供了一份摄影机构的兼职工作，科尔曼一口就答应了。不久，他又有了更大的野心：自己开公司。幸运的是，这一次，他又结识了一个德国电影制作人，这个制作人将在阿尔卑斯山上拍摄野生动物的版权转让给他。科尔曼好不容易获得了布里斯托尔的BBC博物组的预约。后来他回忆道，很可惜，制片人在放映期间一直昏睡，醒来时，宣称这素材无甚创新、了无生趣。

他在BBC的失利，到安格利亚电视台找了回来。1961年，科尔曼请电视剧《生存》(*Survival*)的编剧科林·维洛克(Colin Willock)审片并顺利签约。这笔钱不光解决了科尔曼开公司的问题，也比政府出资的BBC给的报酬多得多。

十年内，布鲁斯·科尔曼的名字已成为高质量彩色自然摄影的代名词。而他公司的作品也在《国家地理》《每日邮报》等多家媒体一炮而红。他的成功无疑得益于公众对鸟类及其他野生物种的日益增长的兴趣，同时，也少不了彩色增刊和博物学电视节目的鼎力相助。

对于这个来自米德尔塞克斯郊区的年轻人来说，事事进展得还不错：据说，截至20世纪60年代末，布鲁斯·科尔曼成为第一个因爱鸟而赚到百万的大富翁。

今天，人们把爱好经营成事业已很常见。虽然并不是每个人都像布鲁斯·科尔曼一样成功，但许多人的确试着靠鸟和观鸟过活。

不少人都起步较慢，靠着发表了零零散散的几篇文章、几幅摄影作品或是应邀带团观鸟走上了这条路。如果进展顺利，名气大了，他们就能接到更多的委托任务，在此之前，他们挣的都是辛苦钱。然后，只需再迈出一小步，他们就能将爱好经营成事业。在有些情况下，他们能因此甩掉无聊枯燥、不尽人意的苦差事，做自己真正喜欢干的事情。而对于其他人而言，这只是个副业，能让他们从全职工作顺利过渡到以后的退休生活。

然而，创业也有诸多风险。爱好的用途之一是让从业者能够从日常生活的压力中释放出来，但若将爱好经营成事业，便可能丧失这种疏导功能。就像1933年一本有关爱好的流行杂志标题所表述的那样，“这里有一份你不能丢失的工作”。尽管经营自己的事业会面临种种压力，大多数观鸟人仍乐此不疲。

观鸟人有多少，从观鸟上求生计的行当就有多少。但总的来说集中于两种：自由职业和公司老板。就目前而言，自由职业的人数略胜一筹，不论是写手、摄影师还是导游，他们都仰仗自己的观鸟技巧来开源创收，而非作为唯一收入。由于除了原始投资，他们不需要赌上生计、房子或是存款，因此这种谋生方式的风险还是相对较低。

也有人开办了一些服务机构，如鸟类信息热线、传呼服务或是图书、鸟食和海外观鸟等实体行业。由于这些行业需要注入更多资金和劳力，因此风险更大，但与此同时，也可能会得到更大回报。例如，在2002年8月的英国观鸟博览会上，当时英国观鸟行业两家大公司联手，奇迹就产生了。

合并的这两家公司是顶级鸟食和喂食器供应商CJ野生鸟食公司（CJ Wild Bird Food）和电影及多媒体产品生产商鸟类指南公司。两家公司运营情况相当不错：CJ野生鸟食公司试验了多种食物和喂食器，发明了一种现代喂食方式，既满足了小鸟的日常所需，也迎合了人类顾客群体的想法。

同样，鸟类指南公司垄断着多媒体市场，主营世界最美观鸟地系列录像带、光盘和书册。几年前，CJ野生鸟食公司也接管了销售博物学读物的邮购公司燕隼图书公司。因此，这次合并使得新公司市场份额一家独大，多种多样的产品也能一招即中核心观鸟客户群。

CJ野生鸟食公司和鸟类指南公司的创始人都是观鸟迷，同时，他们又是高瞻远瞩的企业家。他们凭借自己的技能和知识开创了成功的事业。尽管CJ的创始人克里斯·惠特尔斯（Chris Whittles）和鸟类指南的创始人戴夫·戈斯尼（Dave Gosney）行业背景完全不同，但他们专注地追逐成功的野心如出一辙。

受过农学训练的克里斯·惠特尔斯同时也是一位甲等鸟环志标记者。因此，他常接触一些常见鸟类，了解其习性。鸟食单一、缺少喂食器让克里斯伤透了脑筋，因此，他于1987年创立了CJ野生鸟食公司。公司建成后日益壮大，并于20世纪90年代中期成为全英顶尖的鸟食供应商。1999年，一场大火烧到了CJ位于什鲁斯伯里的总部，这场灾难算得上是塞翁失马，该公司在原址上建成了一座专门工厂。到2002年合并，该公司年营业额高达1200万英镑。正如许多成功企业一样，CJ公司的成功也得益于一个商业技巧，即“我们创造出了人们需要的东西，即使在当时他们还没意识到自己需要这个东西”，惠特尔斯如是说。

结果，鸟类喂食的惯例被彻底打破：人们不再是扔些残羹冷炙或是挂上一满包花生；相反，鸟儿现在有了许多贴合自身需求的专用喂食器和鸟食。在高端市场上，“征服者”喂食器长1米多，装满食物时重4千克，仅售44.95英镑！

谈到未来发展，惠特尔斯非常乐观。他说，如今的英国市场已由20年前的年销售额3000万英镑上升到将近2亿，而且还有提升的可能。如果我们看看美国每年约35亿美元的野生鸟食和喂鸟产品销售额，便能发现还有很大的增长空间。

鸟类指南的戴夫·戈斯尼与克里斯·惠特尔斯不相上下。这位来自约克郡的小伙子起初放弃了教师的行业来经营观鸟度假公司，此外，他还撰写了一系列国外寻鸟记的小册子。有段时间，这笔钱尚能贴补他追鸟路上开销，但最终，为了维持生计，他还是回去当了老师。

1994年，BBC前制片人马克斯·惠特比（Max Whitby）找到了他。马克斯看到了市场需求的缺口，想要戈斯尼帮助他开发利用这一缺口。他提议他俩可以一个靠制片知识和销售技巧，一个靠观鸟专业技术，组队制作一些观鸟视频指南。戈斯尼出品的这些指南既通俗又惹人喜爱，立刻就获得了成功。随着技术的提高，公司开始将业务领域扩展到多媒体产品，如光盘等，其中一部介绍英国小鸟的指南一售而空。同时，该公司的网站力克强敌，一举拿下了人们梦寐以求的英国电影和电视艺术学院奖，地位飙升。在与CJ野生鸟食公司合并时，鸟类指南的年收益已达到50万英镑。

新公司遵循道德操守，所以，在英国皇家鸟类保护协会划定的鸟类保健产品中，每销售一笔，将其收益的5%捐赠给英国皇家鸟类保护协会的环保项目。这笔善款年收益现已达到100万英镑。这些无私的公益行动非常平常：不少观鸟公司都捐赠部分收益用于支持全世界范围的自然保护行动。这一做法非常合乎长远的商业需要：如果栖息地不复存在，那么鸟儿也会随之消失；如果小鸟消失了，那么公司的客户观鸟人也会随之流失。

许多观鸟人都想做个生意，既能好好观鸟又能旱涝保收——那么还有比经营观鸟旅游公司更好的吗？虽然这听起来容易，实际上困难重重。上世纪80年代中期，克里斯·凯特利和妻子芭芭拉在创办“黑尾塍鹬度假公司”时深有体会。

克里斯·凯特利生于1956年，是靠采集鸟蛋爱上鸟儿的最后一代人中的一个：“我天生对鸟儿、蝴蝶和乡村充满好奇，于是开始采集鸟蛋。在那个时候，我认为这可比观鸟时髦得多。事实上，我压根不认识什么‘观’过鸟的人。”

和其他许多人一样，在他10岁的时候，父母带他报名参加了青少年鸟类学家俱乐部（YOC），他开始对这个行业有一丝领悟。

由于青少年鸟类学家俱乐部的杂志《鸟类生活》并不提倡采集鸟蛋，因此，他开始转向观鸟。祖父的礼物——一副一战时由黄铜和皮革制成的双筒望远镜——一直激励着他不断向前。可惜，骄人的外表并不能保证良好的光学效果，于是他又说服父母从博姿（Boots）商店给他买了一副“合适的”双筒望远镜。

另外，同期的两本经典书籍也对他的成长起到莫大的影响。1967年圣诞节，克里斯收到一份礼物，《英国及欧洲鸟类野外指南》和约翰·古德斯的《去哪儿观鸟》。年幼的克里斯一看到古德斯描述的“观鸟人的无限热情”，便深深地被吸引住了，他随之决定，一定要追随作者的足迹。节礼日一过，他就说服父亲带他去特林水库，这个地方在《去哪儿观鸟》中有过描述。在书的最后，他记录下了这一重大事件，尽管有标点和拼写错误，“19种，有翠鸟、旋木雀、琵嘴鸭、鸽子，还有一只水鼠”。

1972年9月，16岁的他已记录下高达193种鸟类（在《野外指南》扉页列举的鸟类）。此时，他已清楚自己想要成为一个“严格意义上的”观鸟人。

20世纪60年代末70年代初，青少年鸟类学家俱乐部出现了一种不寻常的状况：定期出行的领队和会员差不了几岁。因此，16岁的克里斯被推上了高位。他回想起那时还跑到令人敬畏的贝克尔校长那里去取经呢。在获得批准后，他很快成长为一位老练的青少年鸟类学家俱乐部领队。这个经历让他后来的事业受益无穷。

1974年，18岁的克里斯离开学校去了米特兰银行工作，他几乎把自己所有的业余时间都用来观鸟。由于有辆车（在那个年代的年轻人中，车还是个新奇货），他在一起观鸟的“推车儿”中很受欢迎。他能开着自己那辆Mini850带着他们在全国跑上跑下。后来，他从银行辞职，转而去了安格尔西岛上的皇家鸟类保护协会做了暑期管理员。皇家鸟类保护协会还向他提供了另外两份工作，但因为收入太低（每周20英镑，约合今天的100英镑），都被他婉拒了。再后来，在他申请公务员职位又落选心仪的自然保护协会的工作后，他在伦敦Soho区的增值税办公室上班。坚持了18个月后，克里斯没能抵制住遥远的北方的诱惑，毅然北上。

今天的我们可能难以想象，但上世纪70年代末，如果你想要赚钱，就得到英国最北部的设得兰群岛上去。北海油田正处于其繁荣巅峰期，而设得兰岛就在它的中心。巧合的是，这里也是英国最适合观鸟的地方之一。一个观鸟同伴对他说，“那里的路都是用金子铺的”，在花言巧语的诱惑下，克里斯去了北部。

不幸的是，设得兰的就业前景并不像想象中那般美好。他花了不少时间才找到了一份有固定薪水的工作。尽管职位是“总经理助理”，但实际上，他每天的工作内容就是打扫厕所、拖不完的走廊和铺床。或许这工作并不怎么吸引人，报酬却不错：算上加班费，一周能挣上180到200英镑，约合今天的1000英镑。还不算一天三顿免费饱饭呢！那些受雇在脚手架工作的观鸟人（俗称“架子工”）挣得更多，其中一个有事业心的年轻人同时兼两份工，日夜连轴转，偶尔躲在橱柜里打个小盹。

一周工作六天半让这些追鸟人没什么时间去观鸟，但克里斯和他的伙伴们仍设法跑去看了很多珍稀鸟类，有来自斯堪的纳维亚的蓝喉哥鸲，有来自北极的楔尾鸥和白鸥，还有长期待在这儿的黑眉信天翁，它们定居在赫曼内斯（Hermaness）的鲱鸟繁殖场。

1981年圣诞节前夕，克里斯失业了，他一路南下回到伦敦。1982年9月，他娶了青梅竹马的芭芭拉，并在米德尔塞克斯郊区买了套公寓。他接下来的那份园丁的工作就是一场灾难，由于他怕狗，在抬起割草机的时候拉伤后背，将高压软管插进了刚灌好的游泳池内，花圃一不小心成了名副其实的花"海"。

当他开始寻找新工作时，他渐渐明白自己真正想做的就是带人观鸟。于是，在1984年5月，他和芭芭拉迈出重要的一步：卖了公寓去诺福克郡。他们看中了几处心仪的房子，可都没买着。最终买了诺斯瑞普斯村一处废弃的房产。在那儿，他们开了一家观鸟旅游公司，他借用当地一种最珍稀的繁殖鸟类黑尾塍鹬的学名为公司命名，即黑尾塍鹬度假公司。

在公司开始运转前，他们需要将房子进行全面整修，这个任务花费了夫妻俩18个月多的时间。最终，1986年年初，第一批客人来了。克里斯将他们带到诺福克郡和萨福克郡周边观鸟，而芭芭拉负责煮饭打理。此外，为贴补家用，她还要兼职去当护士。起初，他家的生意比较萧条，接二连三地出现小问题，不是厨房有了问题就是汽车出了故障。但慢慢地，或许因为克里斯在中途加油时从后备厢里拿出咖啡、自制蛋糕给他们享用，在这种好意的潜移默化下，客人们开始预订第二次、第三次旅行。1990年，新推出的《观鸟》杂志发表了一系列相关文章，这让夫妻俩的生意一下火了起来。黑尾塍鹬度假公司规模虽小，但在日益兴旺的国内观鸟旅游市场上也变得举足轻重。

后来，另一件事改变了他们的人生轨迹：1991年9月，芭芭拉生下了他们的第一个孩子苏菲。很明显，他们不能继续将客人留在家里了，因此，他们将旅行路线规划到英国的其他地方。但不久又出现了另一个问题：英国的旅店价格不菲，从财务角度看，旅行的可行度不高。面对这一问题，克里斯和芭芭拉大胆决定，将业务延伸至海外，与"太阳鸟"和"鸟类探索"等大公司竞争。

约十几年后，如今的黑尾塍鹬度假公司已成为全英排名前五的观鸟公司之一。他家的彩色旅游小册子涵盖70多条旅游线路，近到只花845英镑就能享受的小长假荷兰“追鹅之旅”，远到每人花费4000多英镑的阿拉斯加、日本、南非深度游。

1996年，他们的第二个孩子詹姆斯出世。从那时起，克里斯便放弃了全职导游，将他的大部分时间都投入到在如今完全翻修后的家里经营事业。幸运的是，家里的花园又提供了精彩的“后窗观鸟”行，尤其是到了候鸟迁徙旺季，不时还有火冠戴菊鸟、太平鸟和黄眉柳莺来串串门。

回顾往昔，克里斯对他和芭芭拉取得的成就深感自豪。同时，他也鼓励同样怀有创业雄心的年轻人去将梦想付诸实践。尽管他也拿自己早期的事业调侃——如果你想要挣大钱，就去开银行吧。

开公司不是每个人都能做到的，也不是他们的真正奢望。一些观鸟人证明了，如果没有创办自己的企业或者曾经真正拥有一份寻常的工作，还是有可能以观鸟为生的。

20世纪50年代末，生于都柏林的克莱夫·拜尔斯打小就在萨里郊区长大。一次，他巧遇一只小斑啄木鸟，从此便对观鸟深深

太平鸟

着迷。他在当地的水库和污水处理场开始了自己的观鸟生涯，随后，成了一名热心的“推车儿”，并在20世纪70年代初搭便车把英国跑了个遍，只为寻找珍稀鸟类。一路上，他遇到过很多难忘的事，被愤怒的农民泼过粪肥，也和他的校友、另一个年轻的观鸟迷迪克·菲尔比走过往返1500英里的非凡旅程。为找到叙事诗般的游记《观鸟人：一个部落的故事》作者马克·科克尔在书中细致描绘的小绒鸭，伙伴俩又跑到了外赫布里底群岛的南尤伊斯特岛（South Uist）上一探究竟。

在英国国内观鸟还嫌不够，克莱夫花了大量时间周游世界，只为找到更珍稀的鸟儿。与别人不同，他的环球旅行经费来源花样百出，包括去伦敦诊所做医学实验志愿者，一个有些危险但收入不菲的职业。他还开始将自己的观鸟技能变成主业。当他看到一种珍稀鸟类的时候，通常会在笔记本上画张素描记录下来。一天，一个同行的推车儿愿意出5英镑买下其中一幅，他欣然接受。自此，他也开启了职业鸟类艺术家的生涯。

几年后，20世纪80年代末，英国观鸟界一位知名人士邀请克莱夫在伦敦的朗冈啤酒店共进午餐。他们品尝了不少许多美味佳肴，傍晚，当两人踉踉跄跄地走出餐馆时，这位名人与克莱夫已经签好了合同，请他为一本描写欧洲莺的书做插图，并由这位名人的新公司首先出版。这本书出版后反响不错，克莱夫的插图也因此获得了特别表扬。随后，他又为一本又一本的书做插图，直到被委任了一个既声名远扬又获益丰厚的任务——为本时代重大的鸟类学著作《世界鸟类手册》做插图。

由此，以及他的其他副业（带观鸟团以及率世界鸟类清单记录者周游南美），克莱夫不再需要像以前那样去跨国药品公司做小白鼠。他已经成为世界顶级的鸟类艺术家之一。对于派给他第

一部书并在成功路上助推了他一把的人，他仍然保持着友好往来。出于命运的巧妙安排，这个人就是布鲁斯·科尔曼。

商界也促进了顶级鸟类保护组织皇家鸟类保护协会的发展。100多年前，协会在曼彻斯特郊区蹒跚起步，而今，协会已发展到让那些创建者——那些令人肃然起敬的中产阶级女士们瞠目结舌的地步。如今，皇家鸟类保护协会会员人数达到上百万（18岁以下的会员有15万人），并有1500名雇员，年收入7400万英镑，其管辖的150个保护区占地12.8万公顷，面积大致相当于贝德福德郡，协会总部就位于该郡桑迪镇外杂乱无章的维多利亚式建筑群中。

皇家鸟类保护协会（RSPB）的作为远比你能想象得要多。表面上，为吸纳更多的会员，他们设计了一些供出售的精美商品，如皇家鸟类保护协会圣诞卡、自主品牌双筒望远镜和喂食器，还免费赠送图文并茂的季刊杂志，同时，他们筹办"谁说鸟类不聪明?!"等倡议活动吸引人们前来观赏鹗、赤鸢和游隼等珍稀鸟类。

然而，抛开皇家鸟类保护协会的表面，在这良性化、人性化的表层之下，是一个强悍务实、政治性很强的组织团体，他们用自己的高标准严要求倡导人们保护鸟类、保护栖息地。因此，除了保护区看林人和新闻发言人，协会还聘请了能源使用、交通政策及气候变化等领域的专家说客和活动推动者。皇家鸟类保护协会从风力发电站到有机农产品问题都有涉足，同时，他们也不惧怕使用其强大的百万会员投票权来说服政府将环保问题置于政治议题之上。《每日电讯报》或许将皇家鸟类保护协会的会员蔑称为"风行一时的城市绿党"，但他们应当记得，许多居住在边缘选区的人，一旦以某种方式被动员起来投票，甚至就会影响整个大选的进程。

协会深知这一道理，同时，他们也明白不论是自己的政治权利还是财力，都是会员赋予他们的。因此，他们竭尽所能吸纳新会员，并保证已加入的会员不流失。每个新会员都会受邀加入当地的会员组织，看幻灯片、参加知识竞赛，去皇家鸟类保护协会的各类保护区游玩。活动的最后一程通常都是去茶馆坐坐，由一队受人尊敬的女志愿者向大家分发茶水及自制蛋糕。不论是业界专家还是入门新手，协会都鼓励他们去参与每年的大园林观鸟（Big Garden Birdwatch）等调查，从而了解常见鸟种数量的增减情况。如果你愿意，你还可以在皇家鸟类保护协会的信用卡里存上每月支出，用以从皇家鸟类保护协会能源部购买燃气和电，抑或是印有皇家鸟类保护协会著名的反嘴鹬标识的保护野生生物的有机大米。即便是死亡也割不断协会和其会员的强烈感情：《鸟类》杂志上的广告鼓励读者为皇家鸟类保护协会留下一份遗产，同时也为那些还没立遗嘱的读者提供建议。

回首皇家鸟类保护协会的成就，很难想象若没有它这个国家的鸟类会怎么样。感谢苏格兰哥腾湖、萨福克哈佛盖特岛（Havergate Island）和明斯米尔的雇员和志愿者让我们看到鹗和反嘴鹬又飞回来了。尽管采集鸟蛋和非法迫害猛禽还未完全消失，但在皇家鸟类保护协会调查组的不懈努力下，这一现象已大幅减少。从国际角度看，全球仍处于萌芽时期的保护组织有理由感谢皇家鸟类保护协会提供的实际帮助以及树立的榜样。

这一切与19世纪抵制用鸟毛装饰女帽的运动大相径庭：尽管协会的先驱们或许会对皇家鸟类保护协会现在涉足的某些领域感到惊奇，但他们肯定也会对鸟类保护在21世纪成为英国社会和政治的重大议题而感到高兴。

从早期的出国观鸟开始，一些观鸟人就想要回报那些遥远的国度、地区以及与自己偶遇的人。一些个人和公司只去不发达地区旅行观光，希望借此提振当地经济。但考虑到大多数的钱（如机票收入、导游工资及旅游公司利润）还是流入了发达国家，有时也需要采取一些新的措施。

近年来，这一方法发展为一个名为"生态旅游"的概念。它让出境观鸟游变得更为体贴：雇当地的导游，走出连锁酒店和餐馆到农家乐吃住，或是在返回时将鸟类书籍和双筒望远镜留给当地观鸟人使用。

结果，在世界上的一些地方，尤其离西欧北美近的，都催生了一大批围绕观鸟为主题的家庭手工业。这些地方还专门设计了一些设施，既满足来访观鸟人的需求，又促进当地的经济。拥有阿萨·莱特自然中心和帕克斯宾馆的特立尼达岛就是这样一个例子。当然，由于有专业的当地导游组织网络，冈比亚的情况也是如此。

冈比亚距英国需飞行6小时，国内的各项旅游设施也已一应俱全，因此，理当是英国及欧洲观鸟人的热门选择。对于大多数人而言，这是他们第一次到非洲，也是去其他国家的第一次旅行。他们中不少人选择跟团，也有自己旅行的背包客。但不论是哪种出行，几乎都会充分利用当地像所罗门·贾洛（Solomon Jallow）这样的导游服务。

1969年，所罗门出生在拉明村。受英国侨民、观鸟人欧内斯特·布鲁尔（Ernest Brewer）的影响，15岁的所罗门开启了观鸟生涯。布鲁尔沿着所罗门住的那条路边建立了非洲最小的自然保护区阿布科（Abuko）。一天，他到所罗门妈妈那里买菜时邀请小男孩去保护区看看野生动物。据所罗门回忆，他们进去遇到的第一种鸟就是石鹑，这种猎禽身材矮小，长得和矮脚鸡差不多，当时他还以为这是"野鸡"。

但是，他的专业知识和观鸟热情迅速提升，很快，他就能识别许多种类的小鸟。作为对一百年前英国观鸟人经历的回应，起初几年，他也不用双筒望远镜观鸟。和许多贫困地区的观鸟人一样，他将这一明显劣势变成了自己的重要优势。如今，他已经可以仅凭借“jizz”（鸟类的总体形貌、行为）就能远远认出冈比亚的大部分鸟儿。

1989年，所罗门迎来了自己的重大转机。一对英国夫妇来保护区旅游，可欧内斯特·布鲁尔没时间。因此，所罗门就给他们当了导游，带他们四下转转。这对夫妇回英国后，给他寄来了算得上是他的第一对双筒望远镜。从这以后，他就开始做全职观鸟导游，带着更多的英美观鸟团探索冈比亚和当地的鸟类。

如今，所罗门供职于一家致力保护和推广冈比亚野生生物的机构“非洲栖息地”（Habitat Africa）。除了从事保护工作，他还常带团观鸟。近年来，他已训练出了许多村民观鸟导游，业务熟练，可信度高。反过来，这也促进了更多的观鸟人来冈比亚参观和再参观。实际上，在每个热带观鸟地都会有像所罗门这样的人，比如在牙买加、特立尼达和多巴哥以及印度果阿。有了当地的导游服务，人们不但会觉得方便实用，而且还让发展中和发达国家的观鸟人之间有了更深的了解。

观鸟不仅能促进发展中国家的经济发展，也能让发达国家繁荣昌盛。英国的锡利群岛和美国的五月岬（Cape May）便是这样，当地的经济很大程度上依托来访的观鸟人。这些人每年春秋到来，错开了正常假期，因此保证了旅馆及餐馆的正常盈利。

一年一度的活动也算得上是一棵摇钱树：每年9月，成千上万的人便聚在得克萨斯州墨西哥湾岸边的罗克波特和富尔顿两个小镇上参加蜂鸟/观鸟盛会。他们都赶来观看红喉蜂鸟别开生面的迁徙活动。这种鸟每到初秋便从加拿大经得克萨斯迁徙到墨西哥南部和中美洲，沿途需穿越500英里的墨西哥湾。

观鸟盛会给当地带来了很大收益：1995年，来访游客共计3000多人，4天内共消费100多万美元，平均每人消费300多美元。北美的其他观鸟热地点区同样也从观鸟中获得很多经济收益。1987年，安大略省的皮利角（Point Pelee）国家公园观鸟访客共计2万人，花销380万美元。1993年，新泽西州的五月岬接待观鸟人约10万人，收入1000万美元。而1992年春季，仅仅两个月内就有6000个观鸟人参观了得克萨斯州高岛（High Island），当地收入250多万美元。

观鸟与商业联手是不是做得太过了？1991年，哥伦比亚的乔科省发现了一种新的莺雀。为筹集资金保护这种莺雀，国际鸟盟宣布将竞拍该鸟种的命名权。最终，北美一个叫马斯特（Masters）的私人赞助商挺身而出，捐助7万美元善款，随后，这只鸟的学名被命名为Vireo masteri（乔科莺雀）。

接着，《观鸟》杂志出于商业赞助的诉求，邀请他们的读者给其他鸟种也提提建议。举荐的新名字包括：吉列海雀、凯洛格秧鸡、多乐士鹞鸽、强生蜡翅鸟和汉堡王绒鸭。也有些名字取得不那么健康，像男生开玩笑：倍儿乐鲣鸟和杜蕾斯鹧鸪。

尽管有人对观鸟的快速商业化强烈谴责，但不可否认它确实能挣钱——不只是鸟本身。每年有一万五千多名游客参加英国观鸟博览会，他们为买到最新的光学器件、图书，预定出国观鸟旅游，不惜掏空钱包。游客交的入场费和参展商支付的特许销售商品费用让观鸟博览会挣了不少，每年都能在世界某处捐建一个自然保护区。自20世纪80年代博览会开办以来，已募集到100多万英镑用于自然保护区，同时，还让马达加斯加岛、摩洛哥、西班牙、古巴、波兰和越南等不同地方获益。这一形式也在全世界很多地方被成功复制，荷兰、澳大利亚、印度、中国台湾等地都举办了类似的博览会。

虽然这是一个全球性的活动，但观鸟博览会却是一个英国味十足的场合。和许多同类活动一样，这个活动的举办与志愿者团体的参与密不可分，他们中有些人是常年都从事志愿活动，而另一些人只在每年8月的3天主会上才会出现。

和许多大型盛会一样，观鸟博览会起初也非常不起眼。它的起源可以追溯到1986年夏天，两个老朋友和一些同事在一家正好名为芬奇之臂的酒馆聚会。那时，蒂姆·阿普尔顿（Tim Appleton）在莱斯特郡和拉特兰郡野生生物信托基金会工作，而马丁·戴维斯（Martin Davies）在皇家鸟类保护协会担任区域负责人。十几年后，两个人几乎还是干着同样的工作，但他们生活中其他的东西都变了。他们最初想要邀请当地的几家企业和一些野生生物慈善机构参观在拉特兰湖旁边的田野上快速建起来的一个大帐篷，结果，这场聚会如今发展壮大为一个重要的全球盛会，就像粉刷福斯铁路桥一样，需要花上一整年来筹备。

蒂姆和马丁以及他们的同事亚宁娜·赫里基（Yanina Herridge）如今将自己职业生涯的绝大部分精力都投入到运作观鸟博览会，但是他们连一分钱的工资都没拿过。但是，这一活动以其他的方式改变了他们的生活。2001年，他们打算将大会的收入投入古巴东部，用来挽救那里的森林和鸟儿。于是，马丁和蒂姆就去了那个岛上，想看看到底要把钱花到哪儿。马丁在岛上遇到了洛拉西娅，2001年12月两人结婚，次年添了女儿梅尔维。

尽管别的许多人没那么传奇的经历，但观鸟博览会也改变了他们的生活。观鸟博览会为观鸟旅游公司、书商、画家和光学设备制造商提供了展示和销售商品的平台，促进了相关行业的繁荣。它为皇家鸟类保护协会、英国鸟类学信托基金会以及野生生物信托基金会等慈善机构提供了招新纳旧的机会。它为作家和出版商提供了聚首的机会，据说为期3天的观鸟博览会的啤酒帐篷外签约的鸟类图书比一年中剩下时候加起来的还多。所以，如果看到CJ野生鸟食公司、燕隼图书公司、鸟类指南公司和黑尾塍鹬度假公司摆摊设点推广商品和产品，也没什么可大惊小怪的。如果你去参观艺术大帐篷，便可以看到克莱夫·拜尔斯在演示他的画作：既有创作中的作品也有已完工的成品。

自1989年英国观鸟博览会开办起，这个活动已成为全世界观鸟人不可错过的一个盛会。更重要的是，不论资历深浅学识如何，观鸟博览会都向大家敞开大门。那个曾经孤立的、小团体的、常常不讨喜的娱乐消遣方式得到大家的平等接纳和分享。它创造了一个真正全球化、具有包容性的观鸟团体：不论你是男人还是女人，是异性恋还是同性恋，是白种人还是黑种人，这里都欢迎你。这个国际观鸟网的建立或多或少是出于偶然，没有人计划过，没有人奢望过这么做。但把英国人的业余爱好传统与职业化商业敏感性相结合，博览会就实现了两个世界的双赢局面。

同时，回到诺福克，和你可能曾经期望遇到的人一样，形形色色的人们继续通过以鸟儿和观鸟谋生来安排他们的生活。大多数人永远不会赚到大钱，不过话说回来，他们不是因为想发财才这么做的。也有幸运的家伙在经商和仍能外出观鸟之间找到了平衡。这是因为，他们首先是一个观鸟人，其次才是一个生意人，毫无例外。那些购买了他们的产品、享受到他们的服务的观鸟人应该对他们心存感激。

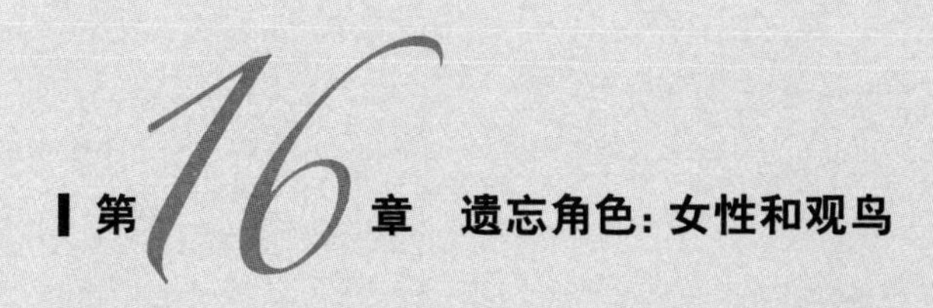

第16章 遗忘角色：女性和观鸟

女人喜欢鸟，但男人喜欢观鸟。

——C.J.德丁，《致〈英国鸟类〉的信》(1987)

“埃维，快来！“一个中年妇女朝自己的同伴喊道。此时他们跟平常一样，正绕着五月岛散步。“把枪拿上，灯塔的墙上有只小斑姬鹟！”

说这话的是利奥诺拉·润特尔（Leonora Rintoul）。众所周知，她和同伴伊芙琳·巴克斯特（Evelyn Baxter）同为单身主义者，又是当地社区的顶梁柱，她们组成一个厉害的组合——“好姑娘”。伊芙琳·巴克斯特曾是女子陆军中的一员，还在战争年代荣获过大英帝国勋章。她俩的个人收入足以支撑她们发展观察和收集候鸟的最大爱好。从维多利亚女王统治时期出生到20世纪50年代末辞世，她俩作为苏格兰鸟类学领军人物誉满天下。1959年，伊芙琳去世后，她的伙伴、苏格兰鸟类作家乔治·沃特斯顿在《英国鸟类》杂志上回忆道，她奔跑在追寻珍稀鸟类的道路上，激情燃烧、不知疲倦：

> 在76岁时，她套上橡胶靴，轻松跨过带着倒刺的铁丝围栏，前去观看欧洲有史以来记载的第一只细嘴瓣蹼鹬。我到现在还记得她那开心劲儿和掩饰不住的激动之情。我还记得心头的疑惑：让我更快乐的到底是看鸟，还是看她这样跑来跑去！

过去的两个世纪中，观鸟的人不少，但巴克斯特和润特尔能够脱颖而出，绝对得益于她俩的性别。到目前为止，本书提过的女性不超过12位，其中有半数不是著名观鸟人或鸟类学家的妻子就是搭档。即使在当今世界，男女之间相对公平，越来越多的女性开始初涉观鸟行业，英国的“顶级女观鸟人”仍然屈指可数。要达到与北美的男女观鸟人数持平的水平，我们还有很长的路要走——但即便如此，美国拔尖的女性观鸟人也是屈指可数。

事实上，为什么观鸟领域的女性这么少，这个问题还很难回答，但我打算揭示其中几点原因。

和巴克斯特与润特尔一样，确实也有一些拓荒性的女性观鸟人，比如我们提过的贝德福德公爵夫人和菲比·施奈辛格（Phoebe Snetsinger）。在《鸟类收藏家》（*The Bird Collectors*）中，芭芭拉·莫恩斯和理查德·莫恩斯描述了这样两个女性群体，一类靠自己功成名就，另一类受丈夫影响，作为职业搭档进入这个领域。

后一种人包括《英国鸟类手册》的作者哈利·威瑟比之妻莉莉安·威瑟比，她像弗兰克·查普曼之妻范尼（见第6章）一样，在蜜月期间就学会了制作鸟类标本。还有一位叫安妮·迈纳茨哈根（Annie Meinertzhagen），她本身是知名的鸟类学家，1921年，她遇见并嫁给了身为军人兼收藏家的陆军上校理查德·迈纳茨哈根（Richard Meinertzhagen）。婚后，尽管生了三个孩子，她仍陪同丈夫去埃及、巴勒斯坦、马德里亚和印度北部到处收集鸟类。

由于收集鸟类常和猎鸟、杀鸟和剥皮密不可分，因此更受男性青睐。但随着野外使用相机“捕捉”鸟类的新技法，一切都发生了变化。摄影“捕”鸟对女性而言仍困难重重——要扛着不少笨重的摄影器材走遍乡间——但依旧吸引着一些女豪杰一试究竟。

这其中最著名的要数艾玛·特纳（Emma Turner，1866—1940）了。她开创了一种新的摄影技法，即“蹲守”。与大多数同时代人把相机直溜溜对准鸟巢不同，她在鸟儿通常进食的地方附近搭建了一处隐蔽的处拍摄点。尽管这种方式较其他方式更容易发生预测偏差，但拍摄效果更为自然逼真。1916年她曾说过：

> 我们中有些人厌倦了在固定鸟巢中拍一成不变的鸟儿……"蹲守"让我们能看到鸟儿放松下来、远离关注后诸多真实的内在生活。（《英国鸟类》）

在别的方面，特纳也敢于打破常规：住在诺福克郡湖区的船屋里；拿下了英国皇家摄影学会金质奖章；成为英国鸟类学家联合会首批荣誉女会员之一。

在北美，也有这么一位女性尝试深入男性科学机构的堡垒。生于1883年的玛格丽特·莫尔斯·尼斯（Margaret Morse Nice），受另一位女性先驱梅布尔·奥斯古德·赖特（Mabel Osgood Wright）所著的《鸟类的技艺》（*Birdcraft*）的影响，很小便对鸟儿产生了浓厚的兴趣。

后来，她违背父母的意愿，上了大学，拿到了生物学硕士学位，接着她就回归常人轨迹，结婚生子。等四个女儿长大了点，她开始带着她们去野外研究和统计鸟类。但直到1927年，她们搬到俄亥俄州哥伦布市，她才意识到自己的终生兴致所在。她家后面有一片40英亩的矮树林，那里住着一群嗷嗷待哺的歌雀。在丈夫莱纳德的积极支持下，尼斯开始对这些鸟儿展开长期的研究，而当她在野外工作时，丈夫负责照顾几个女儿。

尽管受到一些美国鸟类学顶尖学者如恩斯特·迈尔（Ernst Mayr，在美国鸟类博物馆工作的德国流亡学者）的鼓舞，有些地方性的鸟类协会仅仅因为她的女性性别，仍拒绝给予尼斯以会员身份。还有人鄙夷地评价她不是一名“合格”的科学家，因为她没有博士学位。可据说她是这么回答的：“我不是一名家庭主妇，而是一位训练有素的动物学家”。

然而，由于在鸟类习性领域中的开创性研究和在自然保护领域的广泛贡献，玛格丽特·莫尔斯·尼斯最终获得了国际社会的认可。1974年，尼斯逝世，她向世人证明，纵然走在男权世界里一路荆棘，坚毅的女性也能到达成功的顶点。

此外，在鸟类保护领域，也活跃着其他一些女性先驱。早期的鸟类保护活动多数由女性策划、宣传和支持（见第6、7章）。她们在皇家鸟类保护协会的成长壮大中扮演了举足轻重的角色。的确，在作家托尼·扎姆斯塔格的笔下就有这样一位女性，她的名字叫弗兰克·勒蒙（Frank Lemon）：她是“协会创建过程中可圈可点的人物”。

弗兰克·勒蒙，以遵从当时的习俗而著称，一直保持着强势的刻板形象。H.G.亚历山大回忆道：“她清楚地知道她想要皇家鸟类保护协会做什么，她常常有自己的一套法子……和勒蒙女士争辩没什么意义。因为她早晚会把你杀得片甲不留。我很早就明白和她站在一条战线上才是最佳办法，我们要确保鸟儿不受连累。”

玛格丽特·撒切尔的成功向我们证明，要想在男权领域有所作为，就得比男性同胞更强势、更坚定，也可以说得更有才华。在二战和战后很长一段时间，菲利斯·巴克利-史密斯（Phyllis Barclay-Smith）作为皇家鸟类保护协会和国际鸟类保护委员会的助理秘书起到了举足轻重的作用。在这个职位上，她实现了超长待机56年。要进入鸟类学组织的高层，并在那里落稳脚跟，她必须变得顽强而剽悍。1980年，史密斯逝世，马克斯·尼克尔森在悼词中这样写道：“由于工作能力出众、个性突出，她一直是自己蜂巢的蜂后”，“她一直受人尊敬，大家都喜欢她，有时也有点怕她。她听到别人亲切地叫她‘龙’这个绰号就会很开心”。

在19世纪和20世纪大部分时间里，女性无法从事观鸟这个兴趣爱好和她们无法从事其他任何休闲活动一样，障碍无非是：没时间，缺钱，又没有自由选择权。在维多利亚时代，无论是在法律上还是现实中，女性都是丈夫的“附属品”。中产阶级女性大多待在家中料理家务，如果非得追求个什么兴趣爱好，也必然是“淑女”式的女红刺绣或是弹钢琴了。

也有一些女性选择背道而驰，至少在19世纪的小说里是如此。简·奥斯汀的《傲慢与偏见》中主人公伊丽莎白·班内特没有按照常理坐马车，而是步行去姐姐家。这种行为表达了她对当时世俗的藐视。赫斯特夫人和宾利小姐看到她溅满污泥、不修边幅的样子显然十分震惊：

> 这么一大早，路上又那么泥泞，她竟然从三英里开外的地方赶到这儿，而且是自个儿来的，真让人不敢相信……我看她真是一副没有家教的野态，十足的乡下人不懂礼貌。

正是伊丽莎白这种漠视社会传统的态度让最终的追求者达西倾心。但事实上，大多数女性不愿或不能打破陈规。下层社会阶级中的女性，情况则更糟了。工人阶级的女性既要养育孩子又要参加工作，而且像男同胞一样，经常一干就是一个白天甚至还要加班。对于所有女性而言，婚姻生活便是她们的职业，她们几乎没什么时间能够享受自己的闲暇时间。

19世纪后半期，这种状况发生了一些改变：一些女性打破男性对教育的独享，还在医药和法律等男权工作中谋得一席之地。此外，这一时期还爆发了妇女争取选举权的运动。最终，在1918年，女性赢得了这项权利。

到20世纪末，妇女解放运动取得很大进展，但即便这样，她们依旧没什么时间参与家庭和工作之外的活动。直至1991年，女性每周平均空闲时间较男性相比还是少10个小时，因为即使是全职工作，女性也得包揽家中的大小家务。而对于那些有娱乐活动的女性而言，由于时间金钱受限，她们的这些活动也多局限在家里或附近。因此，经常需要长时间外出的观鸟活动在女性流行娱乐方式排行榜上成为末选。与其他休闲活动不同，比如健身房已经想办法为年轻家庭提供育婴房和其他设施，但几乎没有任何鸟类保护区尝试迎合社会上的这部分群体。

或许，这其中最大的阻碍要数男性观鸟人对女同胞的偏见了。尽管有时候我们看不见这种歧视，但大多数情况下这确实是一个公开的事实。贬义词“酸虱子”就概括了这样一种现象，上世纪80年代，这个俚语在推车儿中广为流传。《智族》杂志上曾有一篇文章对这一词汇的起源和含义进行了详细描述：

> 政治不正确在“酸虱子”上达到了顶峰。你把女朋友带上去观鸟，她可能认出了苍头燕雀，然后她来一句“啊，难道它不漂亮么？”她是这样的吧？因此，如果一个初出茅庐的推车儿老拿对狂热的硬核推车儿而言稀松平常的细枝末节来吹嘘，人们就会鄙夷地称他“酸虱子”，对不对？

女性们也非常困惑，套用一句话来说就是：“到底是什么动机推动了这些人观鸟？”《星期日泰晤士报》的一位专栏作家曾于1997

年12月撰文抨击男性娱乐活动："世界上有两种男人。一种沉溺爱好，一种专于生活。我从不和沉溺爱好的男人出入，我喜欢男人对工作、对他们的艺术，也对我热情如火。因为沉溺爱好的男人并非对整个生活都那么富有激情。"

此文中，作者也为作曲家、编剧茱莉娅·泰勒·斯坦利（Julia Taylor Stanley）的命运感到惋惜。我们知道，茱莉亚的男友马克是一个"观鸟狂"，就连情侣二人搬家，他都能跑去观鸟。但相比"满餐桌都是油乎乎的东西"，朱莉丽明显觉得这已经好多了。她为男友的痴迷辩解道："因为马克工作强度高，需要看点美好的事物让大脑休息休息。"

很明显，她从没推过鸟，否则她会知晓这种体验有多伤脑筋。但就像在所有"推车儿的故事"里，都会有另外一个人更加丧心病狂："至少，他还没到他那个朋友的地步。几年前，他那个朋友结婚。在婚宴上，他的观鸟寻呼机坏了。他告诉自己的新娘，他得回酒店换衣服，结果一走就是5个小时。最近，他们离婚了。""女朋友还能再找，"他辩解道，"但你有可能一辈子只能看见一次黑白森莺。"

鉴于观鸟人普遍抱着这样一种态度，还有人会对没多少女性选择进入硬核观鸟领域感到奇怪吗？

过去，即使女性想要更深入地涉足观鸟活动，观鸟组织中也没有谁来树立榜样，提供帮助。托尼·扎姆斯塔格在《对于鸟类的爱》中说，尽管皇家鸟类保护协会由女性创立，但还是有女性歧视倾向：1974年拍摄的鸟儿守望人合影中，38名男性里没有出现一位女性。说句公道话，自上世纪90年代，芭芭拉·扬（Barbara Young，后为女男爵）当选首席执行官，这一情况才有所改善。

然而，直到现在，对于女性在观鸟界代表人数很少的情况，大家都习以为常，也没多少人费心去查明造成这一现象的原因究竟是什么。1987年，一个男性读者致信《英国鸟类》，大胆地对观鸟界的现状提出质疑：

> 为什么与男性观鸟人相比女性群体会这么少？不论是在中小学还是大学，女性在生物学上似乎都很有天赋。而且，确实存在不少年纪大的女性观鸟人。因此，不难发现，与男性观鸟人相比，中青年女性的比例低到令人不安。既然观鸟本身并未在体力要求上更偏爱某一性别，但让我十分惊奇的是，在十年观鸟过程中，我仅遇到过10到20个提着望远镜和1个真正开车“看”鸟的女性观鸟人。

菲利普·本特利（Philip Bentley）这封题为“一切皆无女孩”的信在对女性的态度上谈及颇多。无须惊讶，读者们众说纷纭，信件铺天盖地寄来，如同雪崩奔泻，其热度超过该杂志八年内所有的热门话题。

记者们为观鸟界女性奇缺找了许多理由，有说在进化的过程中，男性作为猎手更具竞争本能；也有说女性考虑到自己安全心生胆怯；但大多数人认为，是源于社会的导向，社会希望女性留在家里相夫教子。据C.J.德丁（C.J.Durdin）观察：

> 年轻的已婚男性观鸟人抛下妻儿，独自踏上自己的“狩猎”旅程……猎人的角色转变为男孩和男人们比赛收藏品的倾向，从邮票、玻璃球、玩具车到看到的火车或鸟的数目都可一比高下。如果太过痴迷，这种行为就变成了“推鸟”。

另一位记者朱莉娅·贝尔（Julia Bale）同意这一观点。她认为，阻碍女性的另一个关键原因是男性观鸟人的性别歧视和高人一等的态度。

> 首先，尽管我们标榜平等、标榜解放，但社会普遍认为女性做好主妇就行了，同时，我们大多数人也是这么做的。大家显然都能接受一个已婚男性抛下妻儿踏上追鸟旅程，可反过来就不行……第二，在庞大的男性观鸟人群体中，对认真吸纳女性观鸟人有一种抵制，不管是多么有学识的女性。

不过，也不能把所有责任都推给男性观鸟人。一位女性记者称，整体而言，女性在社会上的角色也非常重要，所有观鸟人都有责任劝说女孩和男孩们一起参与观鸟。有位女性通过当上当地青少年鸟类学家俱乐部的领队来努力倡导女性群体的参与，但她提到，在她第一次带周末团的时候，同去的男领队出去观鸟时，大家却希望她来准备早餐。

可想而知，如果一个男性观鸟人坚持“大男子主义”，就会把“真正杰出的女性观鸟人”的稀缺归因于男女心智的差异：

> 女性容易分神，而一个合格的观鸟人需要注重细节，需要集中精力，这对于仅仅想拿它当个爱好的女性而言着实是一个挑战。另外，女性对于爱好、娱乐不够狂热……我们必须接受优秀的女性观鸟人永远会屈指可数的现实。

当然，这肯定是性别歧视和性别优越感在作祟。但近期剑桥大学心理学家西蒙·巴伦-科恩（Simon Baron-Cohen）出的一本书中写道，男性与女性的大脑构造可能的确有着本质差异。女性大脑“天生”占主导地位的是移情（empathy），而男性大脑更善于理解和构建系统化事物。

在《本质差异：男性、女性和极端男性化的大脑》（*The Essential Difference: Men, Women and the Extreme Male Brain*）一书中，巴伦-科恩反复强调，并不是说所有的男性都是他称为S型的大脑，也并非所有的女性都是E型大脑。但如果他是对的，那么相比于女性，S型大脑的男性居多，而相比于男性，E型大脑的女性居多。为佐证男女性差异，他又举了一些观察过程中的实例：

> 大家对男女性的典型爱好都有一个大致的印象。男性可能喜欢研究汽车或摩托车维修、开轻型飞机、航海、观鸟、看火车、研究数学、改进音响系统、玩电脑游戏和编程。而女性更愿意早上煮咖啡、对朋友的人际关系问题提出建议或是关爱朋友、邻居和小动物。

《闲暇的社会心理学》（*The Social Psychology of Leisure*）一书作者迈克尔·阿吉尔（Michael Argyle）也提出了相似见解。他说：“男性从很小时候就开始对收集东西如痴如醉，不论是鸟蛋、蝴蝶还是邮票。这是他们的一个基因特质……而女性更愿意在闲暇时搞搞社交……男性喜欢做看得见成果的事情。”

连同许多实际困难和社会阻碍，这一点多少也能给我们解释为什么男性观鸟人占主导地位。毕竟，我们知道因为对鸟类感兴趣而加入皇家鸟类保护协会，或是喜欢在电视上观看野生生物节目的女性和男性一样多。

由于女性群体多为E型大脑，因此她们对作为现代观鸟人需要完成的重重任务不太感兴趣：又要记录，又要推鸟，还要对鸟类品种和分类中疑难点进行讨论。如果说大多数女性都更关注观鸟的美学价值和社会学价值，如巴伦－科恩所述，那么由于与盛行的男性思潮背道而驰，因此她们不可避免地就会感到被排除在外。结果，只有少量意志坚定的女性（和少数“S型大脑”女性）能坚持下来，成为一位观鸟迷。

这一观点得到了《卫报》“记录与疑问”栏目一位记者的支持。这位记者曾用弗洛伊德心理学回答了“为什么女性不钓鱼”的问题：

> 钓鱼属于西格蒙德·弗洛伊德口中的“替代性”活动的一种（像集邮、观鸟等爱好及足球等“热情”都归于此列）……换句话说，在弗洛伊德看来，我们的本性受到压制后，会被导向完全无关联的次要事件……
>
> 总而言之，弗洛伊德从没观察过大多数女性基本不分享这些活动。否则，他可能会得出这样的结论：女性因为本性没有受到和男性同等的压制，因此不需要这样有趣的替代性活动。

在观鸟界，女性群体不是唯一比重偏低的团体。在其他男性主导的“部落”活动中，如钓鱼、足球和飞机摄影，有些人因为自己与常人不同，也会觉得被排除在外。在过去十年间，为了回应“主流”观鸟人对其成员的偏见，这些特殊群体成立了两个观鸟协会：“同性恋观鸟俱乐部”（Gay Birders Club）和“残障人士观鸟协会”（Disabled Birders Association）。

同性恋观鸟俱乐部成立于1994年，创立者同时也是“原野之声”邮购公司的创始人邓肯·麦克唐纳。在他们的网站上如是陈述了他们的使命：

> 有些人想知道成立同性恋观鸟俱乐部的必要性，但你只有参加过一次活动才会发现明显的区别。那些观鸟迷会发现，在这里，生活中的两个重要部分竟然能够融合。他们可以和别人一起观鸟，而无须担心那些无关紧要的闲话。其他成员也知道他们喜欢鸟儿，只是因为讨厌直男们的态度而放弃了当地的鸟类俱乐部。

残障人士观鸟协会成立于2000年4月。其创始人布·贝罗恩（Bo Beolens）是一个彻头彻尾的传奇人物，同时，他也还运营着一个“观鸟胖子”的同名网站。和同性恋观鸟俱乐部一样，残障人士观鸟协会并非只针对残障人士，其宗旨是建立一个受社会各界欢迎的兴趣协会：

> 我们的社会，尤其是商业部分，想要迎合普通人而非所有的人。这种狭隘的视野不止会给少数人造成麻烦，多数人也难逃其扰。例如，在公共建筑入口处，大多数人需要一段斜坡和宽大的门。但普通人只用几步台阶和狭小的入口就能解决。这些大多数人包括残障人士、肥胖人群、老人、小孩和推婴儿车的父母。为什么对于那些高高瘦瘦、体格健壮的男性而言一切都像是量身定做的呢？……只是因为他们就是设计师！

这两个协会的运作无疑让观鸟变得更为普遍。但到目前为止，有一个群体的人数权重偏低，几乎无人在观鸟。据2001年人口普查可知，英国非裔和亚裔人口共500万，占全英总人口的1/12。

但如果你去皇家鸟类保护协会保护区或其他观鸟热点地走上一遭，便会发现能够遇到这两类人种的可能性微乎其微。

观鸟并不是唯一一种没能吸引非裔和亚裔英国人参与的活动，那么为什么这些人通常不参与这些“乡村爱好”呢？人们提出了各种理由来解释这一现象。《卫报》记者瑞可哈·普拉萨德(Raekha Prasad)的母亲是英国乡下人，父亲是印度人。他认为，主要是文化差异作祟：“我妈妈……教导我说散步不只是到处兜兜，而是一种享乐。她也带爸爸散步。可对于一个印度人而言，英国的乡村是一片陌生的土地，散步和他观念里的找乐子相差甚远。”

对于在伦敦西部索萨尔长大的演员兼剧作家夸梅·奎-阿尔马赫 (Kwame Kwei-Armah) 而言，更多的是情感因素占了上风：“那儿就在城里，但周围是诺伍德植被保护区。一片寂静，我常常胆战心惊。实在太安静了。安静会让我觉得不安。我不会把乡村和我或任何一个有种族背景的人联系在一起。”

即便是现在，奎-阿尔马赫仍觉得自己不“属于”乡村，也无法在那里真正放松下来：“那里没有‘禁止黑人入内’的标志。可潜意识里却不是那样……我觉得人们习惯了都是在市中心看到黑人，所以在乡村他们就会一直盯着看。我并不是把它归因于种族歧视，我就觉得这是一个习惯问题。”

尽管社会和文化隔阂让某些群体的人觉得自己被排除在社会主流之外，但总有人抛开规则，做个例外。在观鸟界，这个人就是身材娇小、谦逊温和的美国女人菲比·施奈辛格。1999年逝世时，她拥有着观鸟界最高奖项——如同百米世界纪录、登月第一人一样的大奖。凭借观察到8500多种鸟，菲比·施奈辛格一举领先，成为世界上观察鸟类最多的人。

她身后出版的自传《向上帝借时间观鸟》(*Birding on Borrowed Time*)讲述了她非常了不起的生平。菲比生于1931年,直到34岁第一次在明尼苏达州的家后丛林看到橙胸林莺时才开始接触观鸟。那时,她还要照顾自己的四个孩子,因此头几年,她只是把观鸟当作干家务累了时的一种休闲。但慢慢地,她开始去国外走走。到20世纪70年代后期,她开始成为热心的观鸟记录者。

1981年,在她49岁时,检查出了癌症晚期,只有不到一年的生命。但她拒绝原地等死,决定只要自己能活一天,就将异国观鸟进行到底,尽管她并不知道自己还能干多久,这项探索会将她引向何方。

靠着富豪爸爸(李奥贝纳广告公司创始人)留下的钱,施奈辛格开始了自己全球观鸟的生活。1992年,《吉尼斯世界纪录》认定,施奈辛格以7500余鸟种成为"世界顶级观鸟人"。同时,在国外观鸟过程中她也经历了人生的高低起伏,遇到过沉船,遭遇了地震,1986年去巴布亚新几内亚的路上还遭到了残忍的轮奸。尽管受到这么多磨难,她仍然不放弃,继续去遥远的地方旅行。1995年9月,在与世界顶级男性观鸟记录人的激烈角逐中,她凭借在墨西哥一个红树林沼泽里看到的棕颈林秧鸡,成为当时世界上问鼎8000项记录的第一人。

她一心一意追求领先的劲头受到了种种阻挠。先是一些健康问题,包括她的黑色素瘤周期性复发。接着,因为她常年身在国外,她的家庭生活也遭遇危机。旅行前往哥伦比亚时,她错过了女儿的婚礼;一度,与丈夫40年的婚姻眼看也要走到尽头。幸运的是,她和丈夫大卫积极沟通,最终解决了问题,她得以继续将自己的任务进行到底。但是,有些东西却变了。可能是因为意识到差点失去了丈夫,也可能是因为她已经闯过了8000大关:不论是什么原因，1996年，她宣布退休，退出观鸟记录竞争。

然而，出于自我满足的目的，她又继续在全世界寻找新鸟。1999年11月，在去马达加斯加的旅行中，她成功给自己的清单中加上了5种以上珍贵的新种，她为此十分高兴。然而，在旅行的第13天，他们的观光面包车翻了，别人都只受了点轻伤逃过一劫，但在后座睡觉的菲比·施奈辛格却不幸身亡了。她最后看到的新种是一只雄性红肩钩嘴鵙，是她离世的那天早上看到的。在《泰晤士报》的讣告中，作者是这么写的："生命不息，战斗不已。"

菲比·施奈辛格

逃过了她自称是“判了死刑”的癌症，最终却在一场无常的车祸中丧生，真是又令人悲伤又讽刺。但从某种意义上来说这又总结了她的一生，她那种活在当下的态度。在自传的前言部分，她的同伴，世界鸟类清单记录者彼得·凯斯特纳（Peter Kaestner）回忆他第一次和菲比一起去追鸟的故事。1991年，他们去马来高地找鸟。在外面待了一整天后，他们打算去找最后一个物种——神秘莫测的长嘴山鹑。但事情进展得并不顺利：一阵大雾卷来，天很快就暗了下来。他们刚打算放弃，就听到附近峡谷里传来一声刺耳的鸣叫：

> 菲比毫不犹豫就跑下了小路，消失在陡峭峡谷里那茂密的灌木丛中。我则紧随其后，快速朝茫茫的黑暗走去。结果，那只鸟没有再叫过。因为浓雾弥漫，那晚菲比和那只山鹑擦肩而过。但无论如何我都不会忘记我们共同度过的那个美妙的晚上。对我而言她那消失在峡谷中的背影是她一生的写照——坚定执着，不惧艰险，从不回头。

尽管有菲比施奈辛格非比寻常的人生故事，女性在观鸟界的影响仍非常微小。如果再过几十年，当新的一代男女取代了今天观鸟组织中的核心成员时，这一状态可能会得到改变，那该有多好啊。也许，到那个时候，争论女性观鸟人的参与和地位——实际上还有同性恋、残障人士以及非裔亚裔问题——会像上世纪争论鸟蛋收集道德与否一样荒诞过时。

我们用《英国鸟类》一个（女性）撰稿人的话来结束这个话题的讨论，她曾指出，除了社会文化屏障，还存在一些实际操作上的不便：“在寒冷的节礼日清晨，想要小便，你能在克里夫沼泽里找到个灌木丛来挡挡吗？”

第17章 回顾：观鸟的现在和未来

英国博物学者都纷纷移步户外，享受观鸟，评估英国鸟儿的价值……英国的乡间成了他们的游乐场。本来，研究鸟类就是一种乐趣，有时候算得上是一种艺术，但终究还是乐趣。谁能阻止英国人坦诚地找乐子呢?

——詹姆斯·费舍尔，《英国的鸟类》

2003年4月，马克斯·尼克尔森终于走完了他漫长又成绩斐然的一生，享年99岁。鸟类学、鸟类保护和观鸟等各界人士都纷纷向这位我们认定的当今最当之无愧的观鸟奠基人表达了他们的哀悼和致敬之情。

在很多讣告中以及他的追悼会上，有一个词不断出现，那就是“想象”。或许最能体现马克斯·尼克尔森想象力的是他在27岁时写的一本书，名叫《观鸟的艺术》：

> 把电视摄制设备架在德文郡的一个苍鹭巢或者诺森伯兰郡的一个黑琴鸡求偶场，观鸟人在不久的将来很快就可以足不出户或可能不需要离开伦敦就可察看详细的观察结果，这些观察结果是由孤单的全身湿透的志愿小分队在黎明时分躲在单薄的帆布下费力获取的。对于那些愿意掌控日益精密复杂的仪器的观鸟人来说，应当废除观鸟中更让人强烈不适的事物也许是令人震惊的，但这无疑是我们正在前进的方向。

此书写于1931年，只比约翰·洛吉·贝尔德发明电视晚五年，比第一台工作计算机问世早十几年，比尼克尔森的预言最终实现（即通过网络摄像头向所有可以上网的人直播在苏格兰的一个鹗巢）几乎早了七十年。

技术和社会在我们身边慢慢发展，过去十年左右的时间里，观鸟领域发生了多大变化？我们不见得都能记起。更不必说马克斯·尼克尔森出生后那个世纪里发生了什么变化。现如今，作为一个观鸟新手，有谁会需要像尼克尔森那样由于找不到同道中人而独自前去观鸟呢？又有谁会像H.G.亚历山大一样，在观鸟的头十年连望远镜都没有呢？在这个可以说走就走的时代，还有谁不能跋涉几百英里去看一只罕见的鸟，或飞到国外开启一段观鸟之旅呢？——但对我们的父亲和祖父辈而言，这些几乎都是难以想象的。

革新的步伐也明显加快。我在20世纪60年代末开始观鸟，当时仅需要参考两三本鸟类书籍。开始我有一副不错的东德双筒望远镜，直至20世纪80年代才拥有正规的单筒望远镜。我读过一本杂志（《英国鸟类》）、一本野外指南（彼得森、芒特福特和何洛姆合著的），以及一本观鸟地指南（《去哪里观鸟》）。直到1989年，年近30岁的我还从未真正出国观鸟，相反，我的成长岁月都跋涉在当地的砂石场或水库旁，偶尔去去邓杰内斯、明斯米尔和克莱。1974年，我第一次去克赖斯特彻奇看稀有的楔尾鸥，可惜第一次错过了，又重新去了一次！除了陪我前往的同学丹尼尔，观鸟十年间，我无缘结识任何其他观鸟人。

尽管听起来险些像是蒙提·派森（Monty Python）的《四个约克郡男人》（*Four Yorkshireman*）中的一个，但我的经历还算得上典型。除了光学仪器稍有改进，和更多的鸟类书籍，20世纪六七十年代的观鸟与20世纪50年代甚至30年代也并非是天壤之别。况且这一时期的大部分时间里，你还不能随随便便说自己热衷于观鸟。在达勒姆郡霍尔登煤矿村长大的布莱恩·尤恩（Brian Unwin）回忆道：

> 有一天，我又翻出拍摄于邻村伊辛顿煤矿村的电影《舞动人生》来观看时，我开始思考这个问题：大家都生活在掘炭为

生的艰苦环境中，比利对芭蕾舞无比热爱，我是村里唯一对观察野鸟感兴趣的人，所以我跟比利的遭遇没什么两样。但在这个社会中，只有赛鸽才称得上是阳春白雪，而观察野鸟却显得下里巴人—— 一旦当地难缠的少年们发现了我的秘密，我就不得不小心避开他们。

然而，尤恩说，还不到四十年，达勒姆煤田最终关闭，许多矿工用他们遣散费买了双筒望远镜和单筒望远镜，也开始观鸟。

那时，娱乐消遣经历着一场技术革命和社会变革。短短时期内——从20世纪80年代末开始的五年时间内——观鸟人在观鸟产品和服务上的选择空前增多。更多的观鸟杂志、书籍、国外度假涌现，英国开始举办观鸟博览会，推鸟活动迅速兴起。

不久以后的20世纪90年代中期，类似《与比尔·奥迪一起观鸟》的电视节目颇受欢迎，世界各地观鸟旅游种类更多、范围更广。互联网的出现继续改变着英国、北美和全世界观鸟人之间的交流方式。

信息技术在很大程度上推动了这场革命，同时也给我们提供了更加商业化的观鸟模式，使更多的人通过观鸟行业谋到了一份全职或兼职工作。光学设计的改进意味着，新出的双筒望远镜、单筒望远镜和数码相机遥遥领先于十年前销售的同类产品。

因此，今天，越来越多的观鸟人不惜投入了更多的时间，山长水远地到处看鸟——所以想必在最理想的世界中，诸事皆圆满了吧？

果真如此吗？观鸟杂志社记者和网站聊天室参与者感叹对鸟儿感兴趣的年轻人寥寥无几。女性忍受着男同胞的大男子主义，同性恋及残障人士观鸟还得去专门的俱乐部，这无不表明歧视仍然存在于观鸟人群中。而且，随着鸟类鉴别技术发展得越来越深奥，专业鸟类学者与业余爱好者之间的差距正在拉开。

鸟蛋采集还继续存在；许多鸟类爱好者俱乐部也没招到什么年轻人入行；五十年来政府投资开发，导致环境退化，英国部分乡村实际上已经无鸟栖息。似乎这些破坏还不够，我们和鸟儿都面临着全球变暖问题，可能全球的栖息地都将慢慢消失，野生生物也会濒临灭绝。政府首席科学家将全球变暖比作“比恐怖主义更大的威胁”。生活在这样的背景下，今后五十多年，观鸟将何去何从？

观鸟一直受技术创新所推动。18世纪和19世纪早期，精准枪支的发展和新的鸟皮保存技术对鸟类收集热潮推波助澜。接着从20世纪初期到中期，光学技术的进步催生了有助于更好观鸟的双筒望远镜；彩色印刷的野外指南辅助人们准确识别鸟儿。如我们所看到的，21世纪初，作为通信技术革命的成果，人们有了手机和寻呼机，能够即时接收观鸟信息。

那么技术的突飞猛进又将如何影响接下来半个世纪的观鸟呢？有了廉价便利的数码相机，推车儿能够即刻把珍稀鸟类图片传到网上，让同伴帮助识别，可有效避免和鸟类委员会低效枯燥的书信往来。无线移动电话技术和便携式电脑的出现使得鸟儿一出现，它的图片就能够马上发往全球各地。但不利之处在于，数字技术下的图像可以修改，欺诈手段也可能应运而生。

互联网还有一个好处，不管观鸟人身处世界何地都可以通过电子邮件、聊天室和论坛，或者建立个人主页来自由地进行交流。如今，若一个观鸟人计划到一个新的地区或国家去旅游，下载旅行报告与当地联系上只需几分钟，而不用像以前要花上几天到几周的时间。这也有其不利的一面，即信息量空前增多，应该如何确保信息的准确性呢?

不过，总的来说，新的技术已经成了一笔固定资产，对英国鸟类学信托基金会这样的组织来说尤其如此。如今，全国各地业余鸟类观察者能够提交他们观察到的新到候鸟，经核对后及时发布在网上。一段时间以来，观鸟人在候鸟身上安放跟踪装置，追踪观察诸如冬季往返于非洲栖息地的鹗，或是从俄罗斯迁徙至英国的野生天鹅。随着技术手段越来越精巧，越来越强大，跟踪小鸣禽迁徙也不是没有可能。

同时，新分类法依靠分析鸟类标本DNA以达到明确判定和鉴别，开始导致不同物种分类下的巨大多样性，由此，曾经认定的单一物种可能会衍生出好几个不同的种类。这种方法的不利之处在于：可能的“新物种”的范围会难住普通观鸟人，最后令他们兴致全无，与“科学观鸟人”的差距被拉得更大。几年前，安东尼·莫吉翰在《观鸟》杂志上透露，科学家们成功开发出一种设备，在野外对着鸟儿扫描就能读取它的DNA，鉴别结果迅捷精准。读者们看到文末才失望地发现这只不过是一则愚人节新闻!

然而，尽管我们现在生活的世界离不开计算机技术，但鸟类书籍的出版发行却没见减少。在过去的十年中，这类书籍反而在发行量、内容量和内容深度上呈指数式增长。观鸟迷能找到涵盖观鸟领域内各种可能令人着迷的细节的书：从厄瓜多尔的鸟类聚居地到西尔维娅莺的识别与分类，都可覆盖。1966年，詹姆斯·费舍尔预言，到20世纪末，出版的鸟类书籍字数将达到100亿个，这个预言早就实现了。

事实上，信息革命飞速发展，书籍几乎一出版就成为明日黄花。现在可以在网上购买产品并在线更新，所以以计算机为基础的指南，如DVD，变得越来越流行，过时的问题也得到了解决。尽管如此，至少明确预言了二十年的“书本消失论”，如今看来似乎一如既往地遥远。

值得铭记的是，正如技术革新推动了观鸟的进步，社会变革也起到了至关重要的作用。比如，工业革命、人们走到乡下休闲度假等重大变革；两次世界大战等全球灾难性事件；以及更加渐进的社会变化例如妇女解放运动和人们休息时间的增加——所有这些都影响了我们的观鸟方式。

20世纪上半叶发生的社会变革，其范围之广、速度之快，史无前例。西方社会的一个主要转变是人口整体趋向老龄化。在英国，60岁以上的老人占总人口的比例从1900年的1/12增加到1991年的超过1/5，且这一比例还在继续扩大。同时，医疗水平提高，交通更加便利，人们退休时仍然精力充沛，许多人还继续保有事业和兴趣，继续处于社会中心而非边缘。正如一位年轻的观鸟人所描述的，这一“银发部队”有闲有钱有兴趣，是未来几十年的主流观鸟人群。

像高尔夫或散步一样，观鸟的吸引力之一是人们可立即融入社交生活——在单身几乎占了家庭总数一半的社会里，这点变得愈发重要，就像近来的一个头条新闻说的那样，“朋友是新的家人”。借观鸟之机，人们不仅可以结识志同道合的知心朋友，同时还可能遇见终身伴侣。一本杂志甚至开设了“观鸟搭档”专栏小广告，鼓励读者寻找同伴，彼此分享自己对鸟儿的热爱。

与此同时，在年龄量表的另一端，观鸟群体招新就比较难了。儿童占总人口的比例急剧下降：20世纪初平均每个家庭有3.5个孩子，而到了20世纪末，已下降到每家不到2个孩子。此外，如今的孩子们没有我们当年自由：他们的空闲时间都有严格的安排，在外面无所事事地“闲逛”，现在是不允许的，而过去正是这种闲逛让人们对鸟儿产生了兴趣。出于名不符实的健康安全原因，学校禁止了“自然课表”，同时，英国中小学的教学大纲已将自然课打入冷宫。过去放学或周末老师可以带着学生外出观鸟，这鼓励了许许多多今日的观鸟人走上了观鸟之路，然而如今这样想法是不可能让人接受的。更年轻的一代没了兴趣，难道我们要眼睁睁地看着观鸟走向绝路吗？

相比于过去，人们更加富裕，这是观鸟仍盛行不衰的一个原因。最近的报道称，300万英国人都拥有至少5万英镑的流动资产，到2005年，将有十分之一的成年人口拥有如此规模的资产。而且这群“大众富人”并不积蓄钱财，他们更愿意花钱去享受“生活经历”，比如到国外旅行，或花费在兴趣爱好上，这对以观鸟人为顾客的任何业务来说都是好消息。

在美国，观鸟人也是社会上比较富裕的老年群体：美国观鸟协会（American Birding Association）2.2万名成员平均年龄55岁，年收入约10万美元（1999年数据），这使他们处于社会经济地位的上层。他们将许多收入都花在了观鸟一事上：美国鱼类和野生生物部1991年调查发现，观鸟人每年在兴趣爱好上共花费144亿美元（约80亿英镑）。其中一多半用于购买设备比如镜片、服装以及鸟类喂养，其余的大部分用作旅游消费。换个角度看，这笔钱大致相当于哥斯达黎加全年的国民生产总值，或是冈比亚国民生产总值的30倍，而这两个国家是美国观鸟人常去的胜地。

该调查还尝试算出美国观鸟人的数量。结果发现，大约1/4的美国人在家喂养野生鸟类，1/5称自己是“后院观鸟人”，同时，1/10的“休闲观鸟人”一年至少参加一次观鸟度假。“严肃观鸟人”只占被调查人的0.5%：意味着全美有12.5万个“严肃观鸟人”。这个数字可能低估了这个群体的规模：美国致力于观鸟的人有30万到130万。

英国皇家鸟类保护协会以拥有超过100万会员为荣：约为成年人口的1/30。但喂食鸟类的人数以及像比尔·奥迪、大卫·艾登堡等人带来的关于鸟类的电视节目颇受欢迎，都表明有更多的人对鸟类至少有一时的兴趣。

观鸟长盛不衰的另一个原因可能在于它对我们的健康大有裨益——甚至能帮助我们延年益寿！其中之益处并不限于带来身体上的舒适：几个患有临床抑郁症的观鸟人，包括比尔·奥迪自己，都透露说生病期间，对鸟类的兴趣给了他们很大安慰，并且加速了抑郁症的痊愈。

美国休闲科学研究院一篇题为《休闲之益》（*The Benefits of Leisure*）的论文指出，定期进行与他人交流的户外休闲活动（比如观鸟）有经济、生理、环境、心理及社会等多方面益处：

> 越来越多的证据表明，社会支援和陪伴体系有助于人们更长寿，更能远离疾病，享受更高品质的生活。当然，许多这样的体系高度依赖休闲的机会……休闲的“社会益处”实在惊人。

文章还呼吁新的“休闲伦理”，以平衡那种支配着大西洋两岸人类社会的清教徒式的“工作伦理”。但是这并非新鲜事。观鸟人一向了解他们这项娱乐的益处，正如20世纪50年代W.D.坎贝尔所说：“一项真正兴趣的意义在于，它可以使我们的日常生活发生一些变化，这不仅有益于身体健康，对精神心灵也颇有好处。”

在现代观鸟的一个方面即为追寻更加神秘的体验而环游世

界的能力上，人们可能已经江郎才尽了。2003年9月出版的《观鸟》杂志中，以色列杰出的观鸟人哈多兰·史瑞海（Hadoram Shirihai）这样描述“终极远洋冒险旅行”：长达一个月，航程达6000英里，由南美洲最南端出发，经南极半岛，过南大西洋遥远偏僻的孤岛，最终抵达赤道附近的阿森松岛。对于海鸟热爱者来说，这是一趟终生难忘的旅行。

尽管上面描述的大西洋冒险之旅范围极广、抱负极大，但无独有偶，我们可以看到，如今的观鸟人既可以参加有组织的观鸟之旅，还可量身定做旨在观看特定目标物种的个人游，不论哪种方式，都可以环球旅行。2002年10月发行的《观鸟世界》中便有一则个人游的案例。移居国外的英国观鸟人巴里·沃克（Barry Walker）描述了在偏远难及的秘鲁洛雷托南部地区的一次探险。他们想要攀登的那座特别的高山遥不可及，因此连名字都没有——它仅以“1538高峰”之名为世人所知：

> 这个平淡无奇的名字记录了这座为世界遗忘的高山的海拔。柯南·道尔应该用1538高峰的图像作为他那本著名小说的封面。而且在我们看来，它仍有可能是恐龙或其他消失在时间流里的物种的家园。

他们追寻的是巨嘴鸟（犀鸟的近亲），这种鸟只在1996年被发现过。现在这支英美观鸟小分队决心再次找寻这种鸟。经过一次史诗般的河流之旅、一次折磨灵魂的登山远足（斜坡满是泥泞，通常爬几个小时后又会滑回起点），最后穿越浓密的灌木丛，他们终于如愿以偿，发现了一对红领须鴷。它们是那样光彩夺目：

红领须䴕

那场面就像是在开新闻发布会。它们展示着奇特的动作时，音视频记录仪、麦克风、双筒望远镜还有照相机全部对准这些魅力四射的精灵……我们全都记录下来了，相互间竖起大拇指，露出灿烂的笑容。我们成功了！新热带区终极的推鸟战果已经尽收囊中！

就在几代人以前，参观鸟类观测站或鸟类保护区都算是重大探险。如今观鸟人可以千里迢迢地“环球推鸟”，只为寻找一种珍稀的小鸟，这简直不可思议。这种情形还会继续吗？社会和政治动荡不断增加，恐怖主义威胁着西方国家，在不久的将来，到中东、亚洲、非洲及南美的许多观鸟胜地旅行可能都会被视为轻率之举。同时，尽管当前机票价格很低，但为对抗全球变暖，增加碳排放税后，航空旅行可能很快就会受到限制。除了少数安全又受欢迎的观鸟胜地外，出国观鸟对一般人来说过不了多久就将变得非常昂贵或危险，当然，真正忠诚的观鸟人不在此列。

然而鸟类自己呢？我们一味地想方设法去观看它们时，鸟儿自身是不是处于被遗忘的危机中呢？世界各地的鸟类生存都面临着空前的威胁，未来一片黯然，近期的国际鸟盟出版物《世界濒危鸟类》(*Threatened Birds of the World*) 中共列出了1111种鸟，从这里可以略窥端倪。全球气候变化、人口压力、栖息地毁坏、迫害以及人们的无知，这些都是难以解决的问题，毫无疑问，撑不过21世纪的鸟类物种将远远多于前几个世纪。

国际鸟盟的奈杰尔·科勒 (Nigel Collar) 在1999年所写的《世界鸟类手册》第五卷引言中指出了如今观鸟面临的基本矛盾：我们对世界鸟类的了解越多，观察研究它们的机会越多，反而越会导致它们的减少——甚至可能会加速它们的灭绝：

> 观鸟人和生物学家借助新型的机场、伐木修建的新道路以及新型旅行装备抵达愈发偏远的地方。短短几年内，经济发展的巨型机器已将自然景观、人类文化破坏得面目全非，给地球上每片可耕种的土地上带来了可口可乐、电视、链锯、滴滴涕，还有债务，而观鸟人和生物学家正是这架巨型机器上的小元件。

他以不容乐观的预测作为该书的结尾："到2010年，我们不仅将比以往更加了解鸟儿……还会将大部分鸟儿困于我们的四面埋伏中。"

数目大量减少的不仅是偏远地区的珍稀鸟类。大西洋两岸，普通常见的鸟类也在消失。美国顶级观鸟人彼得·邓恩20世纪50年代末开始在他童年的家园观鸟，他质疑如果自己出身于更年轻的一代，是否会爱上这项娱乐活动：

> 假如我在今天的新泽西州惠帕尼长大，我就不可能有那段

> 让我受益匪浅的经历和今后以此为重心的生活。
>
> 为什么呢？因为如今春天再也看不到一群群鸟儿如河流般穿过我父母房子周围的树木了。甚至如缓缓流过的溪流般的鸟群也没有了。5月的天空中掠过的鸟儿连涓涓细流也算不上……我不禁想知道这对观鸟活动的未来意味着什么。

90多岁的英国鸟类学家理查德·菲特同样持悲观态度，他认为如今鸟儿清晨的破晓鸣啼与两次世界大战之间的那些年听到的鸟鸣相比已微弱得近乎苍白无力了，那时他还小，居住在伦敦郊区。跟邓恩一样，他也怀疑假如他成长于现在，是否会喜欢观鸟。

但也不是完全毫无希望。观鸟人数量迅速增加的好处之一就是，不论在英国还是美国他们如今都代表着一股重要的政治力量，可以影响政府决策。最后一刻，我们或许能够仰仗政治意志来改变我们的生活重心，因此，鸟类的未来可能比我们设想的要更美好。

所以，尽管毫无疑问，前方困难重重，我们还是满怀期待。确实，二战后，观鸟还只是少数志趣相投的人的独享，如今这个黄金时代已经一去不复返了。但是我们也大有长进。更精良的装备、更高级的设施、更迅捷的沟通以及全新的技术，最重要的是更民众化的观鸟界，所有这些都超越了过去那个观鸟还基本囿于少数人兴趣的时代。如果你尚心存疑虑，去看看英国观鸟博览会，你会完全相信确有其事。

在上个世纪，观鸟是一项不起眼的活动，前途未卜，如今已发展为公众参与的休闲活动，给全世界无数人带来了愉悦和满足。但愿观鸟活动能够如是长久坚持下去。

参考文献说明

第一章　观察

- 关于White、Bewick和Montagu的信息很多都来自Barbara和Richard Mearns的优秀参考作品*Biographies for Birdwatchers*，和Mullens和Swann同样全面的作品*Bibliography of British Ornithology*。
- Gilbert White的生平和作品的详情直接来*The Natural History of Selborne*和其他包括David Allen、G.E.Mingay、Raymond Williams和Patrick Armstrong的社会史作品在内的资料。其中Patrick Armstrong的*The English Parson-Naturalist*是一部描述宗教和博物学之复杂关系的作品。
- John Clare的作品来自牛津大学出版社出版的资料，包括Margaret Grainger和Robinson & Fitter编辑的作品在内。其中John Barrell的引述来*The Idea of Landscape and the Sense of Place, 1790-1840*。
- James Fisher的*The Shell Bird Book*一直都是充满信息和观点的无价资料，我从中引用了不少。

第二章　信仰

· 有关古人邂逅鸟类的信息来源包括：J.H.Gurney的*Early Annals of Ornithology*；Jacob Bronowski的*The Ascent of Man*；Richard Inwards的*Weather Lore*；A.Landsborough Thomson的*A New Dictionary of Birds*；P.Houlihan的*The Birds of Ancient Egypt*；Max Nicholson的*The Study of Birds*和James Fisher的*The Shell Bird Book*。

· 本章还引用了圣经中的《创世记》（第1章和第9章）、《约伯记》（第39章）和《耶利米书》（第8章），及荷马的《伊利亚特》，亚里士多德的*Historia Animalium*和老普林尼的*Historia Animalis*。

· 对于中世纪世界的描绘，我推荐William Manchester的著作*A World Lit Only By Fire: The Medieval Mind and the Renaissance*。

第三章　了解

· 本章所依据的主要作品，包括Keith Thomas关于人类文化和野生生物之关联的开创性研究作品*Man and the Natural World*，和David Allen宏伟的社会史作品*The Naturalist in Britain*。

· 关于约翰·雷的生平细节来自C.E.Raven的传记，而17世纪和18世纪的背景资料来自Roy Porter最近的研究*The Enlightenment*和G.M.Trevelyan的社会史作品。另外一个有用的观点来自Simon Schama的电视系列片*A History of Britain*（播放于2002年5月28日，BBC2）。

· 有关北美鸟类学和观鸟发展的信息，来源于各种素材，包括Jen Hill关于鸟类的选集*An Exhilaration of Wings*，Barbara和Richard Mearns的传记研究*Audubon to Xantus*，以及Felton Gibbons和Deborah Strom关于美国和加拿大观鸟发展的非常有可读性的书籍*Neighbors to the Birds*。Paul Farber具有更强学术性的研究*The Emergence of Ornithology as a Scientific Discipline*也是非常有用的。

· 最后，关于鸟类学的发展导致对鸟产生新兴趣的方式的两个观点，来自Max Nicholson1929年的作品*The Study of Birds*和鹈鹕出版社从1964年开始出版的Austin Rand的流行著作*Ornithology: an Introduction*。

第四章　收集

· 到目前为止，关于鸟类收集历史的最全面的研究，是Barbara和Richard Mearns的*The Bird Collectors*，本章许多信息都来自该书。关于北美收藏者，特别是Elliott Coues的传记信息，来自Mearns的另一部著作*Audubon to Xantus*。Coues的*Handbook of Field and General Ornithology*，也是一部非常有价值的著作，它对收藏者的心思具有敏锐的洞察。

· Lynn Barber的*The Heyday of Natural History*，以及Allen Jenkins的*The Naturalists*，都是关于维多利亚时代收集现象方面通俗易懂的优秀著作。这一部分的其他信息来自A.N.Wilson的开创性研究*The Victorians*，以及J.H.Gurney的*Early Annals of Ornithology*和David Allen的*The Naturalist in Britain*。

· H.N.Pashley生平的细节，来自他死后由B.B.Riviere编辑出版的回忆录*Notes on the Birds of Cley*。

- 关于北美收集方面的信息也来自Mark V.Barrow通俗易懂的学术著作*A Passion for Birds: American Ornithology after Audubon*。
- 最后，本章对Gosse的日记的引用，来自由他儿子Edmund 撰写的*The Life of Philip Henery Gosse*。

第五章　旅行

- 本章的故事和引用的来源非常广泛，包括前几章已经引用的内容，如Keith Thomas、David Allen、Lynn Barber、Patrick Armstrong、A.N.Wilson、Mullens和Swann的研究，以及Mearns的作品。
- 关于包括铁路和公路在内的运输系统的发展的引用、参考文献和数据来自Simon Garfield、Thomas Carlyle、Alfred Lord Tennyson、J.H.Balfour和William Borrer的作品。而在成立俱乐部和社团上的英国式热情的信息，来自Jeremy Paxman的流行作品*The English: A Portrait of a People*。
- John Muir的作品仍随处可见，任何造访过北美荒野环境的人，读了他的书都会有身临其境的感觉。
- 对于对极地探险及其与鸟类发展的关系感兴趣的人，我强烈向他们推荐Apsley Cherry-Garrard的原创性著作*The Worst Journey in the World*，和Sara Wheeler的优秀传记作品*Cherry: The Life of Apsley Cherry-Garrard*。
- 如果你想探索宗教和博物学之间的持续联系，Edward Stanley的*A Familiar History of Birds*和F.O.Morris的*The History of British Birds*可以为你提供很多原始材料。

第六章　保护

- 再次地，Keith Thomas、David Allen、Mark V.Barrow、Gibbons和Strom、Jen Hill和Mearns的作品成为关于大西洋两岸鸟类保护先驱的生活和作品的原始引文和重要见解的宝贵材料。
- Tony Samstag叙述了英国皇家鸟类保护协会最初一百年的历史，*For the Love of Birds*一书，提供了关于该协会对英国鸟类保护和观鸟发展之影响的批判性评述。学术性更强的一个描述来自Robin W.Doughty的*Feather Fashions and Bird Preservation: A Study in Nature Protection*。
- Jeremy Gaskell的*Who Killed the Great Auk*？对最精致的鸟类之一的灭绝提出了敏锐的洞见。
- W.H.Hudson的著作就20世纪之交，人类对于鸟类的兴趣呈现出科学性与感情色彩相交融的特征，给出了透彻的阐释。

第七章　观察

- 本章一手信息的主要来源是H.G.Alexander令读者喜爱的自传*Seventy Years of Birdwatching*，它的优点是用事后的认识审视了之前的观鸟行为。Ian Wallace对Alexander的看法来自*British Birds*。对这一时期的其他回忆来自E.W.Hendy的*More About Birds*。
- 引用的原创作品包括Florence Merriam、Edmund Selous、W.Percival Westell和William Eagle Clarke的著作，*British Birds*（从1907年创办开始）上的文章，以及D.W.Snow的英国鸟类学家

俱乐部的历史。文学类的参考文献包括Siegfried Sassoon的作品，E.M.Forster的*Howards End*和Edward Grey的经典作品*The Charm of Birds*。我也在1999年11月和12月BBC广播电台四频道播放的四集同名系列片*The Charm of Birds*中发现了不少关于Grey的有用信息。

· 对这个时期的有用评论来自Sharrock和Grant，Kenneth Williamson和David Lack（1965）的作品，和大西洋彼岸的Arthur C.Bent的“生命历史”系列。

· 和W.H.Hudson的作品一样，以前曾为Mearns、A.Landsborough Thomson、Mark V.Barrow、James Fisher、David Allen和Jen Hill所引用的作品，也是非常有用的。

· 最后，关于圣诞鸟类统计的数据，来自美国奥杜邦协会的网站：www.audubon.org。

第八章　战争

· 对于Edward Grey的参考和引用，来自*The Oxford Dictionary of Thematic Quotations*，以及Grey自己的*Fallodon Papers*。Kipling的引用则随处可见。

· 当时的许多战壕生活的描述和所有的讣告，均来自1915年至1918年*British Birds*上的文章。其他描述来自Charles Raven的自传*In Praise of Birds*，J.C.Faraday致*The Times*（1917年7月28日）的信，和Paul Fussell以文学和一战为主题的杰作*The Great War and Modern Memory*，对Alexander Gillespie和Siegfried Sassoon的引用也来自此作品。Alexander关于战争对他的鸟类研究热情之影响的评论来自他的自传，而他对他的兄弟Christopher的悼念发表在*British Birds*上。

· 战争中的伤亡数据来自Peter Clarke的*Hope & Glory: Britain 1900-1990*。

第九章　计算

· 在本章，我开始能够直接引用活生生的资料。令人惋惜的是，这本书还未出版，伟大的Max Nicholson就于2003年4月去世。2001年2月15日，在他切尔西的家中我采访了他，他虽然已是97岁的高龄，但依然才思敏捷引人入胜。能够见到他是我的荣幸。

· 我引用了Max的几本书，包括*Birds in England*（1926），*How Birds Live*（1927），*The Study of Birds*（1929），*The Art of Birdwatching*（1931）和创作于19世纪20年代但70年来却未发表的*Birdwatching in London: A Historical Perspective*（1995）。如果你想得到第一手的关于观鸟如何从业余爱好发展到成熟的科学和休闲活动的描述，这些都是必读书。

· 为了了解一战后的社会背景，我参考的文献和自传作品包括Robert Graves的*Goodbye to All That*，George Orwell的*My Country Right or Left*和*The Lion and the Unicorn*及Evelyn Waugh的*Brideshead Revisited*。

· 本章提到的当代鸟类作品包括Coward的*British Birds and Their Eggs*，Witherby的名作*Handbook of British Birds*，E.C.Arnold的*Bird Reserves*和S.Vere Benson久负盛名的*Observer's Books of Brids*。Peter Marren和John Carter的*The Observer's Book of Observer's Books*也很有价值。其他许多材料来自*British Birds*，这反映了它在这一阶段的影响越来越大。

- 关于鸟蛋收集可接受性的不同观点来自J.G.Black的*Birds Nesting*，J.C.Squire（他对E.W.Hendy的一部著作的介绍）和D.W.Snow编辑的英国鸟类学家俱乐部的历史。
- Judith Heimann所写的Tom Harrisson传记*The Most Offending Soul Alive*，对传主进行了风趣的描述；Devlin和Naismith的*The World of Roger Tory Peterson*对我来说有点太理想化了，但是这本书确实含有关于这个伟人的有用信息。Paul Erlich对Peterson的赞颂出现在对*Field Guide to the Birds*的摹写版中。
- 之前提到的其他重要信息来自David Allen和G.M.Trevelyan关于社会历史的作品，Gibbons和Strom的*Neighbors to the Birds*，以及Mearns的作品。我还参考了Tom Stephenson编辑的一部当代作品*The Countryside Companion*。另一部虽然学术味更重却十分有趣的作品是Steven M.Gelber关于爱好在美国之重要性的研究*Hobbies: Leisures and the Culture of Work in America*。
- 已故的Eric Hosking是我童年时代的英雄，能够重读他那令人愉悦的自传*An Eye for a Bird*真是一件乐事。
- 最后，我也见到了另外一位90多岁高龄却依然精神抖擞的伟大的英国鸟类学家和鸟类观察者。他就是无与伦比又极为谦虚的Richard Fitter，关于他的故事留待之后章节进行叙述。2001年3月6日，我在他位于牛津郡的家里采访了他。

第十章　逃离

- 和之前的章节一样，趣闻直接来自对Richard Fitter和Max Nicholson的采访和BTO新闻、《每日电讯报》中的计告，以及Max

的儿子Piers创立的专门介绍Max的网站（www.maxnicholson.com）。Richard Fitter在2000年版的伦敦博物学协会刊物*London Naturalist*中谈及他关于战争的回忆。

- Richard Richardson的日记也被Moss Taylor在他的周密而引人入胜的传记*Guardian Spirit of the East Bank*中大量引用。
- 生动详细地描述了战争时期生活画面的当代叙述和回忆录包括Alex Bowlby的*The Recollections of Rifleman Bowlby*（在Fussell的作品*The Great War and Modern Memory*中被引用）；Eric Parker的作品*World of Birds*；Dick Homes在*New Dictionary of Birds*中的文章和Norman Moore在为庆祝剑桥鸟类俱乐部75周年出版的小册子中的文章（由Roger Clarke和Bill Jordan编辑）。
- 我还挑出E.H.Ware的作品*Wing to Wing: Bird-Watching Adventures at Home and Abroad with the R.A.F.*，这部作品描述了服役过程中观鸟的乐趣和挫折。
- Eric Hosking的*An Eye for a Bird*和Field Marshal Lord Alanbrooke的*War Diaries*描述了两种非常不同的战争生活，这是两位作家在以不同方式回忆同一事件时形成了有趣的对比。
- 对于科林斯出版社的"新博物学家"系列和它在英国观鸟历史发展中的地位，Peter Marren的*The New Naturalists*一书的介绍非常重要。引用的单个作品包括John Buxton的*The Redstart*，Stuart Smith的*The Yellow Wagtail*和E.A.Armstrong的*The Wren*。和"新博物学家"有紧密联系的James Fisher的作品*Watching Birds*也被广泛地引用。
- 所有的战争生活记录和回忆录中最不同寻常、可以说也是最吸引人的一部作品是Kenneth Allsop的小说*Adventure Lit Their Star*。

第十一章　学习观鸟

· 本章关于二战结束后的一段时期的主要资料，来源于对James Ferguson-Lees、Richard Porter和Tony Marr（在一起被采访）以及Bruce Coleman的采访及与他们的通信。

· 我也使用了之前我对Eric Simms做的采访和与Frank Hamilton、Ian Collins、Roger Norman和Brian Unwin的通信或谈话。我还使用了BBC的*Wildlife*杂志中Bill Oddie的回忆录，和Mike Everett在皇家鸟类保护协会的*Birds*杂志中的回忆录。

· 本章中的许多材料，包括一些直接引用，来自20世纪90年代末BBC第四频道播出的*The Archive Hour: A Lesser-spotted Love-song*。

· 两种乡村的鸟类志，*Birds of Hampshire*（Clark和Eyre编辑）和*Birds of Sussex*（Paul James编辑），也含有这两个地区观鸟发展的有用信息。

· David Lack关于鸟类迁徙与雷达的广播讲座，在他的*Enjoying Ornithology*一书中得到再现；而Roger Durman编辑的*Bird Observatories in Britain and Ireland*，则完整地叙述了鸟类观察站的历史和发展。

· 关于动物行为学的平行发展，已为众多的文献所涵盖，包括Tinbergen和Lorenz的原创性著作和Edward Armstong在*British Birds*上的一篇文章。另外一种出版物*Bird Study*，是鸟类科学家和此处描述的业余观鸟者之间争论的论坛。

· Guy Mountfort著名的三卷本*Portrait*系列丛书描述了早期出国寻鸟旅行那些激动人心的日子，Fisher和Peterson史诗般的*Wild America*也是如此，对我来说，它依然是唯一一种关于观鸟最通俗易懂的旅行记。

· 其他已引用或参考的作品包括Peter Marren和Eric Hosking的作品。
· 关于“黑斯廷斯珍稀鸟类”的造假事件，我引用了当时*British Birds*（从1962年起）的说明，以及James Harrison勇敢但被误导的辩护*Bristow and the Hastings Rarities Affair*中的描述。遗憾的是，揭露造假的两个关键人物Max Nicholson和James Ferguson-Lees没有对这一事件的细节进行评论。

第十二章　驾车观鸟

· Arthur Marwick的*The Sixties*这部关于20世纪60年代动荡十年最具权威的社会史，是对这个只有模糊印象的时代非常有用的背景材料。
· 以观鸟的角度来看，和我同时代Mark Cocker的作品*Birders: Tales of a Tribe*不仅非常有用，而且非常有趣。
· 同时代的材料来源包括Richard Fitter的*Collins Guide to Birdwatching*（1963），John Gooders富有创意的*Where to Watch Birds*（1967），和由Gooders编辑并分期发表（1969—1971）的*Birds of the World*。
· 多年后写成的回忆录更深刻地刻画了在作者一生或更短的时间里，观鸟领域所出现的快速变化：在英国有Bill Oddie的*Gone Birding*，这是当时既有趣又诚实的作品；而在大西洋的彼岸，Kenn Kaufman的*Kingbird Highway*，则同样诚实而感人。两部作品都非常有趣又好读。关于Kaufman已故的朋友Ted Parker的传记细节，来自Barbara和Richard Mearns的*The Bird Collectors*。

· 我也对Tim Cleeves、Bruce Coleman及Neil McKillop进行了采访或有过通信。

第十三章　飞行观鸟

· 本章主要的第一手资料来源是对Nigel Redman、Lawrence G.Holloway、Clive Byers、Josep del Hoyo和Richard Porter的采访和通信。*British Birds*，*Birdwatch*杂志，BBC的*Wildlife*杂志，*Guardian*和*The Times*也提供了素材。
· 同时代的材料来源包括杂志*World of Birds*（1973），*The Handbook of the Birds of Europe*，*the Middle East and North Africa*（1977–1994），和不朽的*Handbook of the Birds of the World*（1992年起）。
· 对David Hunt之死的描述来自他死后出版的自传*Confessions of a Scilly Birdman*，和Bill Oddie的*Follow that Bird!* Jonathan Evan Maslow的*Bird of Life*，*Bird of Death*也探讨了国外观鸟过程中的危险。
· John Wall的世界鸟类清单记录的网站网址为www.worldtwitch/virtualave.net。
· 关于旅行的统计数据来自Cassell的（由Pat Thane编辑）*Companion to Twentieth Century Britain*。

第十四章　推鸟溯源

· 本章一手资料的主要来源是对Mark Golley、Brian Unwin、

Frank Hamilton、Derek Moore、Tim Cleeves、Bill Oddie、Tony Marr、Steve Webb、Bo Beolens和Rob Lambert的采访，以及和他们的通信。Rob Lambert也提供了非常有用的背景信息和参考文献。

· 我也使用了很多类型的书面材料，包括*British Birds*，*Birdwatch*，*Birds*，*Birding Scotland*和*World of Birds*等杂志中的文章、书信及其他形式的内容；包括*The Times*，*Guardian*，*Daily Telegraph*，*Independent*和*Sunday Mirror*等报纸；以及BBC第四频道的*The Archive Hour*。我还引用了我喜欢的恶搞杂志*Not BB*。

· 参考的其他作品包括Leonard Nathan的*Diary of a Left-handed Birdwatcher*，Gwen Davies编辑的*Bird Notes Bedside Book*和John Gooders的*The Big Bird Race*。被引用或参考的著作还包括Mark Cocker和H.G.Alexander的作品。

· 关于观鸟旅行对当地经济影响的皇家鸟类保护协会报告的全称是*Working with Nature in Britain: Case Studies of Nature Conservation, Employment and Local Economies*。

第十五章　观鸟收益

· 本章主要的一手资料来源是对Bruce Coleman摄影社的Bruce Coleman，CJ野生鸟食公司的Chris Whittles，鸟类指南公司的Dave Gosney，和Limosa假日旅游公司的Chris Kightley，自由插画师和导游Clive Byers，Habitat Africa公司的Solomon Jallow，和英国观鸟博览会的Tim Appleton等的采访和通信。

· 参考的书面作品包括Mark Cocker和Josep del Hoyo的作品。

统计数据有不同的来源，包括*The Value of Birds*（国际鸟类联盟发布）。

第十六章 遗忘角色

· 已经引用和参考过的作品包括Barbara和Richard Mearns的*The Bird Collectors*，Tony Samstag的*For the Love of Birds*，H.G.Alexander的*Seventy Years of Birdwatching*，和不同版次的*British Birds*。

· 更大众化的书籍包括Jane Austen的*Pride and Prejudice*；而统计数据来自David Taylor的*Mastering Economic and Social History*；Cassell的*Companion to Twentieth Century Britain*（由Pat Thane编辑）和Claire Langhamer的*Women's Leisure in England, 1920-1960*。

· 来自同性恋观鸟俱乐部和残障人士观鸟协会的引用可以在他们各自的网站中找到：www.gbc-online.org.uk和www.disabledbirdersassociation.org.uk。

· 关于乡村休闲中非裔和亚裔代表不足的引用来自*Guardian* 2004年1月28日社会版面的文章。

· 关于观鸟领域女性代表不足的原因的引用来自1987年*British Birds*上的信件。而可能的心理和生理学原因来自Simon Baron-Cohen的作品*The Essential Difference: Men, Women and the Extreme Male Britain*；Michael Argyle的*The Social Psychology of Leisure*，和*Guardian* 2003年12月3日的记录与疑问版面。

· Phoebe Snetsinger死后出版的自传*Birding on Borrowed Time*讲述

了她非凡的人生故事。

第十七章　回顾

- 在这最后一章中，涉及我对本书剩余部分的贡献者的采访和与他们的非正式讨论。
- 其他文献来源包括Max Nicholson的*The Art of Birdwatching*；W.D.Campbell的*Birdwatching as a Hobby*；Pete Dunne的*Small-headed Flycatcher*；*Birding World*上的文章；*Handbook of the Birds of the World*第五卷；和*Threatened Birds of the World*（国际鸟盟发布）。
- 统计数据和其他数据来自世界银行网站；美国鱼类和野生生物部1991年的调查；和来自美国社会科学院名为*The Benefits of Leisure*的白皮书。

致　谢

许多人为这部作品的缘起和创作提供了帮助。首先，我向所有向我提供其个人经历的人表示感谢。按大致的时间先后次序（依据书中的位置），他们是已故的Max Nicholson、Richard Fitter、James Ferguson-Lees、Tony Marr、Richard Porter、Eric Simms、Frank Hamilton、Ian Collins、Roger Norman、Bruce Coleman、Tim Cleeves、Brian Unwin、Derek Moore、Lawrence G.Holloway、Neil McKillop、Nigel Redman、Clive Byers、Mark Golley、Steve Webb、Chris Whittles、Dave Gosney、Chris Kightley、Solomon Jallow、Graham Mee和Tim Appleton。遗憾的是，Guy Mountfort和Phil Hollom因病而不能和我交谈。

Bruce Coleman、James Ferguson-Lees、Rob Lambert、Tony Marr、Richard Millington、Dominic Mitchell、Richard Porter和Nigel Redman等人阅读了本书的各部分，并给出了有益的评论和建议，我的太太Suzanne亦如是。任何遗留的错误都是我的责任，和他们无关。

此外，许多人也回应了我提供奇闻逸事和信息的请求。虽然他们的名字没有直接出现在这部作品中，但他们的故事指导着本书的基调和内容。他们包括John F. Burton、Shelley Dolan、Trish Gibson、Andrew

Howard、Helen Macdonald、Robin Morden、已故的Ken Osborne、R.J. Raines、K.G. Spenser、Tony Vittery和Michael Ward。如果我遗漏了任何人，敬请原谅。

Aurum出版社的编辑Craham Coster，自从20世纪80年代我们在剑桥学生报*Stop Press*相见后就一直是我最亲密的好朋友。虽然直到最近他才成了组稿编辑，但在15年前他就首次建议我写一本回答“为什么观鸟”的书。他不知疲倦地帮我纠正语法、删除陈词滥调、改善文本的表意和流畅度，从而使我的注意力集中在本书的中心问题——历史上每个阶段的人怎么观鸟？能和他工作是我的荣幸。

此外，我要感谢帮我编辑的Madeline Weston和帮我设计的Peter Ward。

最后，我要感谢两位女性，没有她们，这本书是不可能完成的。首先是我已经辞世的母亲Kay Moss，是她从小鼓励我对鸟类产生兴趣。当我因寻找谢伯顿市碎石坑中的凤头䴙䴘、以及斯泰恩斯水库（黑燕鸥）、明斯米尔（白头鹞）、锡利群岛（饰胸鹬）和威尔士中部（赤鸢）四处乱闯的时候，她一直在我身边。她是个优秀的女性，我想念她。

最后是我亲爱的妻子、最好的朋友和一生的伴侣Suzanne。我们因对鸟的喜爱而相遇，我们在萨里郡、特立尼达和多巴哥及冈比亚培养感情，度蜜月。Suzanne让我见识了鸟的魔力、美丽和奇妙。在四十年后作为观鸟人的我依然能看到这些东西。以我所有的爱和感激将这本书送给她。

汉普顿，米德尔塞克斯；2003年11月

（补记：当然，还要感谢小查理，他2003年11月11日大约早了三周出世，却使此书晚出了一个月左右。）

参考文献

参考文献

ALANBROOKE, Field Marshal Lord. *War Diaries 1939-1945* (eds Alex Danchev and Daniel Todman). Weidenfeld & Nicolson, London, 2001.

ALEXANDER, H. G. *Seventy Years of Birdwatching*. Poyser, Berkhamsted, 1974.

ALLEN, David Elliston. *The Naturalist in Britain*. Allen Lane, Harmondsworth, 1976.

ALLSOP, Kenneth. *Adventure Lit Their Star*. Macdonald & Co., London, 1949.

ARGYLE, Michael. *The Social Psychology of Leisure*. Penguin, London, 1996.

ARMSTRONG, E. A. *The Wren*. Collins, London, 1955.

ARMSTRONG, Patrick. *The English Parson-Naturalist*. Gracewing, Leominster, 2000.

ARNOLD, E. C. *Bird Reserves*. (Publisher unknown), 1940.

AUSTEN, Jane. *Pride and Prejudice*. Penguin, London, 2003 (originally published T. Egerton, London, 1813).

BANNERMAN, D. A. and LODGE, G. E. *The Birds of the British Isles* (12 vols). Oliver & Boyd, Edinburgh and London, 1953-1963.

BARBER, Lynn. *The Heyday of Natural History, 1820-1870*. Cape, London, 1980.

BARON-COHEN, Simon. *The Essential Difference: Men, Women and the Extreme Male Brain*. Allen Lane, London, 2003.

BARRELL, John. *The Idea of Landscape and the Sense of Place, 1790-1840*. Cambridge University Press, Cambridge, 1972.

BARROW, Mark V. *A Passion for Birds: American Ornithology after Audubon*. Princeton University Press, Princeton, 1988.

BENSON, S. Vere. *The Observer's Book of Birds*. Warne & Co., London, 1937.

BEWICK, Thomas. *A History of British Birds*. Beilby & Bewick, Newcastle, 1797-1804.

BIRDLIFE INTERNATIONAL, *Threatened Birds of the World*. Lynx Edicions and BirdLife International, Barcelona and Cambridge, 2000.

BLACK, J. G. *Birds Nesting*. (Publisher unknown), 1920.

BORRER, William. *The Birds of Sussex*. R. H. Porter, London, 1891.

Bowlby, Alex. *The Recollections of Rifleman Bowlby*. Corgi, London, 1971.
Briggs, Asa. *A Social History of England* (new edn). Weidenfeld & Nicolson, London, 1994.
Bronowski, Jacob. *The Ascent of Man*. BBC, London, 1973.
Brown, Leslie. *Birds and I*. Michael Joseph, London, 1947.
Buxton, John. *The Redstart*. Collins, London, 1950.
Campbell, Bruce. *Finding Nests*. Collins, London, 1953.
Campbell, Bruce and Ferguson-Lees, James. *A Field Guide to Birds' Nests*. Constable, London, 1972.
Campbell, Bruce and Lack, Elizabeth (eds). *A Dictionary of Birds*. Poyser, Calton, 1985.
Campbell, W. D. *Bird-watching as a Hobby*. S. Paul, London, 1959.
Cherry-Garrard, Apsley. *The Worst Journey in the World, Antarctic 1910-1913*. Penguin, Harmondsworth, 1999.
Clark, J. M. and Eyre, J. A. (eds). *Birds of Hampshire*. Hampshire Ornithological Society, Hampshire, 1993.
Clarke, Peter. *Hope and Glory: Britain 1900-1990*. Penguin, London, 1996.
Clarke, Roger and Jordan, Bill (eds). *Seventy-five Years of Bird-watching and Bird Studies in Cambridgeshire (and beyond): A History of the Cambridge Bird Club*. Cambridge Bird Club, Cambridge, 2001.
Clarke, W. Eagle. *Studies in Bird Migration* (2 vols). Gurney & Jackson, London; Oliver & Boyd, Edinburgh, 1912.
Cocker, Mark. *Birders: Tales of a Tribe*. Jonathan Cape, London, 2001.
Coues, Elliott. *Handbook of Field and General Ornithology*. MacMillan & Co., London, 1890.
Coward, T. A. *The British Birds of the British Isles and their Eggs* (3 vols). Frederick Warne & Co., London, 1920.
Coward, T. A. *Bird Haunts and Nature Memories*. Frederick Warne & Co., London, 1922.
Cramp, Stanley and Simmons, K. E. L. *The Handbook of the Birds of Europe, the Middle East and North Africa: The Birds of the Western Palearctic*. Oxford University Press, Oxford, 1977-1994.
Dalglish, Eric Fitch. *Name That Bird*. (Publisher unknown), London, 1934.
Davies, Gwen (ed). *The Bird Notes Bedside Book*. RSPB, Sandy, 1962.
Del Hoyo, Josep, Elliott, Andrew and Sargatal, Jordi. *Handbook of the Birds of the World*. Lynx Edicions, Barcelona, 1992 onwards.

DES FORGES, G. and HARBER, D. D. *A Guide to the Birds of Sussex*. Oliver & Boyd, Edinburgh and London, 1963.

DEVLIN, John C. and NAISMITH, Grace. *The World of Roger Tory Peterson*. David & Charles, Newton Abbot, 1978.

DOUGHTY, Robin W. *Feather Fashions and Bird Preservation: A Study in Nature Protection*. University of California Press, Berkeley and London, 1975.

DUNNE, Pete. *Small-headed Flycatcher. Seen Yesterday, He Didn't Leave His Name*. University of Texas Press, Austin, Texas, 1998.

DURMAN, Roger (ed). *Bird Observatories in Britain and Ireland*. Poyser, Berkhamsted, 1976.

FARBER, Paul Lawrence. *The Emergence of Ornithology as a Scientific Discipline, 1760-1850*. Reidel, Dordrecht and London, 1982.

FISHER, James. *Watching Birds*. Penguin, Harmondsworth, 1941.

FISHER, James. *The Birds of Britain*. Collins, London, 1942.

FISHER, James. 'The Birds of John Clare' in *The First Fifty Years. A History of the Kettering and District Naturalists' Society and Field Club*.

FISHER, James. *The Shell Bird Book*. Ebury Press, London, 1966.

FITTER, R. S. R. and RICHARDSON, R. A. R. *The Pocket Guide to British Birds*. Collins, London, 1952.

FITTER, Richard. *The Collins Guide to Birdwatching*. Collins, London, 1963.

FORSTER, E. M. *Howards End*. Edward Arnold & Co., London, 1947.

FUSSELL, Paul. *The Great War and Modern Memory*. Oxford University Press, New York and London, 1975.

GARFIELD, Simon. *The Last Journey of William Huskisson*. Faber, London, 2002.

GASKELL, Jeremy. *Who Killed the Great Auk?* Oxford University Press, Oxford, 2000.

GELBER, Steven M. *Hobbies: Leisure and the Culture of Work in America*. Columbia University Press, New York, 1999.

GIBBONS, Felton, and STROM, Deborah. *Neighbors to the Birds: A History of Birdwatching in America*. Norton & Co., New York, 1988.

GOODERS, John. *Where to Watch Birds*. André Deutsch, London, 1967.

GOODERS, John (ed). *Birds of the World* (partwork). IPC Magazines, London, 1969-1971.

GOSSE, Edmund. *The Life of Philip Henry Gosse*. Kegan Paul & Co., London, 1890.

GRAINGER, Margaret (ed). *The Natural History Prose of John Clare*. Oxford University Press, Oxford, 1983.

Graves, Robert. *Goodbye to All That*. Cape, London, 1929.

Grey, Edward. *The Charm of Birds* (2001 edn). Weidenfeld & Nicolson, London, 1927.

Grey, Edward. *Fallodon Papers*. Constable, London, 1928.

Gurney, J. H. *Early Annals of Ornithology*. H. F. & G. Witherby, London, 1921.

Harrison, James M. *Bristow and the Hastings Rarities Affair*. A. H. Butler, St Leonards-on-Sea, 1968.

Heimann, Judith M. *The Most Offending Soul Alive*. Aurum, London, 2002.

Hendy, E. W. *The Lure of Bird Watching*. Jonathan Cape, London, 1928.

Hendy, E. W. *More About Birds*. Eyre & Spottiswoode, London, 1950.

Hill, J. (ed). *An Exhilaration of Wings*. Viking Penguin, New York, 1999.

Hollom, P. A. D. *The Popular Handbook of British Birds* (3rd edn). H. F. & G. Witherby, London, 1962.

Hosking, Eric, with Lane, Frank W. *An Eye for a Bird*. Hutchinson, London, 1970.

Houlihan, P. *The Birds of Ancient Egypt*. Aris & Phillips, Warminster, 1986.

Howard, H. Eliot. *The British Warblers – A History with Problems of their Lives*. Porter, London, 1907-1914.

Hudson, W. H. *Adventures Among Birds*. Hutchinson, London, 1913.

Hughes, Ted. *Collected Poems* (ed Paul Keegan). Faber & Faber, London, 2003.

Hunt, David. *Confessions of a Scilly Birdman*. Croom Helm, London, 1985.

James, Paul. (ed). *Birds of Sussex*. Sussex Ornithological Society, Sussex, 1996.

Jenkins, Alan C. *The Naturalists: Pioneers of Natural History*. H. Hamilton, London, 1978.

Kaufman, Kenn. *Kingbird Highway*. Houghton Mifflin, Boston and New York, 1997.

Lack, David. *The Life of the Robin*. H. F. & G. Witherby, London, 1943.

Lack, David. *Enjoying Ornithology*. Methuen & Co., London, 1965.

Langhamer, Claire. *Women's Leisure in England, 1920-1960*. Manchester University Press, Manchester, 2000.

Lorenz, Konrad. *King Solomon's Ring*. Methuen & Co., London, 1952.

MacGillivray, William. *A History of British Birds* (5 vols). Scott, Webster & Geary, London, 1837-1852.
Manchester, William. *A World Lit Only By Fire: the Medieval Mind and the Renaissance*. Macmillan, London, 1993.
Marren, Peter. *The New Naturalists*. HarperCollins, London, 1995.
Marren, Peter and Carter, John. *The Observer's Book of Observer's Books*. Peregrine Books, Leeds, 1999.
Marwick, Arthur. *The Sixties*. Oxford University Press, Oxford, 1998.
Maslow, Jonathan Evan. *Bird of Life, Bird of Death*. Viking, Harmondsworth, 1986.
Mearns, Barbara, and Mearns, Richard. *Biographies for Birdwatchers: The Lives of Those Commemorated in Western Palearctic Bird Names*. Academic Press, London, 1988.
Mearns, Barbara, and Mearns, Richard. *Audubon to Xantus: The Lives of Those Commemorated in North American Bird Names*. Academic Press, London, 1992.
Mearns, Barbara, and Mearns, Richard. *The Bird Collectors*. Academic Press, London, 1998.
Merriam, Florence. *Birds through an Opera Glass*. Houghton Mifflin, Boston, 1889.
Millington, Richard. *A Twitcher's Diary*. Blandford Press, Poole, 1981.
Mingay, G. E. *A Social History of the English Countryside*. Routledge, London, 1990.
Montagu, George. *An Ornithological Dictionary of British Birds* (2nd edn by James Rennie, 1831) Hurst, Chance & Co., London, 1802.
Morris, F. O. *A History of British Birds*. Groombridge & Sons, London, 1851-1857.
Moss, Stephen. *Birds and Weather: A Birdwatchers' Guide*. Hamlyn, London, 1995.
Moss, Stephen (ed). *Blokes and Birds*. New Holland, London, 2003.
Mountfort, Guy. *Portrait of a Wilderness*. Hutchinson, London, 1958.
Mountfort, Guy. *Portrait of a River*. Hutchinson, London, 1962.
Mountfort, Guy. *Portrait of a Desert*. Hutchinson, London, 1965.
Mountfort, Guy. *Memories of Three Lives*. Merlin, 1991.
Muir, John. 'Among the Birds of the Yosemite' *The Atlantic Monthly*, Boston, Dec. 1898, vol. 82, issue 494.
Muir, John. Our National Parks. Houghton Mifflin, Boston and New York, 1901.
Mullens, W. H., and Kirke Swann, H. *A Bibliography of British*

Ornithology, from the earliest Times to the end of 1912. Facsimile edn, 1986, Wheldon & Wesley, Hitchin, 1917.
NATHAN, Leonard. *Diary of a Left-handed Birdwatcher*. Graywolf Press, Saint Paul, Minnesota, 1996.
NETHERSOLE-THOMPSON, Desmond. *The Snow Bunting*. Oliver & Boyd, London, 1966.
NICHOLSON, E. M. *Birds in England*. Chapman & Hall, London, 1926.
NICHOLSON, E. M. *How Birds Live*. Williams & Norgate, London, 1927.
NICHOLSON, E. M. *The Study of Birds*. Benn's Sixpenny Library, London, 1929.
NICHOLSON, E. M. *The Art of Bird Watching*. The Sports & Pastimes Library, London, 1931.
NICHOLSON, E. M. *Bird-watching in London: A historical perspective*. London Natural History Society, London, 1995.
ODDIE, Bill. *Bill Oddie's Little Black Bird Book*. Eyre Methuen, London, 1980.
ODDIE, Bill. *Gone Birding*. Methuen, London, 1983.
ODDIE, Bill. *Follow That Bird!* Robson Books, London, 1994.
ODDIE, Bill and TOMLINSON, David. *The Big Bird Race*. Collins, London, 1983.
OGILVIE, Malcolm and WINTER, Stuart (eds). *Best Days with British Birds*. British Birds, Blunham, 1989.
ORWELL, George. *The Collected Essays, Journalism and Letters* (4 vols). Penguin Books, Harmondsworth, in association with Secker & Warburg, 1970.
PARKER, Eric. *World of Birds*. Longmans & Co., London, 1941.
PASHLEY, H. N. *Notes on the Birds of Cley, Norfolk*. H. F. & G. Witherby, London, 1925.
PAXMAN, Jeremy. *The English: A Portrait of a People*. Michael Joseph, London, 1998.
PEMBERTON, John (ed). *Who's Who in Ornithology*. Buckingham Press, Buckingham, 1997.
PETERSON, Roger Tory. *A Field Guide to the Birds*. Houghton Mifflin, Boston and New York, 1934.
PETERSON, Roger Tory, MOUNTFORT, Guy and HOLLOM, P. A. D. *The Field Guide to the Birds of Britain and Europe*. Collins, London, 1954.
PETERSON, Roger Tory, and FISHER, James. *Wild America*. Houghton Mifflin, Boston, 1955.

PORTER, Roy. *Enlightenment: Britain and the Creation of the Modern World.* Allen Lane, London, 2000.
RAND, Austin. *Ornithology: an Introduction.* Pelican Books, London, 1964.
RATCLIFFE, Susan (ed). *The Oxford Dictionary of Thematic Quotations.* Oxford University Press, Oxford, 2000.
RAVEN, C. E. *John Ray, Naturalist.* Cambridge University Press, Cambridge, 1942.
RAVEN, C. E. *In Praise of Birds.* George Allen & Unwin, London, 1950.
RICKS, Christopher (ed). *The Oxford Book of English Verse.* Oxford University Press, Oxford, 1999.
ROBINSON, Eric and FITTER, Richard (eds). *John Clare's Birds.* Oxford University Press, Oxford, 1982.
ROBINSON, Eric and POWELL, David (eds). *The Oxford Authors: John Clare.* Oxford University Press, Oxford, 1984.
SAMSTAG, Tony. *For the Love of Birds.* RSPB, Sandy, 1988.
SASSOON, Siegfried. *Memoirs of an Infantry Officer.* Faber & Faber, London, 1937.
SELOUS, Edmund. *Bird Watching.* J. M. Dent, London, 1901.
SHARROCK, J. T. R. (ed). *The Atlas of Breeding Birds of Britain and Ireland.* BTO/IWC, Tring, 1976.
SHARROCK, J. T. R. and GRANT, P. J. (eds). *Birds New to Britain and Ireland.* Poyser, Calton, 1982.
SIELMANN, Heinz. *My Year with the Woodpeckers.* Barrie & Rockliff, London, 1959.
SMITH, Stuart. *How to Study Birds.* Collins, London, 1945.
SMITH, Stuart. *The Yellow Wagtail.* Collins, London, 1950.
SNETSINGER, Phoebe. *Birding on Borrowed Time.* American Birding Association, Colorado Springs, Colorado, 2003.
SNOW, D. W. (ed). *Birds, Discovery and Conservation: 100 years of the British Ornithologists' Club.* Pica Press, Robertsbridge, 1992.
STAMP, Sir Dudley. *Nature Conservation in Britain.* Collins, London, 1969.
STANLEY, Edward. *A Familiar History of Birds.* SPCK, London, 1865.
STEPHENSON, Tom (ed). *The Countryside Companion.* Odham's Press, London, 1939.
SUMMERS-SMITH, Denis. *The House Sparrow.* Collins, London, 1963.
TAYLOR, David. *Mastering Economic and Social History.* Macmillan Education, Basingstoke, 1988.
TAYLOR, Moss. *Guardian Spirit of the East Bank.* Wren Publishing, Sheringham, 2002.

THANE, Pat (ed). *Cassell's Companion to Twentieth Century Britain.* Cassell, London, 2001.

THOMAS, Keith. *Man and the Natural World: Changing Attitudes in England 1500-1800.* Allen Lane, London, 1983.

THOMSON, A. Landsborough. *A New Dictionary of Birds.* Nelson, London, 1964.

TINBERGEN, Niko. *Curious Naturalists.* Country Life, London, 1958.

TREVELYAN, G. M. *English Social History.* Longmans & Co., London, 1942.

WARE, E. H. *Wing to Wing: Bird-Watching Adventures at Home and Abroad with the R.A.F.* The Paternoster Press, London, 1946.

WATSON, Fred. *Binoculars, Opera Glasses and Field Glasses.* Shire Publications, Princes Risborough, 1995.

WAUGH, Evelyn. *Brideshead Revisited.* Chapman & Hall, London, 1945.

WESTELL, W. Percival. *British Bird Life.* (1908 edn) T. Fisher Unwin, London, 1905.

WHEELER, Sara. *Cherry: The Life of Apsley Cherry-Garrard.* Jonathan Cape, London, 2001.

WHITE, Gilbert. *The Natural History and Antiquities of Selborne.* Penguin, Harmondsworth, 1977 (originally published G. White & Son, London 1789).

WILLIAMS, Raymond. *The Country and the City.* Chatto & Windus, London, 1973.

WILLIAMSON, Kenneth. *Fair Isle and its Birds.* Oliver & Boyd, Edinburgh and London, 1965.

WILSON, A. N. *The Victorians.* Hutchinson, London, 2002.

WITHERBY, H. F. et al, *The Handbook of British Birds* (5 vols). H. F. & G. Witherby, London, 1938-1941.

YARRELL, William. *A History of British Birds* (3 vols). John Van Voorst, London, 1837-1843.